核电厂通用机械设备概述

主　编　田传久

中国原子能出版传媒有限公司

图书在版编目(CIP)数据

核电厂通用机械设备概述/田传久主编．—北京：中国原子能出版传媒有限公司，2010.9

核电厂新员工入厂培训系列教材

ISBN 978-7-5022-5042-3

Ⅰ.①核… Ⅱ.①田… Ⅲ.①核电站—机械设备—技术培训—教材 Ⅳ.①TM623.4

中国版本图书馆 CIP 数据核字(2010)第 182778 号

内容简介

本教材是中核集团核电培训系列教材之一。

本教材以压水堆核电厂建设、运行、管理为目标，侧重介绍了核电厂核岛工艺(一回路)系统、常规岛工艺(二回路)系统及其各辅助系统中大量使用的各类通用机械设备，如各类阀门、泵与风机、换热设备、核承压容器等设备的基础理论，基本原理、基本结构、性能和运行中的基本问题；也对核电厂专用叶轮泵、换热设备有选择地进行了介绍。在第六章还补充了有关核电厂核岛机械、电气设备安全分级的相关内容。

本教材适合核电厂非运行维修类人员及核电建设，监理类新职工岗前基础理论培训使用。也可作为核电厂运行维修人员岗前培训教材或参考教材。

核电厂通用机械设备概述

出版发行 中国原子能出版传媒有限公司(北京市海淀区阜成路 43 号 100048)

责任编辑 张 琳

技术编辑 丁怀兰 王亚翠

责任印制 潘玉玲

印　　刷 保定市中画美凯印刷有限公司

经　　销 全国新华书店

开　　本 787 mm×1092 mm 1/16

印　　张 14.5 **字 数** 360 千字

版　　次 2011 年 5 月第 1 版 2011 年 5 月第 1 次印刷

书　　号 ISBN 978-7-5022-5042-3 **定 价** **70.00 元**

网址：http://www.aep.com.cn **E-mail：atomep123@126.com**

发行电话：010-68452845

中国核工业集团公司
核电培训教材编审委员会

核电厂新员工基础理论培训教材
编　辑　部

名誉主任　王乃彦

主　　任　李和香

副 主 任　肖　武　李济民

顾　　问　（按姓氏拼音顺序排列）
李文埮　罗璋琳　浦胜娣　邵向业　郑福裕

编　　者　（按姓氏拼音顺序排列）
陈树明　丁云峰　郝老迷　李永章　刘惠枫
浦胜娣　阮於珍　苏淑娟　田传久　夏延龄
于　宏　章　超　张松梅　赵郁森　郑福裕

本册主编　田传久

本册校审　刘耕国

本册统审　（按姓氏拼音顺序排列）
陈　梁　付卫彬

总　序

核工业作为国家高科技战略性产业，是国家安全的重要基石、重要的清洁能源供应，以及综合国力和大国地位的重要标志。

1978年以来，我国核工业第二次创业。中国核工业集团公司走出了一条以我为主发展民族核电的成功道路。在长期的核电设计、建造、运行和管理过程中，积累了丰富的实践和理论经验，在与国际同行合作过程中，实现了技术和管理与国际先进水平相接轨，取得了骄人的业绩。

中国核工业集团公司在三十多年的核电建设中，经历了起步、小批量建设、快速发展三个阶段。我国先后建成了秦山、大亚湾、田湾三大核电基地，实现了我国大陆核电"零"的突破、国产化的重大跨越、核电管理与国际接轨，走出了一条以我为主，发展民族核电的成功之路。在最近几年中，发展尤为迅猛。截至2008年底，核电运行机组11台，装机容量907.82万千瓦，全部稳定运行，态势良好。

进入21世纪，党中央、国务院和中央军委对核工业发展高度重视、极为关怀，对核工业做出了新的战略决策。胡锦涛总书记指出："无论从促进经济社会发展看，还是从保障国家安全看，我们都必须切实把我国核事业发展好。"发展核电是优化能源结构、保障能源安全、满足经济社会发展需求的重要途径。2007年10月，国务院正式颁布了《核电中长期发展规划(2005—2020年)》。核电进入了快速、规模化、跨越式发展的新阶段。

在中国核电大发展之际，中国核工业集团公司继续以"核安全是核工业的生命线"的核安全文化理念和"透明、坦诚和开放"的企业管理心态，以推动核电又好又快又安全发展为己任，为加速培养核电发展所需的各类人才，组织核电领域专家，全面系统地对核电设计、工程建造、电站调试、生产准备和生产运营等各阶段的知识进行了梳理，构造了有逻辑性、系统性的核电知识体系，形成了覆盖核电各阶段的核电工程培训系列教材。

这套教材作为培养核电人才的重要工具，是国内目前第一套专业化、体系化、公开出版的核电人才培养系列教材，有助于开展培训工作，提高培训质量、节约培训成本，夯实核电发展基础。它集中了全集团的优势，突出高起点、实用性强，是集团化、专业化运作的又一次实践。是中国核工业50余年知识管理的积淀，是中国核工业10万人多年总结和实践经验的结晶。

21世纪是"以人为本"的知识经济时代，拥有足够的优秀人才是企业持续发展的重要基础。中国核工业集团公司愿以这套教材为核电发展开路，为业界理论探讨、实践交流提供参考。

我们要继续以科学发展观为指导，认真贯彻落实党中央、国务院的指示精神，积极推进核电产业发展。特别是要把总结核电建设经验作为一项长期的工作来抓，不断更新和完善人才教育培训体系。

核电培训系列教材可广泛用于核电厂人员培训，也可用于核电管理者的学习工具书，对于有针对性地解决核电厂生产实践和管理问题具有重要的参考价值。

中国核工业集团公司总经理 孙勤

2009年9月9日

前　言

《核电厂通用机械设备概述》是根据中国核工业集团公司核电培训教材编审委员会2009年初制定的核电厂新员工(非操纵人员)基础理论培训教材编写计划的基本要求,按照编审委员会专家组审定的《核电厂通用机械设备概述》教材编写大纲,在广泛听取核电厂专家意见,并结合多年核电培训教学实践经验的基础上编写的。本教材是中国核工业集团公司统编的核电培训教材中《核电厂新员工入厂培训系列教材》之一。

本书是在《核电厂通用机械设备》教材内容的基础上根据核电厂建造运行管理的需要对内容进行了适当简化压缩并增加了部分适用内容,重新编排而成。考虑培训对象所学专业较分散、核电基础及工程知识较薄弱、进厂后可能从事非操纵人员的各种工作岗位的特点,教材内容以新员工核电工程基础理论培训为目标,侧重介绍核电厂核岛工艺(一回路)系统、常规岛工艺(二回路)系统及其各辅助系统中大量使用的各类通用机械设备,如各类阀门、泵与风机、换热设备、核承压容器的基础理论,基本原理、基本结构、性能和运行中的基本问题;也对核电厂常用叶轮泵、风机、换热设备有选择地进行了介绍。最后还根据核电运行单位的要求补充了有关核电厂核岛机械设备安全分级的相关内容。教材内容力求简明易懂,附图力求清晰。通过培训学习,力求使学员对核电厂有一个初步的认识。

本书共有六章。第一章主要介绍各类阀门(驱动型阀门和自动阀门)及阀门驱动装置的动作原理、结构特征及适用范围;第二章、第三章分别介绍各类泵和风机的基础理论、基本结构和特性,并重点对核电厂一回路主循环泵作了介绍;第四章介绍各类换热设备,并对核电厂蒸汽发生器、加热器等作了适用性介绍;第五章简要介绍了压力容器设计、使用中的各种问题及容器的试验和检查;第六章简要介绍了核电厂核岛机械设备安全分级的相关内容。第一、二、四章是本书的重点内容。

《核电厂通用机械设备概述》适合核电厂非运行维修类人员及核电建设,监理类新职工岗前基础理论培训使用。也可作为核电厂运行维修人员岗前培训教材或参考教材。为使学员能较好地理解主要教学内容，在每一章后都留有复习思考题。

本书在中国核工业集团公司的领导和支持下，编写过程中得到核工业研究生部、原子能出版社等有关方面的大力支持和帮助，定稿前经过了核工业研究生部组织的内审和中核集团核电培训教材编委会组织的外审。中国原子能科学研究院刘耕国同志、秦山核电有限公司陈梁同志和核电秦山联营有限公司付卫彬同志对初稿进行了认真的审阅并提出宝贵的修改意见，在此表示诚挚的感谢。

由于编者水平有限，有不妥之处恳请读者批评指正。

主编

2009年12月

目　　录

第二章 泵

第三章 风 机

第四章 换 热 器

第五章 压力容器

第六章 设备安全分级

第一章　阀　门

1.1　核电厂常用阀门分类

阀门是流体输送系统中用来改变通路截面和介质流动方向，控制输送介质流动的一种控制部件，它具有截断截流、调节、导流、防止逆流、稳压、分流或溢流泄压等功能。

在核电厂一回路（反应堆冷却剂回路）系统、二回路（蒸汽回路）系统、循环冷却水系统及其各种核辅助系统和非核辅助系统中，阀门是应用最为广泛的通用机械设备。据初步统计，一座核电站就装有近万台各种类型的阀门，它们在系统中执行各种不同的控制功能，因此，核电站选用的阀门种类就很多，功能也各异。

阀门在核工业和其他工业部门都使用非常广泛，种类也很多，目前对阀门的分类方法也各种各样，现介绍几种常用分类方法。

1.1.1　阀门的分类方法

（一）按阀门的动作方式分为 2 类

A. 驱动型阀门：借助手动、电动、液力或气力来操纵阀门阀瓣启闭的阀门。

闸阀、截止阀、蝶阀、球阀、旋塞阀、节流阀、调节阀等。

B. 自动阀门：依靠介质（液体、空气、蒸汽）本身的能力而自行动作的阀门。

安全阀、减压阀、止回阀、蒸汽疏水阀等。

（二）按阀门的功能分为如下 6 类

(1) 用于截断、节流的有：闸阀、截止阀、蝶阀、隔膜阀、球阀、针形阀、旋塞阀等；

(2) 用于压力和流量调节的有：减压阀、减压调节阀、排放减压阀、调节阀；

(3) 用于单向保护的有：止回阀、断流阀；

(4) 用于超压保护的有：安全阀、安全排放阀；

(5) 用于分离介质，阻汽排水的有：疏水阀（热动力式疏水阀、热静力式疏水阀、机械式疏水阀）等；

(6) 用来改变介质流动方向的有：三通阀、分配阀、滑阀等。

（三）按关闭件的结构特征分类

(1) 截止形：关闭件沿着阀座中心移动实现开阀、关阀功能。如图 1-1-1 所示。截止阀即为截止形阀门；

(2) 闸门形：关闭件沿着垂直阀座中心移动实现开阀、关阀功能。如图 1-1-2 所示。闸阀即为闸门形阀门；

(3) 旋塞和球形：关闭件为柱塞或球形，围绕本身的中心线旋转实现开阀、关阀功能。如图 1-1-3 所示。旋塞阀和球阀即为该类型阀门；

(4) 旋启形：关闭件围绕阀座外的旋转中心旋转实现开阀、关阀功能。如图 1-1-4 所示。旋启形止回阀即为该类型阀门；

(5) 蝶形:关闭件为一蝶形圆盘,围绕阀座内的轴旋转实现开阀、关阀功能。如图 1-1-5 所示。蝶阀即为该类阀门;

(6) 滑阀形:关闭件在垂直于流体出口通道的方向滑动实现开、关的功能。如图 1-1-6 所示。滑阀即为该类型的阀门。

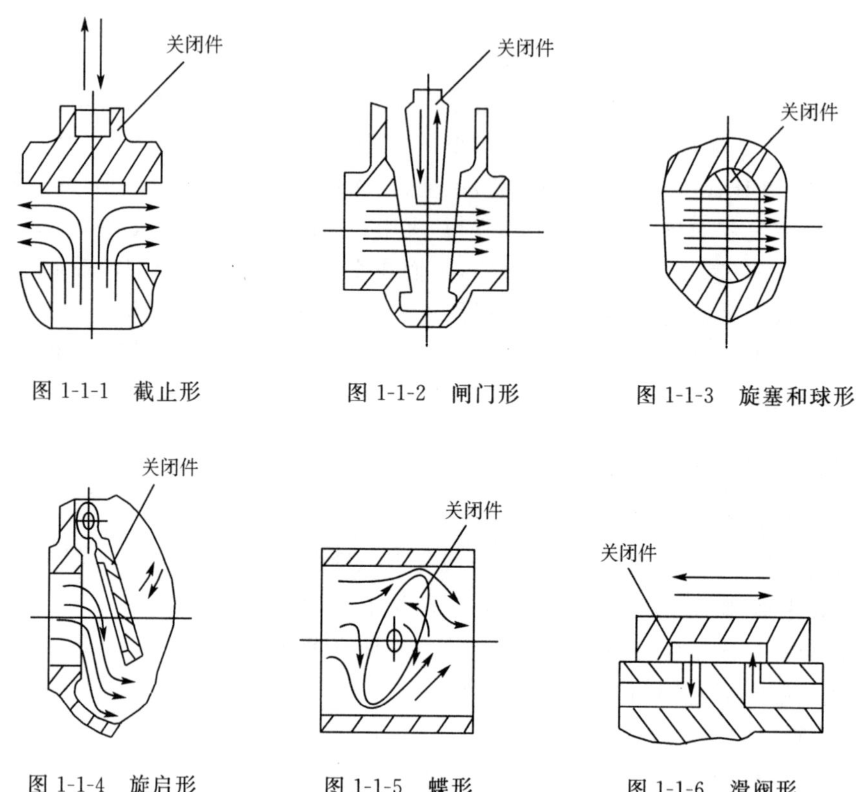

图 1-1-1 截止形　图 1-1-2 闸门形　图 1-1-3 旋塞和球形

图 1-1-4 旋启形　图 1-1-5 蝶形　图 1-1-6 滑阀形

(四) 按阀门公称压力分类

(1) 真空阀:公称压力低于标准大气压,即绝对压力<0.1 MPa;

(2) 低压阀:公称压力≤1.6 MPa;

(3) 中压阀:公称压力为 2.5～6.4 MPa;

(4) 高压阀:公称压力为 10～80.0 MPa;

(5) 超高压阀:公称压力≥100.0 MPa。

(五) 按阀门的公称通径分类

(1) 小口径阀门:公称通径≤40 mm;

(2) 中口径阀门:公称通径为 50～300 mm;

(3) 大口径阀门:公称通径为 350～1 200 mm;

(4) 特大口径阀门:公称通径≥1 400 mm。

(六) 按介质工作温度分类

(1) 超低温阀:$t<-100$ ℃;

(2) 低温阀:-100 ℃$\leqslant t\leqslant -40$ ℃;

(3) 常温阀:-40 ℃$\leqslant t \leqslant$120 ℃;

(4) 中温阀:120 ℃$\leqslant t \leqslant$450 ℃;

(5) 高温阀:$t>$450 ℃。

1.1.2 阀门的型号表示方法

为便于使用者选择,识别各种类型的阀门,必须对各种类型的阀门有一个统一的型号表示方法或编制方法。我国机械工业部于1975年在1962年颁布的《阀门型号编制方法》老部标准的基础上又以JB/T308—1975《阀门型号编制方法》颁布新部颁标准。该标准适用于工业管道的闸阀、截止阀、节流阀、球阀、蝶阀、隔膜阀、旋塞阀、止回阀、安全阀、减压阀、疏水阀等基本类型的阀门。

核工业系统也为核电厂使用的核级阀门制订了《压水堆核电厂阀门型号编制方法》标准(EJ/T1022.10—96)。

按照JB/T308—2004的规定和上述核级阀门型号编制方法的具体内容参见附录一。

关于核级阀门可参见附录三。

1.1.3 阀门的基本参数

(1) 公称通径

公称通径是指阀门与管道连接处通道的名义直径,用 DN 表示。它表示阀门规格的大小。公称通径系列见表(1-1-1)。

表 1-1-1 阀门公称通径系列 (单位:mm)

3	6	10	15	20	25	40	50	65	80	100	125
150	200	250	300	350	400	450	500	600	800	900	1 000
1 200	1 400	1 600	1 800	2 000	2 200	2 400	2 600	2 800	3 000		

(2) 公称压力

公称压力是指与阀门及管件的机械强度有关的设计给定压力,用 PN 表示。如表1-1-2所示。

表 1-1-2 阀门公称压力系列 (单位:MPa)

0.05	0.1	0.25	0.4	0.6	0.8	1.0	1.6	2.0	2.5
4.0	5.0	6.3	10.0	15.0	16.0	20.0	25.0	28.0	32.0
42.0	50.0	63.0	80.0	100.0	125.0	160.0	200.0	250.0	335.0

(3) 压力-温度等级

阀门及管件的最大允许工作压力随工作温度的升高而降低。压力-温度等级是阀门及管件设计和选用的基准。

不同材质的阀门及管件在不同工作温度下的最大允许工作压力各不相同。

碳钢阀门的工作压力见表 1-1-3。

表 1-1-3 碳钢阀门的工作压力

公称压力/MPa	介质工作温度/℃						
	至 200	250	300	350	400	425	450
	最大工作压力 p/MPa						
	P_{20}	P_{25}	P_{30}	P_{35}	P_{40}	P_{45}	P_{50}
0.10	0.10	0.10	0.10	0.07	0.06	0.06	0.05
0.25	0.25	0.23	0.20	0.18	0.16	0.14	0.11
0.40	0.40	0.37	0.33	0.29	0.26	0.23	0.18
0.60	0.60	0.55	0.50	0.44	0.38	0.35	0.27
1.00	1.00	0.92	0.82	0.73	0.64	0.58	0.45
1.60	1.60	1.50	1.30	1.20	1.00	0.90	0.70
2.50	2.50	2.30	2.00	1.80	1.60	1.40	1.10
4.00	4.00	3.70	3.30	3.00	2.80	2.30	1.80
6.40	6.40	5.90	5.20	4.70	4.10	3.70	2.90
10.0	10.0	9.20	8.20	7.30	6.40	5.80	4.50
16.0	16.0	14.7	13.1	11.7	10.2	9.30	7.20
20.0	20.0	18.4	16.4	14.6	12.8	11.6	9.00
25.0	25.0	23.0	20.5	18.2	16.0	14.5	11.2
32.0	32.0	29.4	26.2	23.4	20.5	18.5	14.4
40.0	40.0	36.8	32.8	29.2	25.6	23.2	18.0
50.0	50.0	46.0	41.0	36.5	32.0	29.0	22.5

铸铁阀门、不锈钢阀门、铬钼钢阀门、铜制阀门的工作压力可查阅相关手册。

(4) 阀门的结构长度

阀门的结构长度是指阀门与管道连接的两个端面之间的距离。是选用阀门和安装的重要参数。用字母 L 表示,其单位为 mm。

阀门的结构长度对用户的维修有直接的影响,特别是在已经固定的管线上,要使用同类型、同公称压力、同规格的阀门能够互换,为此,结构长度必须是标准的。

我国机械工业部 1959 年就制订了有关阀门结构长度的标准。1989 年国家技术监督局颁布了新的阀门结构长度国家标准(GB/T12221—1989)。2005 年对 1989 年的结构长度标准又进行了修订,修订后的国标 GB/T12221—2005《金属阀门结构长度》包括了不同连接方式的结构长度系列。可供查阅。

1.2 驱动型阀门

借助外部作用力如手动、电动、液动或气动力来操纵阀门的阀瓣启闭从而实现阀门的开、闭的这一类阀门统归为驱动型阀门。如：闸阀、截止阀、蝶阀、球阀、旋塞阀、节流阀、调节阀等。

驱动型阀门的功能和类型：

（1）接通或截断管路中的介质：如闸阀、截止阀、蝶阀、球阀、隔膜阀、旋塞阀等；该类阀也可用于调节介质的流量。

（2）调节控制管路中介质的流量：如节流阀、调节阀。

（3）用于换向分流：如分配阀、三通（旋塞）球阀。

1.2.1　闸阀

闸阀是各类阀门中应用最为广泛的一种。

闸阀是指启闭件（闸板——也叫阀堵）沿通道轴线的垂直方向移动的阀门，在管路上主要作为通、断介质用，即全开或全关使用。闸阀一般不作为调节流量使用。

闸阀根据密封元件结构的不同常分成几种不同类型。最常见的形式是平板闸阀和楔形闸阀；根据阀杆的结构，还可分为升降杆（明杆）和旋转杆（暗杆）闸阀。

1.2.1.1　楔形闸阀

楔座闸阀的启闭件——闸板是楔形的，使用楔形的目的是为了提高辅助的密封载荷，以使金属密封的楔形闸阀既能保证高的介质压力密封，也能对低的介质压力进行密封。这样，金属密封的楔形闸阀所能达到的潜在密封程度就比普通的金属密封平板闸阀高。楔形闸阀的阀体上设有防止闸板旋转的导向机构。

楔形闸阀从原理上又分为：

（1）整体或单闸板式，如图 1-2-1（a）所示。

（2）双盘或双闸板式，如图 1-2-1（b）所示。

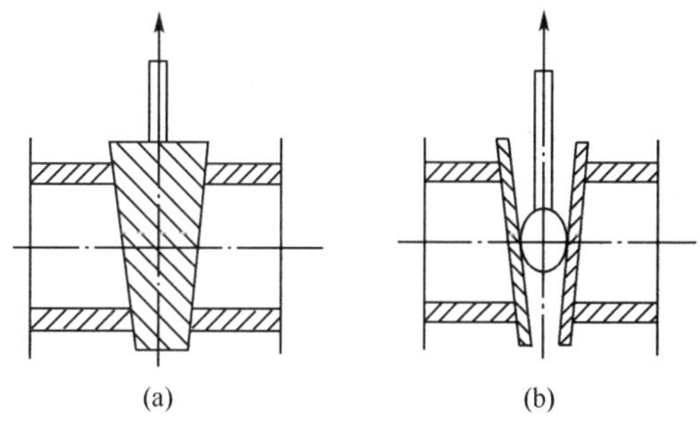

图 1-2-1　楔形闸阀原理图

楔形闸阀的类型

（1）整体式或单闸板式：通常称为楔式单板闸阀，如图 1-2-1(a)所示。如单闸板为弹性的叫做弹性闸板楔式闸阀，如图 1-2-2(a)所示。

闸板是整体铸造或锻造件，闸板楔形面与斜支承密封面的楔角一致，由于单闸板上下开有弹性缺口，因此关闭时配合的楔面及弹性力确保了完好的密封性。其斜度可以防止阀杆在打开时受力过大。

（2）双闸板式：通常称为楔式双闸板闸阀，如图 1-2-2(b)所示。

楔式闸阀一般用在对阀门外形尺寸没有严格要求，而且使用条件又比较苛刻的场合。如高温高压工作介质，要求关闭件长期密封的情况。

选用原则：要求流体阻力小，流通能力强，密封要求严的工况；高温高压介质（如蒸汽）；低温介质；低压大口径且关闭频率较低的场合。

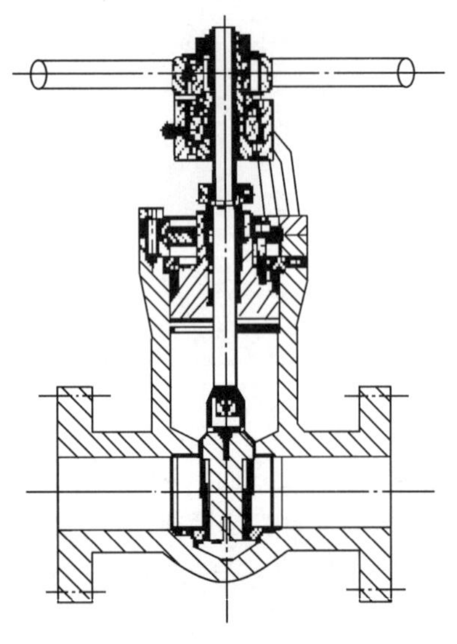
(a) 弹性单闸板闸阀

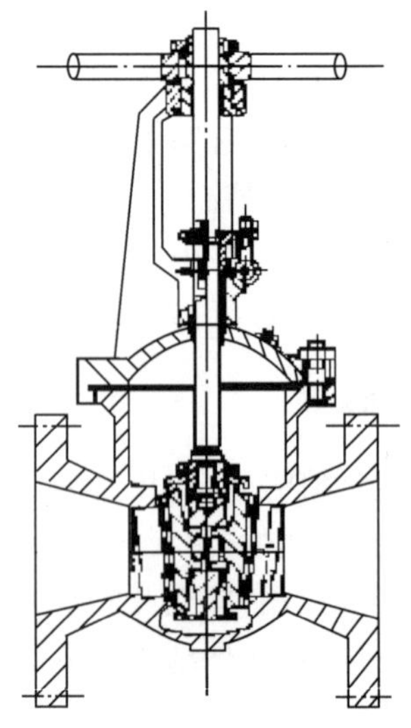
(b) 楔式双闸板闸阀

图 1-2-2 楔座式闸阀

1.2.1.2 平板闸阀

平板闸阀是一种关闭件为平行闸板的滑动阀。其关闭件可以是单闸板或其间带有撑开机构的双闸板。其原理图见图 1-2-3。

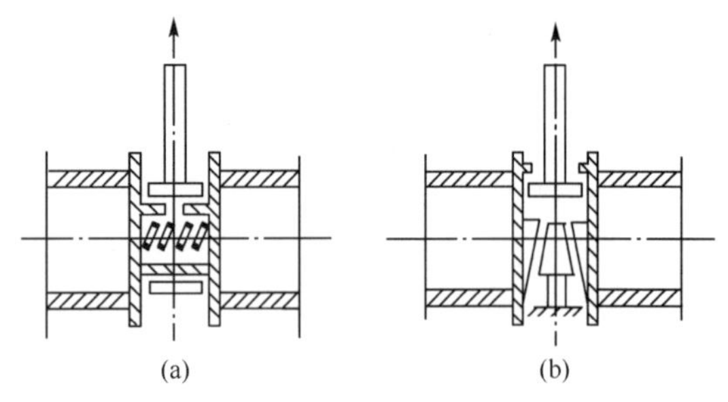

图 1-2-3 平板闸阀原理图

闸板向阀座的压紧力是由作用于浮动闸板或浮动阀座的介质压力来实现。如果是双闸板平板闸阀，则两闸板间的撑开机构可补充这一压紧力。

(1) 单闸板平板闸阀：如图 1-2-4 所示。

单闸板平板闸阀有浮动阀座与固定阀座两种。图 1-2-4 所示为带浮动阀座的单平板闸阀，它靠介质压力将浮动阀座推向闸板，实现密封。固定阀座的平板闸阀，靠介质压力把闸板推向出口密封面，实现密封。工作介质压力越高，密封性能越好。它们都属单面强制密封。

(2) 双闸板平板闸阀：其关闭件由两块闸板组成，中间装有弹簧或楔式机构，靠弹簧或楔式机构使两闸板与进出口阀座密封面接触产生密封比压，一般可实现双面强制密封；如图 1-2-5 和图 1-2-6 所示。

两闸板间用弹簧撑开，这样两闸板靠弹簧的推力压在阀体内的平行支承座上，在低压时，介质压力不足以克服弹簧力，是双面强制密封；在高压时，介质压力可克服弹簧压力，推动闸板向出口端，此时就成了单面密封。如图 1-2-5 所示。

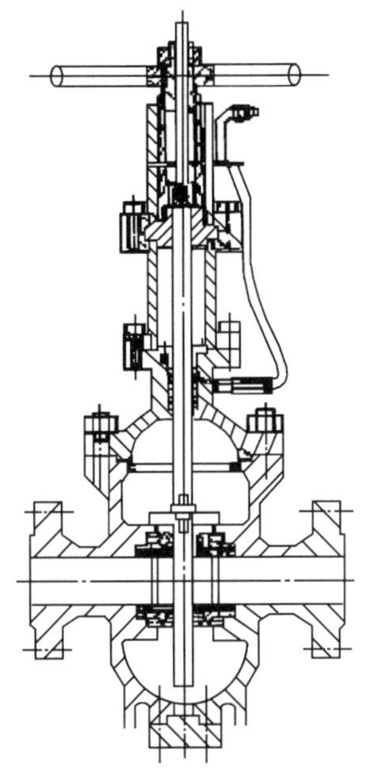
图 1-2-4　单闸板平板闸阀

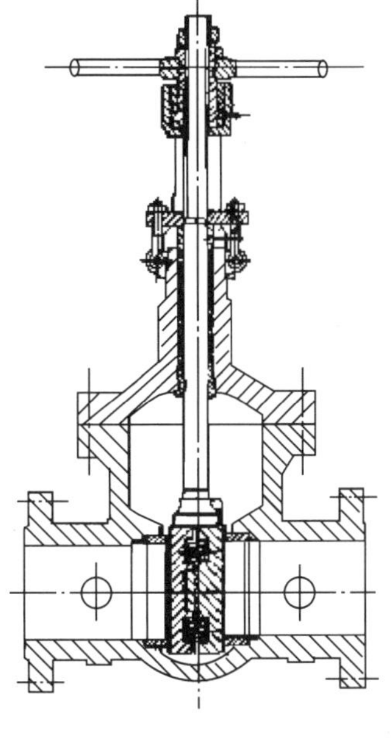
图 1-2-5　弹簧撑开式双闸

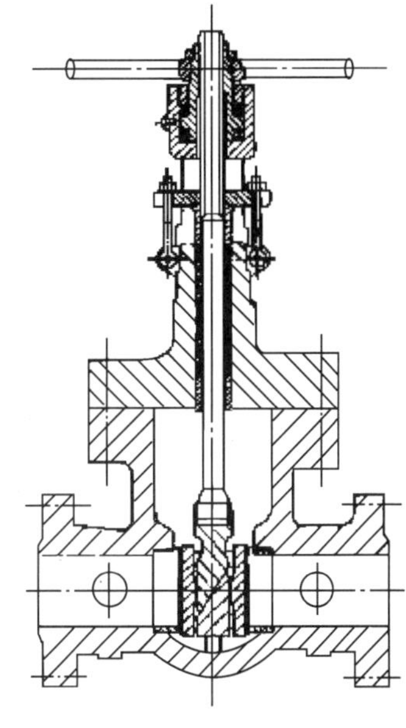
图 1-2-6　楔式双闸板平板闸阀

两闸板间装有楔式机构，当关闭时，楔式机构就将两闸板撑开，压紧密封面，产生密封比压，关闭越紧密封比压越大，因此属双面强制密封。如图 1-2-6 所示。

1.2.1.3　闸阀的基本结构组成

闸阀的结构以图 1-2-7 所示的楔式弹性闸板闸阀，即核电站二回路主蒸汽阀采用这种闸阀结构为例加以说明。

(1) 阀体(壳体)。由铸铁、碳钢、合金钢或不锈钢铸造并经机加工而成。阀体内可装或不装支承座或支承件环。

(2) 阀盖(阀帽)。阀盖用螺栓或螺纹固定在阀体上，并支撑传动杆(阀杆)的密封装置及操纵机构。

(3) 阀瓣。关闭件为闸板，有单板双板两种，图 1-2-7 为弹性单闸板，与传动杆(阀杆)铰接。

(4) 阀杆与传动装置。由阀杆、螺纹、手轮组成闸板的传动系统，带动闸板上下运动，实现闸板关合。该系统由固定在阀盖上的支架或圆柱体支承。传动结构，可分为明杆式和暗杆式两种装配结构。

(5) 密封。楔式闸板两密封面与阀体上的两密封面为镜面密封，靠楔入时的紧密结合来实现密封，属单面强制密封；楔式或弹簧撑开式双闸板

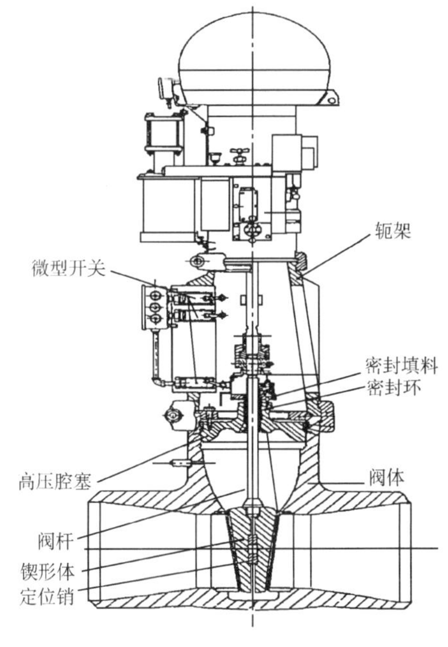

图 1-2-7　楔式弹性闸板闸阀

闸阀为双面强制密封。传动杆(阀杆)与阀盖(阀体)的密封为外密封,通常采用各种类型的填料密封,用得最多的是填料函、密封盖(压盖)密封装置。

闸阀的优点是:流体阻力小;启、闭所需力矩较小;介质流向不受限制;全开时密封面受工作介质的冲蚀比截止阀小;形体结构比较简单,结构长度比较短。

闸阀的缺点是:外形尺寸和开启高度较大;启、闭过程中密封面间有相对摩擦、磨损较大,不易修理。且启、闭时间较长。

楔式闸阀适于作高温高压(如高压蒸汽、高温高压油品)及低温(如液氮,液氢)、低压大口径的阀门。但楔式电动闸阀必须有足够大的关闭力矩,才能实现密封,且关阀应采用力矩控制。石油,天然气,城市煤气,城市自来水工程及带有悬浮颗粒介质的管道多选用平板闸阀。

1.2.2 蝶阀

蝶阀是用圆盘式启闭件(蝶板)往复回转 90°来开启、关闭和调节流体通道的一种阀门。蝶板由阀杆驱动并绕阀杆轴转动,以改变阀的开启度,其间流体流向不改变。

蝶阀结构简单,一般由阀体、蝶板、阀杆及密封等部件组成。初期的蝶阀是一种简单且关闭不严的挡板阀,随着密封材料的发展,合成橡胶,聚四氟乙烯以及金属密封在蝶阀上的应用,使蝶阀在高、低温度,强冲蚀,长寿命等工业领域得到了广泛应用。且出现了大口径(9 750 mm),高压力(2.2 kN/cm^2),宽温度范围(−102～606 ℃)的蝶阀。

蝶阀按结构形式一般分为不密封蝶阀和密封蝶阀两类。

1. 不密封式

不密封式蝶阀如图 1-2-8 所示。

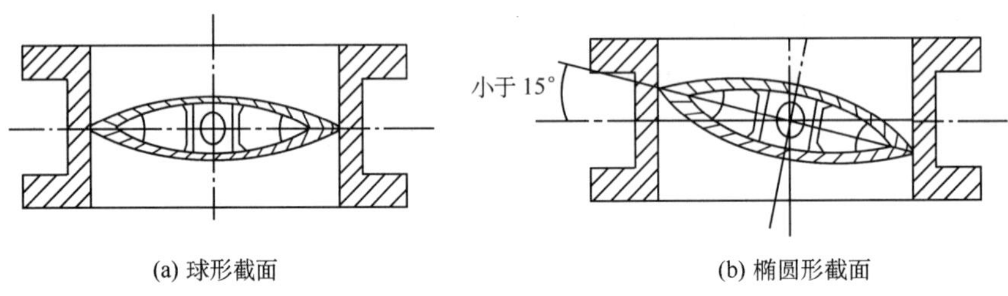

(a) 球形截面　　(b) 椭圆形截面

图 1-2-8　不密封式蝶阀

阀壳体有两个平行的安装接头,或本身无安装接头,需紧固在管子的两个法兰之间。蝶板由销和埋头螺栓或螺钉与一个轴连接,或者通过轴上的半夹将轴固定在蝶板上。轴安装在滚珠轴承或铜环上,两端装有导向装置和密封垫,轴的一输出端用于操纵旋转。

这种蝶阀由于闭合时缺少密封性,通常用来调节低压、大流量的燃气、空气和水。

2. 密封式

这类蝶阀按结构形式分为:

(1) 中线密封蝶阀:该阀的合成橡胶阀座模压时形成合适的密封面,阀板转动时其外圆密封面挤压阀座实现密封。如图 1-2-9 所示。

（2）单偏心密封阀蝶：如图 1-2-10 所示。

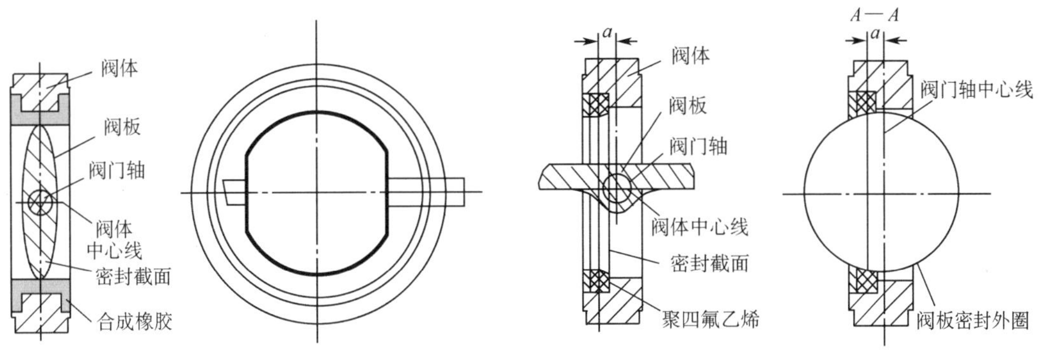

图 1-2-9　中线密封蝶阀

图 1-2-10　单偏心密封阀蝶

该阀蝶板的回转中心位于阀体的中心线上，且与蝶板密封截面形成一个尺寸偏置量 a。当关阀时，通过蝶板的转动，蝶板外圆密封面逐渐接近并挤压聚四氟乙烯阀座，使阀座产生弹性变形而实现密封。

（3）双偏心密封蝶阀：如图 1-2-11。

蝶板回转中心与蝶板密封截面形成一个偏置量 a，并与阀体中心线形成一个偏置 b。

当该阀处于完全开启状态时，其蝶板密封面完全脱离阀座密封面；其间间隙最大。关闭蝶阀时，通过蝶板的转动，蝶板外圆密封面逐渐接近并挤压阀座，实现密封。

（4）充压密封蝶阀：如图 1-2-12。

该蝶阀的特点是在阀座上设有外部介质充压腔，当蝶板转至关闭位置以后，向充压元件充压，阀座上的密封元件在外部介质压力下产生弹性变形而与密封面接触，保证密封。

（5）自动密封蝶阀：如图 1-2-13 所示。

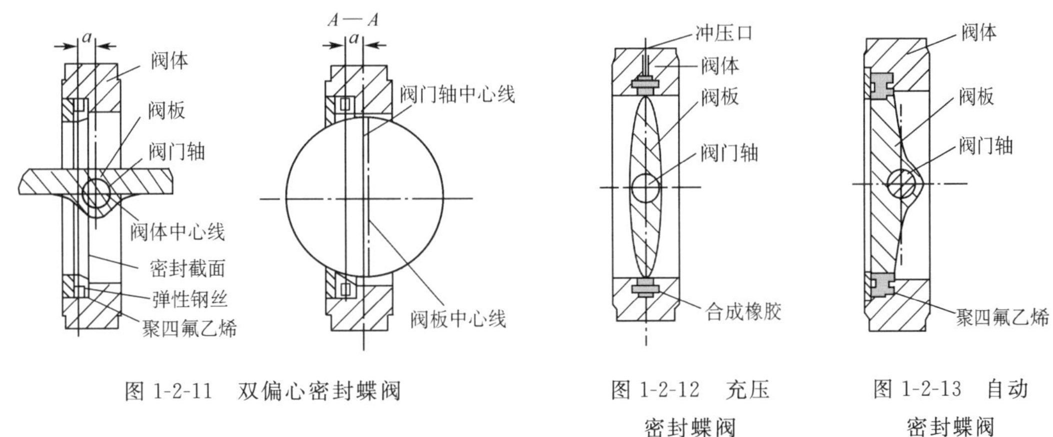

图 1-2-11　双偏心密封蝶阀

图 1-2-12　充压密封蝶阀

图 1-2-13　自动密封蝶阀

该蝶阀当蝶板转至关闭位置时，蝶板少量挤压阀座以在密封面间产生初始比压，在介质压力作用下弹性密封元件产生弹性变形形成足够的密封比压，实现密封。

蝶阀具有截断截流和流量调节双重功能，既可作截断阀，也可作流量调节阀使用。

蝶阀总的特性是流体阻力小，它与相同直径和压力等级的平行式闸板阀比较，其结构尺寸小，开、关迅速，当开启在大约15°～70°时，具有良好的流体调节特性，适合制成大中口径，中低压力的阀门。且有向一阀多功能的方向发展的趋势。

1.2.3 截止阀

截止阀是指关闭件(阀瓣)沿阀座中心线移动的阀门。该类阀的开启或关闭行程相对较短，且阀座通口的变化与阀瓣的行程成正比例关系，因此，这种阀不仅有非常可靠的截断功能，也非常适合对流量的调节。

截止阀依靠阀瓣与阀座之间的紧密贴合来保证密封。阀瓣一旦开启，阀座与阀瓣密封面之间就不再接触，因此它的密封面机械磨损很小，故其密封性能很好。

截止阀的明显优点是：① 在开启和关闭过程中，阀瓣与阀座密封面间的摩擦力比闸阀小，因而耐磨；② 开启高度仅为阀座通道直径的1/4，比闸阀小得多；③ 只有一个密封面，制造工艺性较好，便于维修。

由于介质通过截止阀时流动方向发生改变，因此流阻损失均高于其他类型的阀门。由于截止阀关闭、开启力矩较大，一般公称通径限制在250 mm以下(也有到400 mm)，在工作时，一般(公称通径150 mm以下)流体都从阀瓣下部进入，所以统称为低进高出；而公称通径200 mm以上的截止阀介质大都从阀瓣的上方流入。

1.2.3.1 截止阀种类

截止阀种类很多，而且有多种分类方法。按阀瓣形状，数量来分，截止阀有图1-2-14所示几种。

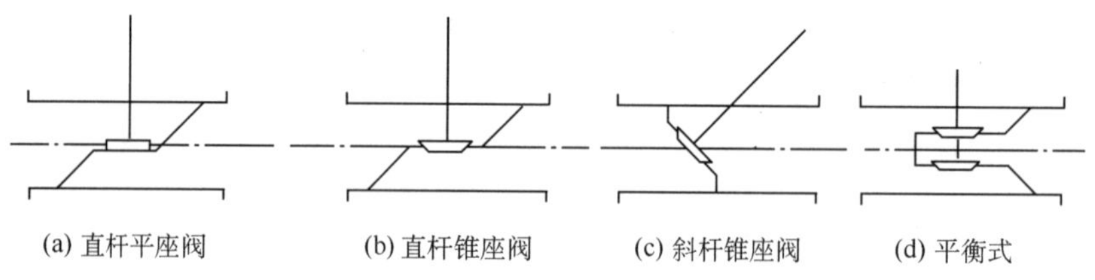

图1-2-14 截止阀结构原理图

(1) 单阀瓣截止阀：有平座阀，直杆锥座阀，斜杆锥座阀，如图1-2-14(a)，(b)，(c)所示。

(2) 双阀瓣截止阀：为如图1-2-14(d)所示平衡式阀。

1.2.3.2 截止阀的基本结构

截止阀的基本结构如图1-2-15所示，一般有如下几个主要部件：

1. 阀体(壳体)：阀体内装有支承座，两端为管接头(螺纹连接或法兰连接)。

2. 阀盖：阀盖或阀帽用螺栓或螺纹固定在阀体上。

3. 阀杆与传动装置：由阀杆、螺纹套、手轮等组成阀门的操纵系统，该系统通过支柱或支架由阀盖支承。

4. 阀瓣：阀瓣有锥形和圆盘形两种，阀瓣铰接于传动杆(阀杆)上，随传动杆的上、下运动而位移。锥形阀瓣必须有导向才能保证密封。

5. 密封:阀瓣与阀座间的密封称为内密封,一般为镜面密封。传动杆(阀杆)与阀体的密封,称为外密封,一般采用密封盖(压盖)填料函结构密封,即填料密封。

1.2.3.3 截止阀的结构类型

1. 平座式截止阀(见图 1-2-16)

阀瓣铰接于阀杆上,关闭时靠两金属密封面直接接触或其间用非金属陶瓷来实现密封。平座密封的密封原理是,当介质从阀瓣下方流入时,所施加的密封力必须等于或大于密封面上所产生的必须比压和介质向上的作用力之和;当介质从阀瓣上方流入时,所施加的密封力必须等于或大于密封面上所产生的必须比压力和介质的作用力之差。平面密封不严格要求阀瓣有导向。

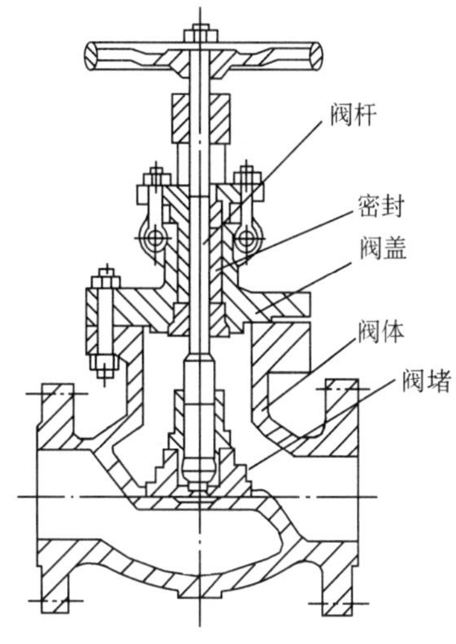

图 1-2-15 截止阀的基本结构

2. 锥形座式截止阀(图 1-2-17)

锥形阀瓣与锥形的阀座关闭时紧密贴合。由于接触面变窄,易于实现密封。锥面密封的密封原理是,当介质从阀瓣下方流入时,所施加的密封力必须等于或略大于密封面上所产生的必须比压力和介质向上的作用力之和。为提高密封性,也可把阀瓣做成球形,阀座做成锥形。该型阀可用作断流阀。

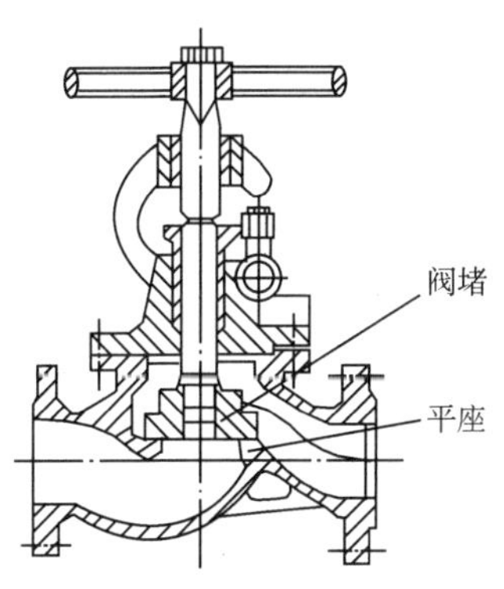

图 1-2-16 平座式截止阀

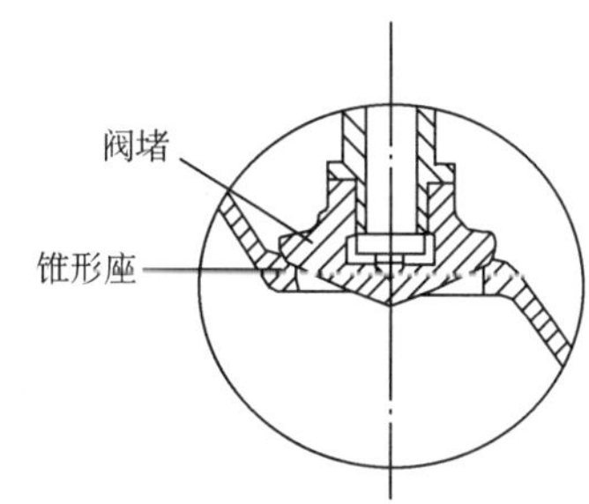

图 1-2-17 锥形座式截止阀

为了使截止阀有调节功能,其阀瓣的形状可做成如锥形、球形或设计成具有抛物线调节特性的形状,以实现不同的流量调节特性要求。

3. 角式和斜杆直流式截止阀

(1) 角式截止阀,如图 1-2-18 所示。流体进出口通道呈 90°直角,介质流过阀门而改变流动方向,因而会产生压力降。一般采用锥形座,并可安装在管路系统的拐角处。主要作为实验用阀。

(2) 斜杆直流式截止阀,如图 1-2-19 所示。

该阀阀杆和流体通道成一定的角度,其阀座密封面与进出口通道有一定角度,而流体几乎不改变流动方向,流体阻力是截止阀中最小的。

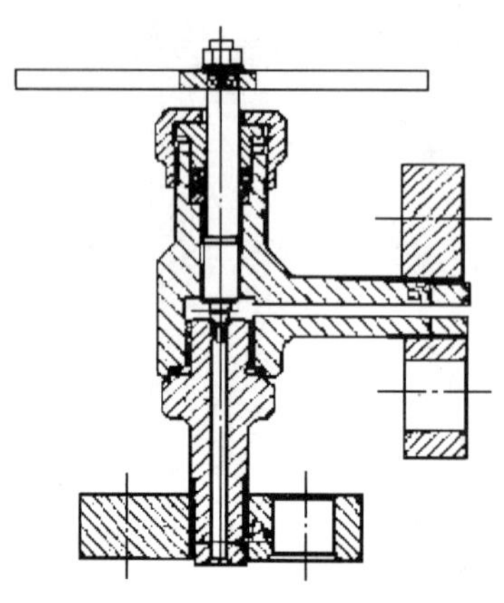

图 1-2-18 角式截止阀

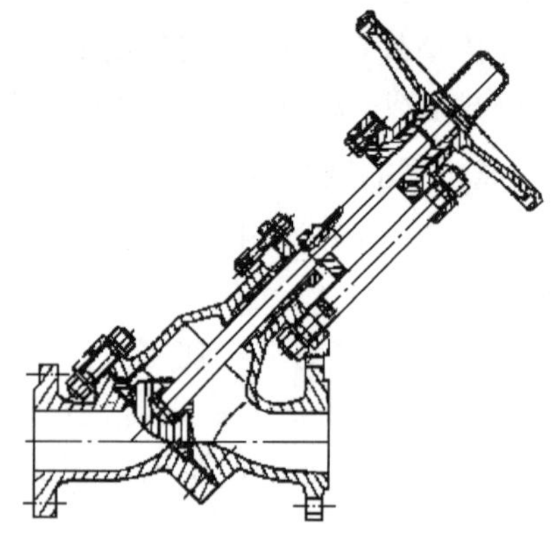

图 1-2-19 斜杆直流式截止阀

4. 柱塞式截止阀

柱塞式截止阀是常规截止阀的变形，如图 1-2-20 所示。其阀座和阀瓣是按柱塞的原理设计的。把阀瓣设计成柱塞，阀座设计成套环，利用柱塞和套环的配合实现密封。套环可用柔性石墨或聚四氟乙烯制成。密封性好，高低温介质均可使用。该阀主要作开启、关闭用，设计成特殊的柱塞和套环也可用于流量调节。

5. 波纹管截止阀

核电厂的阀门常用于有放射性介质的管系，对密封性要求很高，常要求阀门为无泄漏阀门。波纹管截止阀就是利用波纹管来实现无阀杆外泄漏的阀门。图 1-2-21 就是波纹管截止阀的基本结构图。阀中波纹管两端分别同阀杆和阀盖封焊密封。阀瓣上下位移时波纹管被拉伸和压缩。只要波纹管和两端密封焊不破坏，就能保证阀门无阀杆外泄漏。

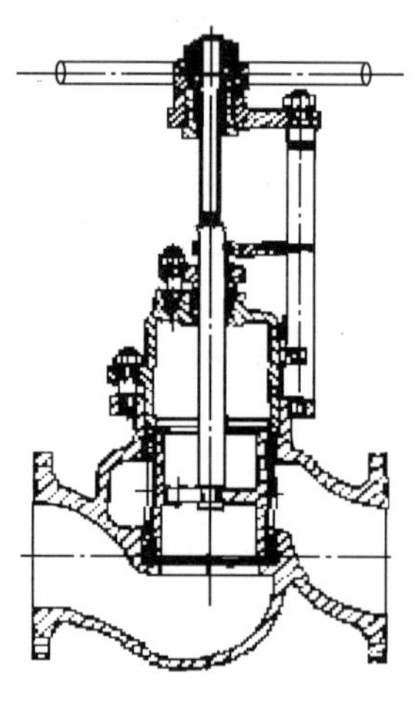

图 1-2-20 柱塞式截止阀

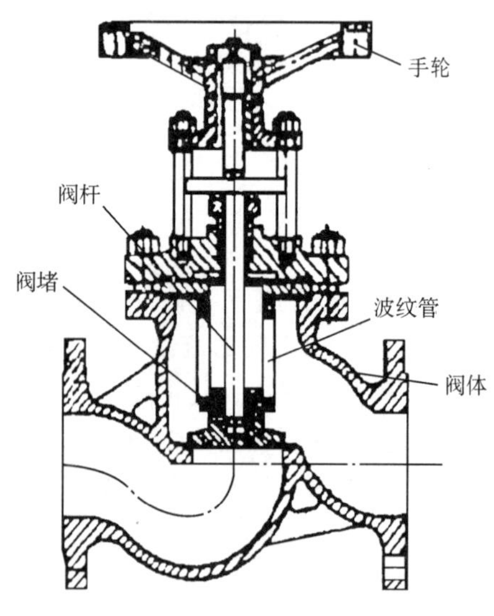

图 1-2-21 波纹管式截止阀

截止阀的优点是：阀开、闭过程中，密封面间摩擦比闸阀小，耐磨；开启高度比闸阀小得多；结构简单，制造维修方便，价格便宜。

最大缺点是：流阻系数比较大，压力损失也较大。

截止阀是应用最为广泛的阀类之一。尽管球阀、蝶阀的发展部分替代了截止阀的使用范围，但从本身特性来看，它仍有广泛的使用：如在高温、高压介质管路上；对压力损失要求不高的场合；较小口径阀门；有流量调节要求但精度要求不高的场合都可选用截止阀。

当锥形截止阀锥顶角很小时，其阀瓣就成了阀针了。这种经演变而成的特殊锥形截止阀就是针形阀。针形阀的阀针是由阀杆的一端机加工成锥形而成的。采用阀针这种结构就能满足微流量精确调节的目的，其流量调节特性趋于直线。

针形阀专用于小管径管路中，由于零件可采用不同的材料制造，可在各种压力和温度范围内用作仪表流量调节阀。

1.2.4 隔膜阀

隔膜阀是在阀体和阀盖内装有一挠性隔膜或组合隔膜，其关闭件是与隔膜相连接的一种压缩装置。隔膜阀按结构形式有：

(1) 堰式隔膜阀：如图 1-2-22 所示，这种隔膜阀只需较小的操作力和较小的隔膜行程即可启闭阀门。使用最为广泛。

(2) 直通式隔膜阀：如图 1-2-23 所示。

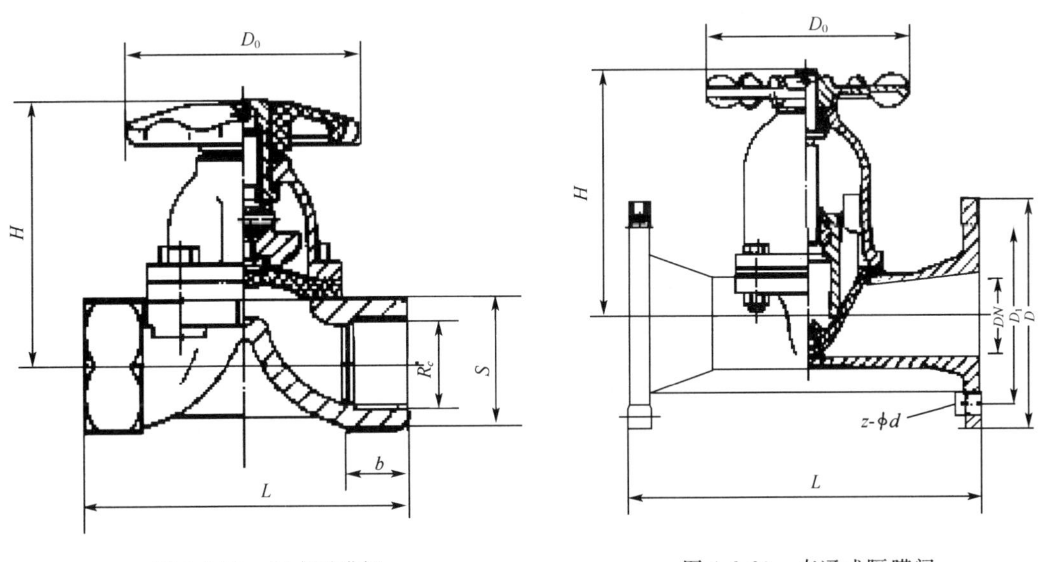

图 1-2-22 堰式隔膜阀

图 1-2-23 直通式隔膜阀

隔膜阀的启闭件(阀瓣)是一弹性隔膜片，隔膜的材料可以是人造合成橡胶或带有合成橡胶衬里的聚四氟乙烯。闭合时的密封，由阀杆推动膜片贴合在水平或凹形的衬胶座上来实现。堰式隔膜阀在关闭至 2/3 开启位置时，也可用于流量控制；直通式隔膜阀由于没有堰，流体在阀内呈直流。特别适用于某些粘性流体，水泥浆及沉淀性流体。介质不进入阀盖内腔，因此无需填料函密封，所以隔膜阀也是无填料密封阀，即无外泄漏阀门。

隔膜阀的特性是结构简单，密封性好，可以实现无外泄漏，流体阻力小，便于维修。

主要缺点是，膜片受材料限制易损、寿命短，不能用于高温、高压介质，也不宜用于较大的管径（$DN \leqslant 200$ mm），主要用于水、酸性介质和含有悬浮物的介质。

1.2.5 旋塞阀

旋塞阀是关闭件呈柱塞形的旋转阀，通过柱塞旋转 90°使其上的通道口与阀体上的通道口相通或分开，实现开、闭的一种阀门。阀塞可是圆柱形或圆锥形。旋塞阀柱塞与阀体均开有流体通道，圆柱形塞通道一般呈矩形，锥形塞通道呈梯形。

旋塞阀的一个重要特性是它易于实现多通道结构，有直通式、T 形三通式、L 形双孔式等。如图 1-2-24 所示。

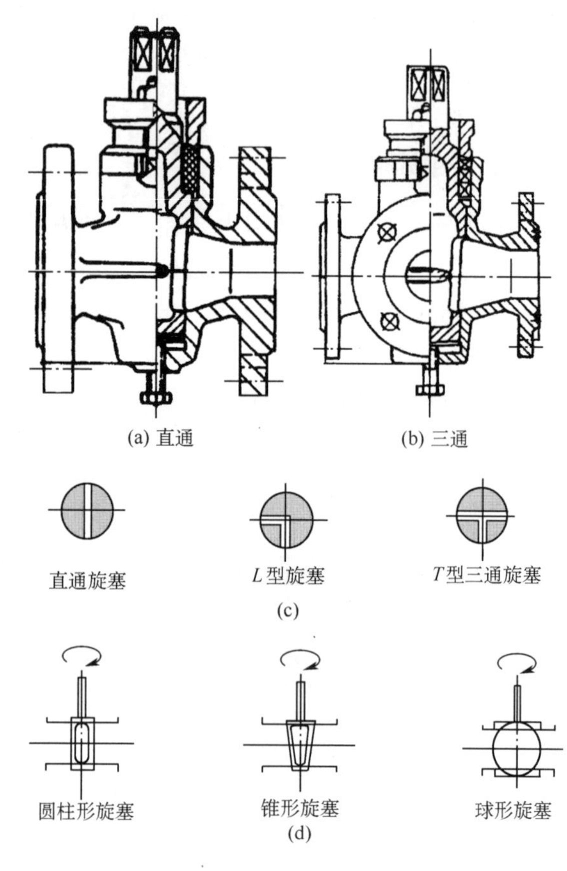

图 1-2-24 旋塞阀

1.2.5.1 旋塞阀的基本结构组成

旋塞阀的基本结构一般包括：

(1) 阀体。具有空腔的阀体带有两个或三个管接头，一个阀盖或法兰由螺栓固定在阀壳体上，支承座装在阀体与旋塞芯之间；

(2) 旋塞（阀堵）。开有矩形或梯形通道的旋塞，嵌装在阀体空腔内，并与阀杆一端固定，随阀杆转动而旋转；

(3) 阀杆。阀杆一端固定着旋塞，另一端经机加工成正方形，以便装手柄。阀杆一般装在锥形旋塞上端，也可装在下端成倒置旋塞；

(4) 阀盖及密封。阀盖内装有密封填料函，以保证阀杆的密封性。旋塞阀的密封有非金属材料（聚四氟乙烯，橡胶，尼龙，柔性石墨等）密封；金属材料密封；油膜密封三种形式。

1.2.5.2 旋塞阀结构类型

按结构形式分为圆柱形旋塞阀和圆锥形旋塞阀两种形式。

1. 圆柱形旋塞阀

圆柱形旋塞阀常使用四种密封方法：即利用密封剂、阀塞膨胀、O 形密封圈、偏心旋塞楔入阀座密封圈实现密封。用密封剂来润滑和密封的旋塞阀常用人工来添加密封剂，自动注射虽好，但需增加设备费用。圆柱形旋塞阀在阀体内装有聚四氟乙烯套，靠阀塞对聚四氟乙烯套的膨胀力来达到密封。如图 1-2-25 所示。

2. 圆锥形旋塞阀

圆锥形旋塞阀密封副之间的泄漏间隙通过用力将阀塞更深地压入阀座来调整。根据实现密封的方式有紧定式圆锥形旋塞阀；填料式圆锥形旋塞阀；油封式圆锥形旋塞阀；聚四氟乙烯套筒密封圆锥形旋塞阀等。如图 1-2-26 所示。

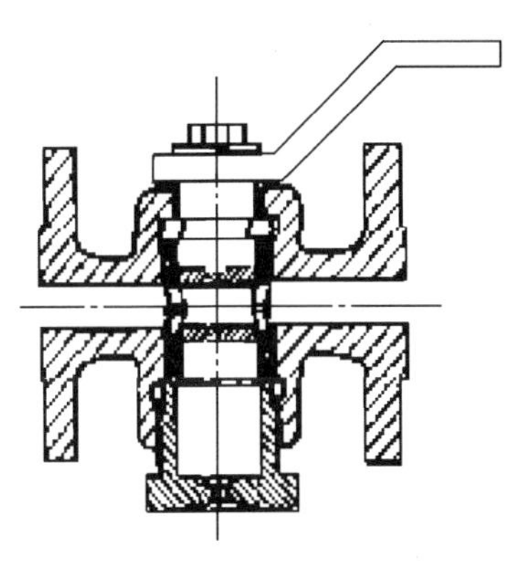
图 1-2-25　圆柱形旋塞阀

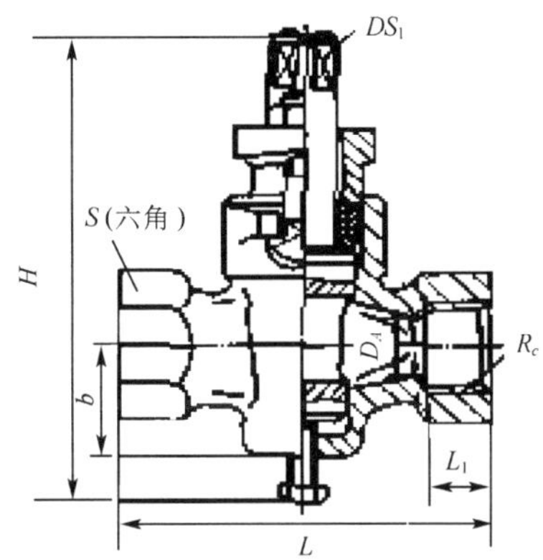

图 1-2-26　圆锥形旋塞阀

旋塞阀总的特性是结构简单，操作方便，流体阻力小，启闭快速，零部件少，重量轻。主要用于切断和接通介质以及分配和改变介质流动方向的场合；也可用于节流调节。适用温度较低、黏度较大的介质和要求开关迅速的工况，一般不用于蒸汽和温度较高的场合。

1.2.6　球阀

球阀是由旋塞阀演变而来的，它的启闭件为一个球体，利用球体绕阀杆的轴线旋转 90°实现开阀、闭阀的目的。球阀在管道上主要用于截断、分配和改变介质流动方向。V 形开口的球阀还具有良好的流量调节功能。

球阀的基本结构有阀体、阀芯、阀杆、阀盖及密封装置（阀座密封和阀杆填料密封）等。球阀的结构如图 1-2-27，图 1-2-28 所示。

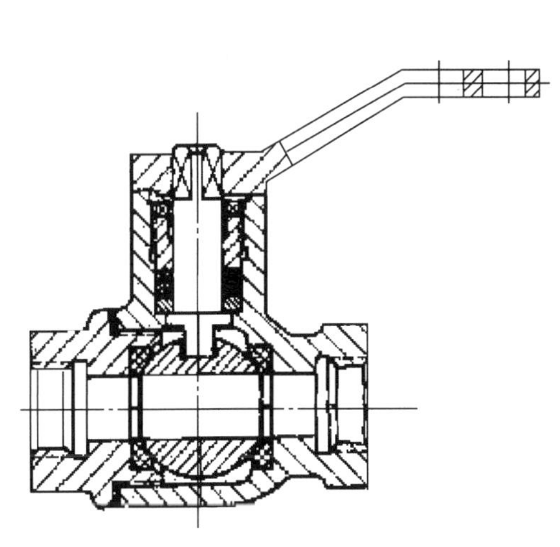
图 1-2-27　浮动球球阀

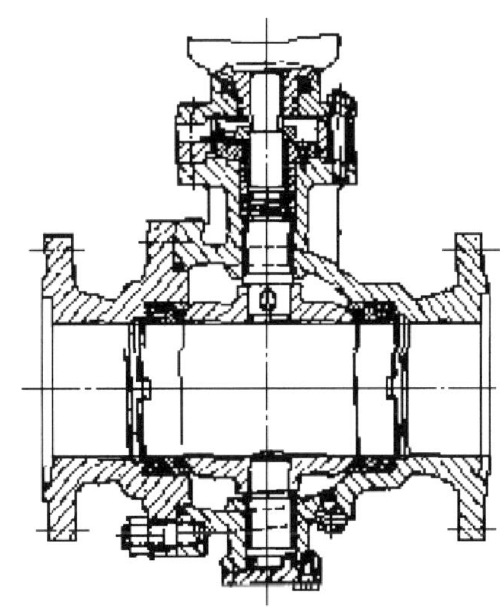
图 1-2-28　固定球球阀

球阀按结构形式分为:(1) 浮动球球阀;(2) 固定球球阀;(3) 带浮动球和弹性活动套筒阀座的球阀;(4) 升降杆式球阀;(5) 变孔径球阀;(6) 气动 V 形球调节球阀等。

现简要介绍其中两种形式的球阀。

(1) 浮动球球阀:如图 1-2-27 所示。

浮动球球阀的阀体内有两个阀座密封圈,中间夹紧一个有一定浮动量的球体,球体借助于阀杆可自由地在阀座密封圈中旋转。当球孔垂直于阀门的通道时,靠加给两阀座密封圈的预紧力和介质压力将球体紧压在出口端的阀座密封圈上,实现密封。它属于单面强制密封。适宜于中低压小口径阀门。

(2) 固定球球阀:如图 1-2-28 所示。

固定球球阀的球芯通常与阀杆成一个整体,在上下轴承支撑下旋转,不能浮动。根据阀座密封圈的安装不同,有两种结构。

① 球体前密封的阀座:即靠介质压力将进口端阀座压向球体实现密封,但支撑轴承上的载荷加大;

② 球体后密封的阀座:其特点是关阀时阀的密封由安装在介质运动方向的球体后阀座来实现,这就减小了轴承的载荷。

固定球阀的旋转力矩较小,适用于高压大口径的球阀。

球阀的特点是结构简单,开关迅速,操作方便,驱动力矩小,流体阻力最低,在较大的压力温度范围内,能实现完全密封。有一定的流量调节性能,适用于高温、高压,大中小口径且寿命要求长的管系。

1.2.7 调节阀

调节阀是工艺自动化控制系统检测,控制,执行器三个主要环节中的控制执行器,也叫控制阀,它是过程控制系统中用动力操作去改变流体流量的装置。

调节阀的功能是根据收到的外部指令(手控的或调节电路控制的气动装置),通过执行机构的相应动作操纵阀杆以改变阀芯与阀座之间的流通面积来实现流量调节的目的。调节阀因其作用是按节流原理来实现的,故也称节流阀。

以压缩空气为动力源的调节阀称为气动调节阀;以电为动力源的调节阀则称为电动调节阀。这是用得最多的两种调节阀。如图 1-2-29 和图 1-2-30 所示。无论是气动调节阀还是电动调节阀,它们都由阀和执行机构两部分组成。这里只介绍调节阀阀本身的有关结构和特性问题,调节阀的执行机将在 1.5 节介绍。

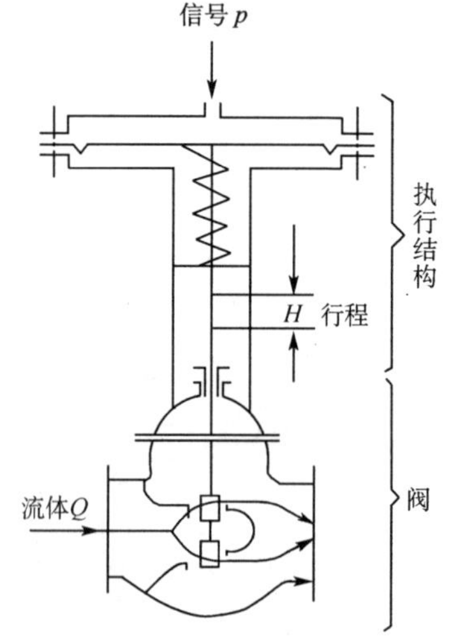

图 1-2-29 气动调节阀

调节阀的基本结构:由阀体、上阀盖组件(包括填料函)、阀杆、下阀盖和阀内调节件(包括阀芯、阀座、阀套等)组成。不同性能的调节阀其主要不同在于阀内调节件即阀芯、阀座的不同。

1.2.7.1 调节阀结构分类

不包括执行机构的调节阀结构类型多种多样,按阀芯形状分为以下 7 种：

① 平板形；② 柱塞形；③ 窗口形；④ 套筒形；⑤ 多级形；⑥ 蝶形；⑦ 球形。

按流量特性分为有以下 4 种：

① 直线流量特性；② 等百分比流量特性；③ 抛物线特性；④ 快开特性。

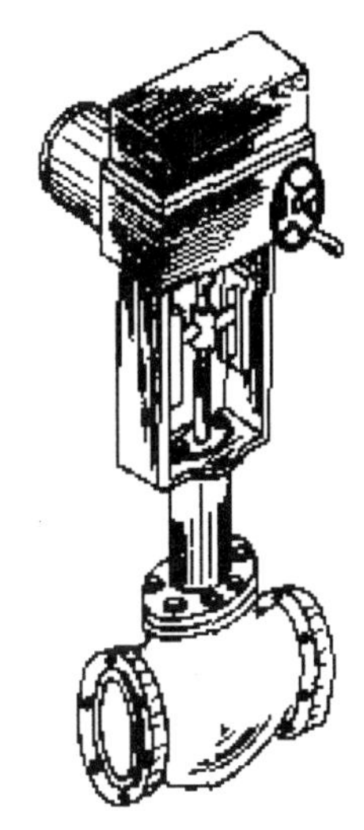

图 1-2-30　电动调节阀

1.2.7.2　调节阀的主要结构类型

（1）直通单座阀：如图 1-2-31 所示。

它由上阀盖，下阀盖，阀体，阀芯，阀座，阀杆密封件等组成。

该阀只有一个阀芯和阀座，特点是泄漏量小，易于保证完全关闭。有切断和调节双重功能；柱塞形阀芯用于调节；平板形阀芯为截断阀。由于介质对阀芯推力大（不平衡力大），所以该阀仅适用于低压差场合。

（2）直通双座阀：如图 1-2-32 所示。

阀体内有两个阀芯和阀座，流体从左侧进入，经阀座和阀芯后从右侧流出。流体作用在上下阀芯上的力基本平衡，所以启闭力较小，允许压差大。但上下阀芯难以同时关闭，泄漏量较大。

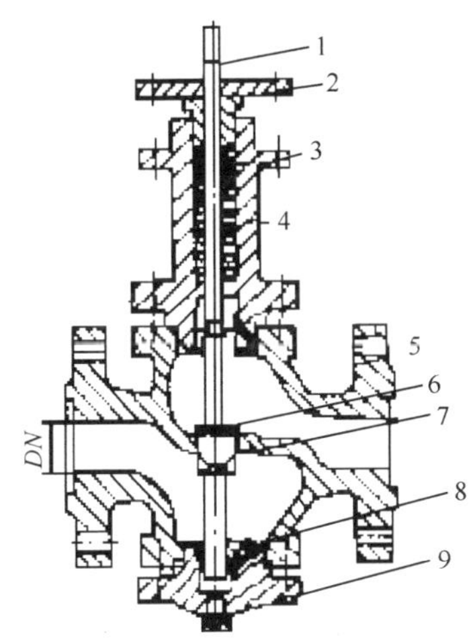

图 1-2-31　直通单座调节阀

1—阀杆；2—压板；3—填料；4—上阀盖；5—阀体；6—阀芯；7—阀座；8—衬套；9—下阀盖

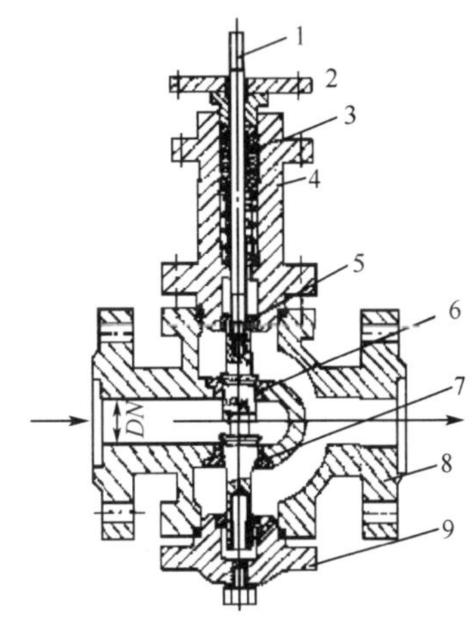

图 1-2-32　直通双座调节阀

1—阀杆；2—压板；3—填料；4—阀盖；5—衬套；6—阀芯；7—阀座；8—阀体；9—下阀盖

（3）角形阀：如图 1-2-33 所示。

阀体为直角形结构，流路简单，阻力小，适用于高压差，高黏度，有悬浮物和颗粒的流体的调节。一般底进侧出。

（4）隔膜阀：如图 1-2-34 所示。

用耐腐蚀的阀体和隔膜代替阀芯阀座组件，利用隔膜的移动起调节作用。它的结构简单，流路阻力小，无泄漏量，能用于高黏度，有悬浮物和颗粒的流体的调节。它的流量特性接近快开特性，在60%行程前近似线性，60%后流量变化不大。

(5) 套筒阀：如图1-2-35所示。

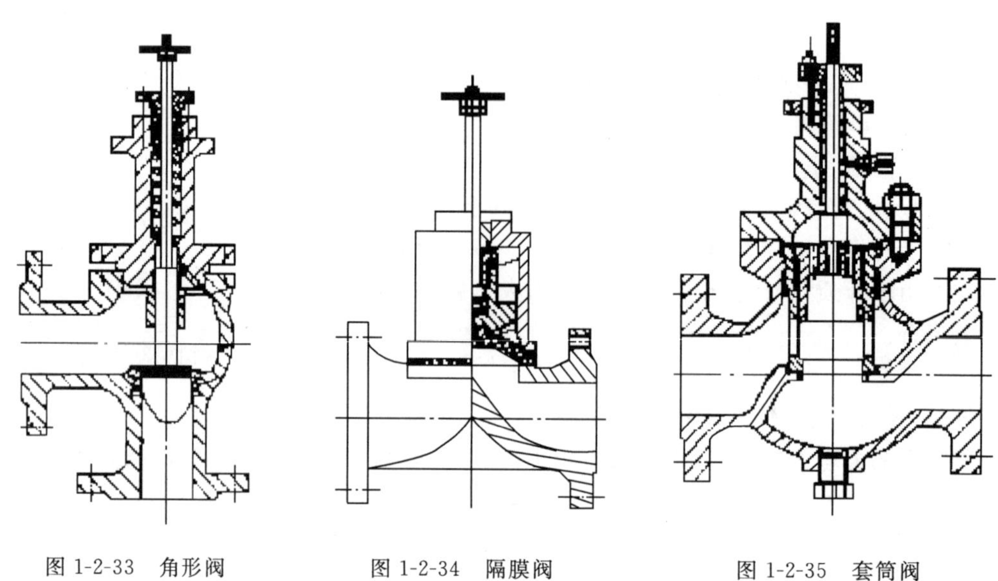

图1-2-33　角形阀　　图1-2-34　隔膜阀　　图1-2-35　套筒阀

这是一种结构特殊的调节阀。它的阀体与直通单座阀相似。阀内有一个圆柱形套筒，套筒的窗口根据流通能力大小可分为四个、两个或一个，利用套筒导向，阀芯可在套筒中上下移动，从而改变节流孔面积，实现节流并可得到不同的流量特性。这种阀平衡力小，且有降低噪声的作用。

(6) 蝶阀：可参见1.2.2节蝶阀图。

蝶阀结构较简单紧凑，阻力损失小，寿命长。它的流量特性在转角60°前与等百分比特性相似；60°以后特性变差，所以蝶阀常在60°内作调节阀使用。

(7) 球阀：球阀阀芯有O形和V形两种。

① O形球阀的球体上开有一个和管道直径相等的通孔，阀杆使球体在密封座中旋转，从全开到全关旋转90°。这种阀结构简单，流通能力大，一般作两位调节用，为快开特性；适用于200 ℃以下的温度和100 kPa以下的压力。

② V形口球阀即在球体上开有一个V形口，随着球体的旋转，开口面积不断发生变化，但开口面的形状始终保持三角形。这种阀流通能力大(比同口径的普通阀高两倍)，结构也简单，流量特性为近似等百分比特性。

1.2.7.3 调节阀的阀芯结构

阀芯是调节阀的关键部件。不同的阀门特性要求，就需要不同的阀芯结构。不同的阀芯结构也会产生不同的流量调节特性。阀芯结构一般分为直行程和角行程两大类。

(1) 直行程阀芯：有如图1-2-36所示几种结构。

① 平板形阀芯：见图1-2-36(a)。这种阀芯的底面为平板形，结构简单，加工方便，具有

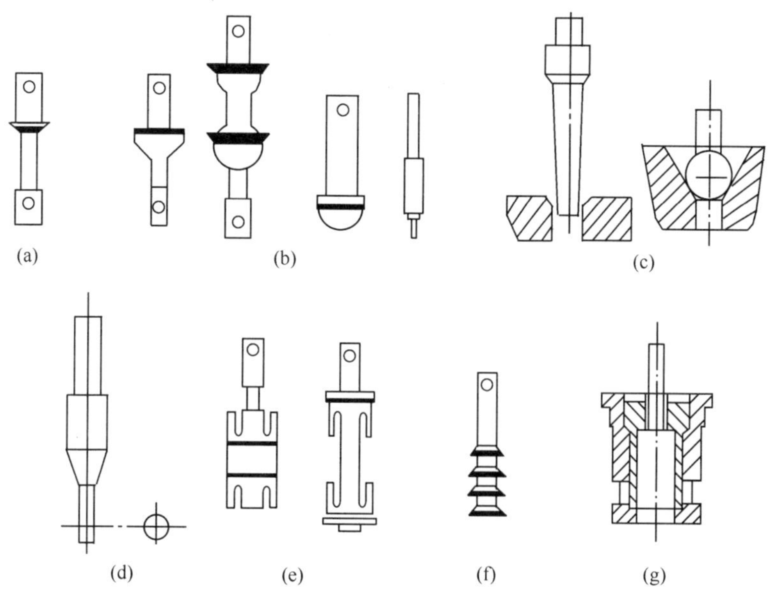

图 1-2-36　直行程阀芯

快开特性，可作两位调节用。

② 柱塞型阀芯：见图 1-2-36(b)。有上下双导向和上导向两种。图 1-2-36(b)左边两种为上下双导向，可倒装。阀芯形状随阀的特性要求的不同而不同。常见特性有线性和等百分比特性两种。参见图 1-2-40。

③ 窗口型阀芯：见图 1-2-36(e)。该阀芯适用于三通调节阀，图左边为合流型，右边为分流型，由于窗口形状不同，阀门特性有直线、等百分比和抛物线三种。

④ 套筒型阀芯：见图 1-2-36(g)。只要改变套筒窗口形状(图 1-2-37)，即可改变阀的特性。

⑤ 多级阀芯：见图 1-2-36(f)。把几个阀芯串接起来，好像“糖葫芦”，能起到逐级降压的作用。用于高压差阀，可防止汽蚀和噪音。

(2) 角行程阀芯：如图 1-2-38 所示。

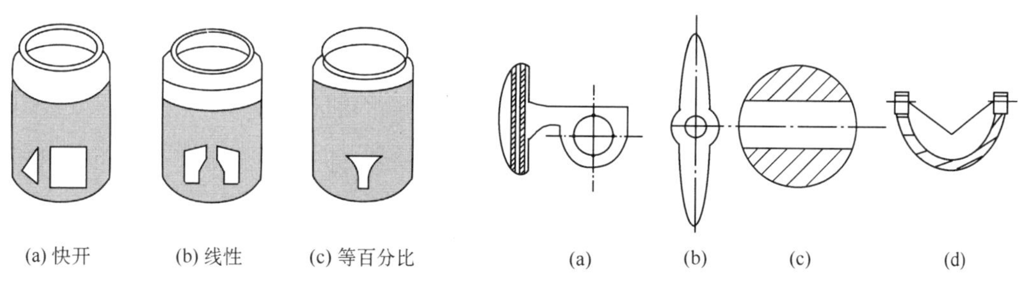

图 1-2-37　不同形状的套筒阀套筒

图 1-2-38　角行程阀芯

这种阀通过旋转运动来改变它与阀座间的流通面积。不同的阀芯分别用于蝶阀和球阀。它们的流量特性是改良的等百分比特性。

1.2.7.4 调节阀的流量特性

调节阀的流量特性是指介质流过阀门的相对流量与相对位移(阀门的相对开度)间的关系,用下式表达:

$$\frac{Q}{Q_{\max}}=f\left(\frac{l}{L}\right)$$

式中:$\frac{Q}{Q_{\max}}$——相对流量,即在某一开度时流量与全开流量之比;

$\left(\frac{l}{L}\right)$——相对位移,即在某一开度时阀芯位移与全开位移之比。

一般来说改变调节阀的阀芯与阀座之间的流通截面积,便可以控制流量。但实际上在节流面积变化的同时还会发生阀前、阀后压差的变化,而压差的变化又会引起流量的变化。假定阀前、阀后压差不变,即不考虑压差的影响而得到的流量特性叫做理想流量特性。考虑阀前、阀后压差变化的影响的流量特性称为工作流量特性。

理想流量特性又称固有流量特性。主要有直线、等百分比(对数)、抛物线及快开等四种。

(1) 直线流量特性:见图 1-2-39 曲线 2。

直线流量特性是指调节阀的相对流量与相对位移成直线关系,即单位位移变化所引起的流量变化是常数,用数学表达式表示:

$$\frac{\mathrm{d}\left(\frac{Q}{Q_{\max}}\right)}{\mathrm{d}\left(\frac{l}{L}\right)}=K$$

式中:K——调节阀的放大系数,为常数。

以行程的 10%,50%,80% 三点为例,若位移的变化都是 10%,则:

在 10% 时,流量相对变化值为:

$$\frac{20-10}{10}\times100\%=100\%$$

在 50% 时,流量相对变化值为:

$$\frac{60-50}{50}\times100\%=20\%$$

在 80% 时,流量相对变化值为:$\frac{90-80}{80}\times100\%=12.5\%$

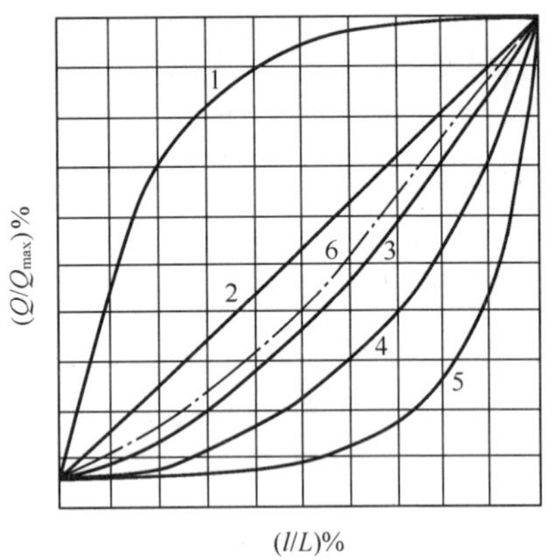

图 1-2-39　理想流量特性

1—快开;2—直线;3—抛物线;4—等百分比;5—双曲线;6—修正抛物线

可见,直线特性的阀门在开度小时流量相对变化值大,灵敏度高,不易控制,甚至发生震荡;而在大开度时,流量相对变化值小,调节缓慢。

(2) 等百分比(对数)流量特性:见图 1-2-39 曲线 4。

等百分比流量特性也称对数流量特性。它是指单位相对位移变化所引起的相对流量变化与该点的相对流量成正比关系。即调节阀的放大系数 K 是变化的。它随相对流量的增大而增大。用数学表达式表示:

$$\frac{\mathrm{d}\left(\frac{Q}{Q_{\max}}\right)}{\mathrm{d}\left(\frac{l}{L}\right)}=K\frac{Q}{Q_{\max}}$$

为了和直线流量特性进行比较，同样以行程的 10%，50%，80%三点进行研究，当行程变化 10%时流量变化分别为 1.91%，7.3%和 20.4%，而它们的流量相对变化值都为 40%。

等百分比流量特性在小开度时调节阀放大系数小，调节平稳；在大开度时，放大系数大，调节灵敏有效。

（3）抛物线特性：见图 1-2-39 曲线 3。

抛物线流量特性是指单位相对位移变化所引起的相对流量变化与该点的相对流量值的平方根成正比关系，其数学表达式表示为：

$$\frac{\mathrm{d}\left(\frac{Q}{Q_{\max}}\right)}{\mathrm{d}\left(\frac{l}{L}\right)}=K\left(\frac{Q}{Q_{\max}}\right)^{\frac{1}{2}}$$

在直角坐标上为一条抛物线，介于直线和对数曲线之间。如图 1-2-39 曲线 3 所示，该流量特性的阀芯形状见图 1-2-40 所示。

（4）快开特性

这种流量特性在开度较小时就有较大的流量，随开度的增大，流量很快就达到最大；此后再增加开度，流量变化很小。如图 1-2-39 曲线 1 所示。快开特性的数学表达式是：

$$\frac{\mathrm{d}\left(\frac{Q}{Q_{\max}}\right)}{\mathrm{d}\left(\frac{l}{L}\right)}=K\left(\frac{Q}{Q_{\max}}\right)^{-1}$$

快开特性的阀芯结构形式是平板形的，如图 1-2-40 中 1 所示。它的有效位移一般为阀座直径的 1/4，当位移增大时，阀的流通面积不再增大，失去调节作用。快开特性调节阀适用于快速启闭的切断阀或双位调节系统。

各种阀门都有自己特定的流量特性。如图 1-2-41 所示。隔膜阀的流量特性接近与快开特性；碟阀的流量特性接近与等百分比特性。

实际生产过程中常用的调节阀的理想流量特性有直线、等百分比和快开三种。抛物线流量特性介于直线和等百分比之间，一般可用等百分比特性来代替，而快开特性主要用于两位调节及程序控制中，因此，调节阀的特性选择实际上是指如何选择直线和等百分比流量特性。

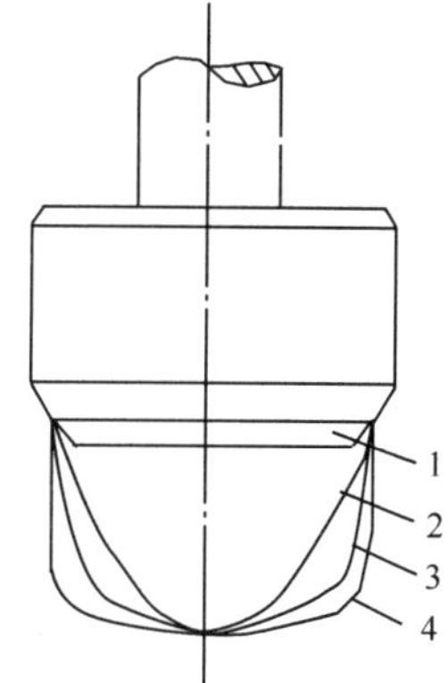

图 1-2-40 不同流量特性的阀芯形状

1—快开；2—直线；3—抛物线；4—等百分比

1.2.8 阀门的密封

阀门的密封有内密封和外密封两类。内密封是指阀瓣（阀堵）与阀座之间的密封；外密封是指阀杆与阀盖之间的密封。现分别从密封面材料和密封结构形式两个方面加以介绍。

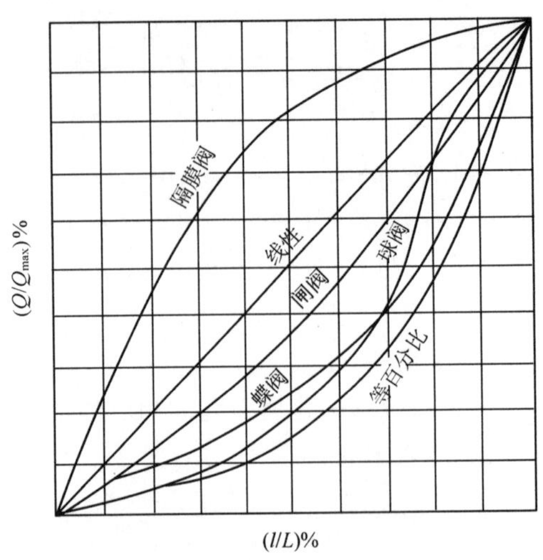

图 1-2-41 各种阀门的流量特性

1.2.8.1 密封面材料的选用

密封面材料是影响阀门内密封性能的重要因素之一。对密封材料的要求是:有足够的强度、耐介质腐蚀、工艺性好。对密封面间有相对运动的阀类,还要求有良好的耐擦伤性,摩擦系数小,耐磨损;对于受高速介质冲刷的阀门,要求抗冲蚀能力强;对于高温和低温阀门,要求良好的热稳定性和与相接基体材料相近的线胀系数。阀门密封面材料可按表 1-2-1 选用。

表 1-2-1 阀门密封面材料选用

材 料	使用工况		主要适用介质
	PN/MPa	*T*/℃	
橡胶	≤1.6	≤60～120	腐蚀介质
尼龙	≤32.0	≤80	腐蚀介质
聚四氟乙烯	≤6.4	≤200～250	腐蚀介质
1Cr13,2Cr13,3Cr13 D507,D507Mo,D502	≤32	≤450	水、水蒸气、空气、油类
铁基合金粉末 Ffe-1～Ffe-5	≤32	≤450	水、水蒸气、空气、油类
铬锰合金:137 号 D577 D516MA	≤32	≤450	水、水蒸气、空气、油类
钴铬钨合金 TDCoCr1-X TDCoCr2-X TDCoCr3-X	高压及超高压	≤600	腐蚀介质

对密封副有相对运动、密封面易产生擦伤的阀门，应注意密封副材料的合理匹配，见表1-2-2。

1.2.8.2 阀杆填料密封材料选用

填料的功能是保证阀杆与阀盖间的密封。它应具有良好的密封性，在压力和温度的作用下具有一定的强度和弹性，热稳定性好，不易烧失，不易老化，致密性好且耐介质腐蚀。对阀杆摩擦系数小。

一般的石棉填料安装后经水压试验或用于水、蒸汽等介质后，填料中的氯离子和石墨的电化学作用，常使阀杆产生点腐蚀。一般使用含有缓蚀剂或牺牲金属的缓蚀石棉填料。但石棉填料危害健康，因此应尽量选用其他填料。

常用填料选用见表1-2-3。

1.2.8.3 密封副的结构

各类阀门密封副常用结构形式参见附录二各表。

表1-2-2 有相对运动的密封副材料匹配

密封副		许用比压/MPa
阀瓣	阀座	
钴铬钨合金	钴铬钨合金	100
NDG-2	NDG-2	80
钴铬钨合金	2Cr13	60
2Cr13(氮化)	2Cr13(氮化)	60
2Cr13(氮化)	2Cr13	45
D516M D577 137合金	D516M D577 137合金	60
铁基合金粉末	铁基合金粉末	60
铁基合金粉末	2Cr13	45
3Cr13	1Cr13	20
3Cr13	2Cr13	20

表1-2-3 填料的选用

种类	填料形式	常用工况	种类	填料形式	常用工况
天然纤维类	油浸棉填料	$p\leqslant1.0$ MPa T≤100 ℃水、油类介质	石棉纤维类	用金属丝加强或金属箔包的石棉填料	用于高温高压蒸汽
	油浸麻填料	$p\leqslant1.0$ MPa $T\leqslant100$ ℃的碱液、盐水	合成纤维类	碳纤维填料	$p\leqslant20$ MPa， −320～−250 ℃
橡胶类填料	O形圈与V形填料	用于中、低压介质温度与橡胶种类有关		聚四氟乙烯纤维填料	用于$p\leqslant35$ MPa， −196～260 ℃的强腐蚀性介质
塑料类	聚四氟乙烯O形圈与V形圈	$p\leqslant32$ MPa， 250～350 ℃		芳纶纤维填料	用于−100～180 ℃，除硫酸、氢氟酸外的腐蚀性介质，抗磨

续表

种　类	填料形式	常用工况	种　类	填料形式	常用工况
石棉纤维类	油浸石棉填料	在 250～550 ℃高中压蒸汽、水、空气	金属类软填料	铜丝编结	用于 $t \leqslant 500$ ℃的高压蒸汽或热油介质
	橡胶石棉填料	在 250～450 ℃高中压蒸汽、水、气体		铅丝编结的软填料	用于 $t \leqslant 230$ ℃的介质
	油浸石墨石棉编织填料	用于 $t \leqslant 300$ ℃的水、蒸汽、油	波形填料		用于 250～600 ℃的高温油类和高压蒸汽
	聚四氟乙烯浸渍石棉	－200～250 ℃ $p \leqslant 35$ MPa	石墨填料	柔性石墨填料	用于－260～300 ℃的高压清洁介质
	散状石棉填料	$T \leqslant 550$ ℃的高温高压蒸汽	陶瓷纤维填料		用于 $t \leqslant 1\,250$ ℃的超高温介质

1.3　自动型阀门

依靠介质（液体、空气、蒸汽）本身的能力而自行动作的阀门。如止回阀、安全阀、减压阀、疏水阀等。

1.3.1　止回阀

止回阀又称为逆流阀、逆止阀、背压阀和单向阀。它是一种不需要外部操纵，只靠管路中介质本身流动产生的力而自动开启和关闭的一种自动调节阀。止回阀的启闭过程受流体瞬变流动状态所影响，当然，阀的关闭特性又对流体流动状态产生反作用。止回阀在一个规定的方向上永远是闭合状态。

止回阀的主要功能是在管路系统中阻止介质倒流，防止泵及驱动电机反转。

止回阀的工作特点是载荷变化大，启闭频率小，但启闭动作必须灵活。它是所有泵站不可缺少的设备。

止回阀按结构形式及其关闭件与阀座的相对位移方式可分为旋启式、垂直升降式、蝶式和隔膜式等多种。这里仅就旋启式、垂直升降式这两种止回阀结构作一简单介绍。

1.3.1.1　旋启式止回阀

图 1-3-1 所示为使用最普遍的单瓣旋启式止回阀。它的关闭件——平盘形阀瓣顶靠在阀体内的斜座上，且可绕阀座外的销轴旋转，绕轴摆动的方向为流体流动方向。

阀瓣的转动轴位于阀瓣重心的上方。流体正向流动时，其推力作用在阀瓣上，使其处于开启的状态；流体反向时，阀瓣在自重和流体反向推力作用下，回落并贴合在阀体斜座上，阀门关闭。

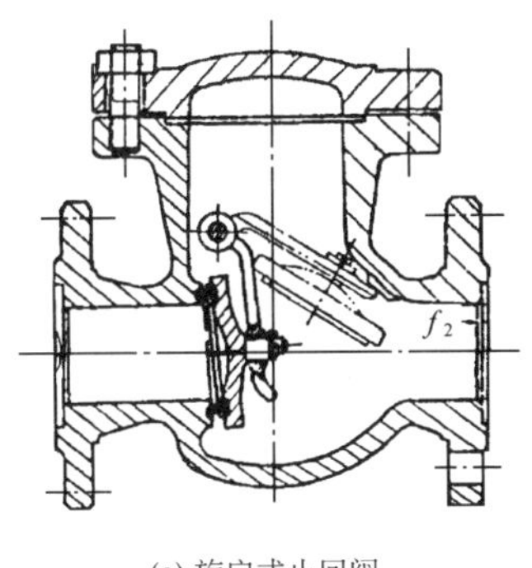

(a) 旋启式止回阀

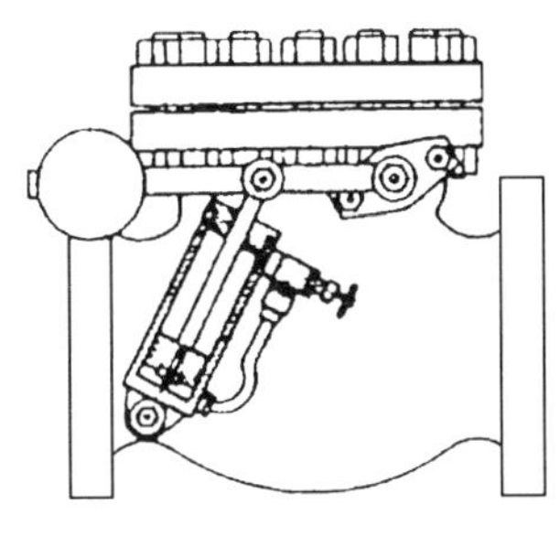

(b) 外罩阻尼器单瓣旋启式止回阀

图 1-3-1　旋启式止回阀

旋启式止回阀的基本结构一般包括：

1. 阀体。阀体与闸板阀的阀体相同，阀体内进口侧有倾斜支承座。阀体的两端有管接头。

2. 阀盖。阀盖为碟形或平板盖，用螺栓固定在阀体上，在两者之间嵌装密封垫密封。

3. 阀瓣（阀堵）。阀瓣上装有摆动支臂，支臂的另一端装在连接轴上，连接轴经常有一端伸出阀体外，它可以起到下列作用：

（1）指示阀瓣的工作位置；

（2）用来平衡运动部件的重量（局部或全部）；

（3）进行外部操纵（如控制自动操纵）；

（4）用来安装阻尼器或缓冲器，如图 1-3-1(b)所示。

旋启式止回阀由于其阀瓣及运动部件较重，一般只用在频率低的工况，如涡轮机的排放管路。

启旋式止回阀不宜制成小口径阀。单瓣式止回阀公称通径一般为 50～500 mm；公称通径大于 600 mm 的为多瓣式止回阀。它可装在水平、垂直或倾斜的管道上，如装在垂直管道上介质的流向应由下至上。

1.3.1.2　垂直升降式止回阀

垂直升降式止回阀，是指阀的关闭件——阀瓣沿着阀体中腔轴线垂直移动的止回阀。如图 1-3-2 所示，根据管道安装方位或流体的流动方向不同有两种形式，流体水平流动的称为卧式垂直升降止回阀；流体垂直流动的称为立式垂直升降止回阀，因此，卧式只能安装在水平管道上，而立式则必须装在垂直管道上。

1. 卧式垂直升降式止回阀

卧式垂直升降式止回阀，是指阀的关闭件——阀瓣沿着阀体中腔轴线垂直移动，而流体呈水平流动的一类止回阀，如图 1-3-2 所示。

这种阀的基本结构一般包括如下三部分：

（1）阀体。阀体的结构与截止阀的阀体相同，阀体内的支承座也有锥形座和平行座两种，阀体的两端有管接头。

（2）阀瓣（阀堵）。阀堵件也有锥形和平板形两种，在阀堵的轴线方向，装有导向装置，限止阀瓣（阀堵）升降运动时不偏离座面。

(3) 阀盖。阀盖为碟形或平板盖,用螺栓固定在阀体上,两者之间用密封垫密封。

2. 立式垂直升降式止回阀

立式垂直升降式止回阀其阀瓣也沿着阀体中轴线垂直移动,而流体自下而上垂直流动即在管路系统中阀门呈垂直安装。如图 1-3-3 所示。

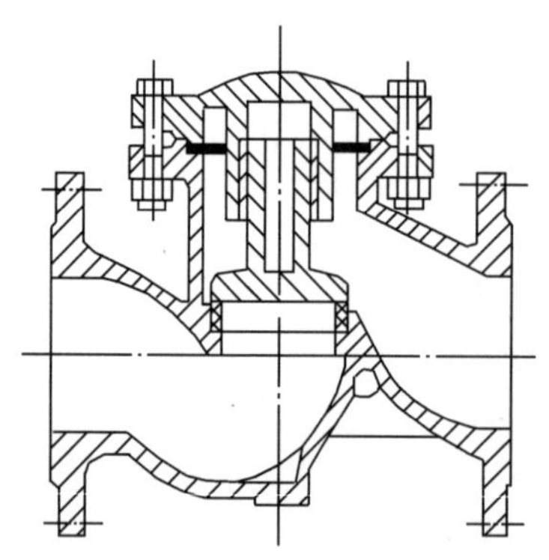

图 1-3-2 卧式垂直升降式止回阀

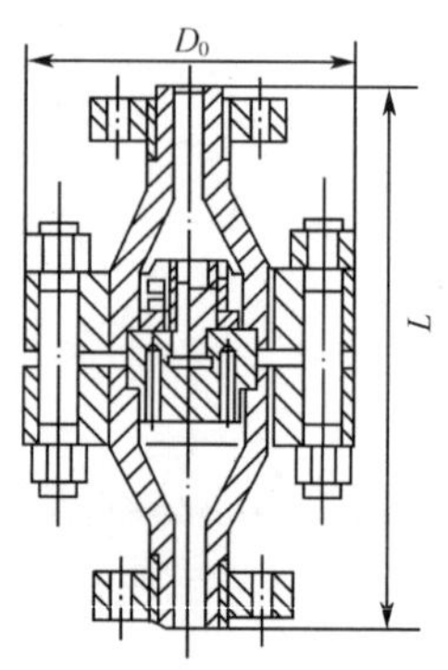

图 1-3-3 立式垂直升降式止回阀

其基本结构一般包括:

(1) 阀体。阀体的结构与球阀相同,由二半壳体组成,二者用螺栓固定,垫片密封。阀体中间部位装有阀座,该座也有锥形座和平行座两种。阀体上、下两端有管接头。

(2) 阀瓣(阀芯)。阀瓣也有锥形和平板形两种,在阀瓣的轴线运动方向上也装有导向装置,导向装置可装在阀瓣(阀堵)的上方,也可装在阀瓣的下方,其功能是给阀瓣垂直运动提供导向,防止阀瓣升、降移动偏斜,出现卡阻。

上述两种垂直升降式止回阀,闭合都是自动的,当正常工况流体正向流动时,流体压力将阀瓣推开,处于开阀状态;当流体反向流动时,阀瓣通过自身重量和在阀瓣上的回座弹簧(有的没装)的作用回落到阀座上,阀门关闭。

垂直升、降式止回阀较旋启式止回阀密封性好,但流体阻力大。由于关闭件较轻,适用于启闭频率高的工况,如交变活塞泵的单向阀。立式垂直升降止回阀还特别用在泵吸入管的底部,通常称为底阀如图 1-3-4 所示。

蝶式止回阀:是一蝶形阀瓣围绕阀座内的销轴旋转的止回阀。如图 1-3-5 所示。这种

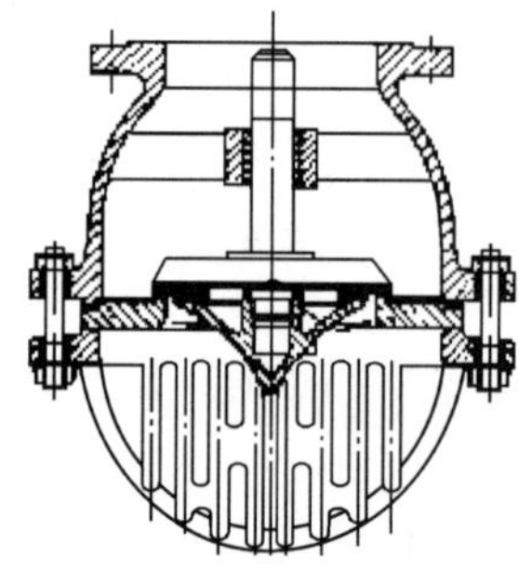

图 1-3-4 底阀

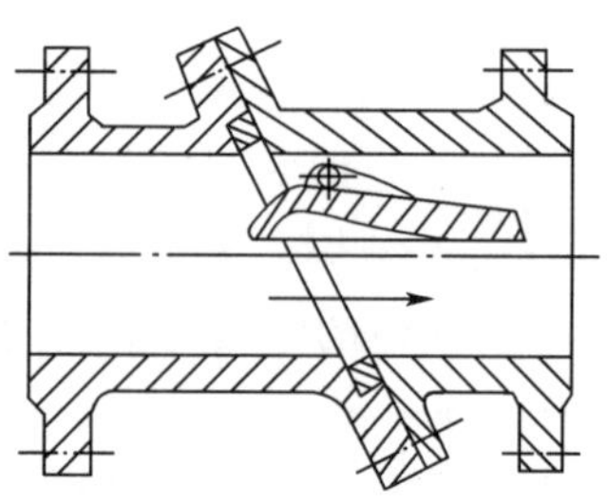

图 1-3-5 蝶式止回阀

止回阀结构相对较简单，但只能安装在水平管道上，且密封性较差。

1.3.2 安全阀

1.3.2.1 安全阀的功能和安全要求

安全阀是一种不借任何外力，而是利用介质本身的力自动开启阀门，从而排出一定数量的流体，避免系统和设备超压的自动保护装置。它的主要功能是：

超压保护功能：安全阀用在受压设备和系统中，当设备和管路内压力升高超过允许值时，阀门自动开启，继而全量排放，避免压力继续升高；当压力降低到规定值时，阀门自动及时关闭，从而保护管路系统、设备安全运行；防止系统超压引起事故及对设备造成损坏。安全阀常用于可压缩流体如蒸汽、压缩空气以及其他气体，也用于不可压缩的流体（如水等）。

学习安全阀应掌握的几个名词术语：

① 开启压力（整定压力）：安全阀阀瓣在运行条件下开始升起时的进口压力，在该压力下，开始有可测量的开启高度，介质呈可由视觉或听觉感知的连续排放状态。

② 排放压力：阀瓣达到规定开启高度时的进口压力。排放压力的上限需服从国家有关标准或规范的要求。

③ 密封压力：阀门处于关闭状态，密封面间无介质泄漏时的进口压力，通常也称为工作压力。

④ 超过压力（过压）：排放压力与开启压力之差，通常用开启压力的百分数来表示。

⑤ 回座压力：排放后阀瓣重新与阀座接触，即开启高度为零时的进口压力。

⑥ 启闭压差（闭合压差）：开启压力与回座压力之差。

⑦ 背压力：安全阀出口处的压力。

⑧ 额定排放压力：标准规定排放压力的上限值。

⑨ 喉径：阀座通道最小截面的直径。

安全阀的安全要求如下。

(1) 校准压力（整定压力）最多等于容器或管路的最大允许压力。校准压力是通过作用在阀瓣（阀堵）上平衡力来确定的，作用在阀瓣上的力是通过调节弹簧作用力或外部杠杆重锤产生的力来实现的。

(2) 通路截面（阀座喉径截面积）应足以满足超压时流体排放量的要求，以保证在任何情况下，将“超压”限制在额定压力的 1/10，通路截面可采用几个相应的安全阀来满足，而不限只采用一个阀，如核电厂稳压器一般装设 2～3 个安全阀。通路截面积的确定是根据额定排放量公式来计算的。

1.3.2.2 安全阀的动作原理

安全阀是依靠介质压力产生的作用力来克服作用在阀瓣上的机械载荷使安全阀开启的（直接作用安全阀）；或依靠从先导阀排出的介质使主阀瓣开启（先导式安全阀）。安全阀的动作过程大致分为四个阶段，即正常工作阶段、临界开启阶段、连续排放阶段和回座阶段。其动作性能曲线见图 1-3-6，从图中可看出，安全阀在达到动作（即开启压力）后，容器内的压力仍在继续上升，当阀瓣开腔高度达到最大时，压力上升为排放压力。具体动作过程见图

1-3-7 及图 1-3-8，说明如下。

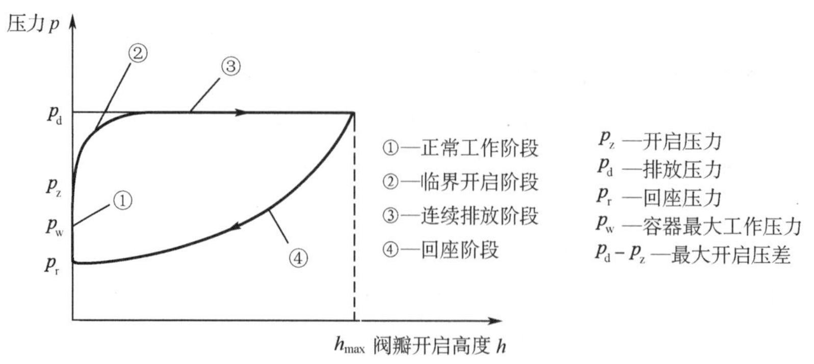

图 1-3-6　安全阀动作性能曲线

(1) 阀闭合，如图 1-3-7(a)所示。安全阀属反作用力型阀，靠弹簧等作用力加载实现闭合，旁侧分流卸压，由作用在阀瓣承受面的流体(如蒸汽等)压力提供克服加载压力。当流体压力小于开启压力时，阀门处于闭合状态。

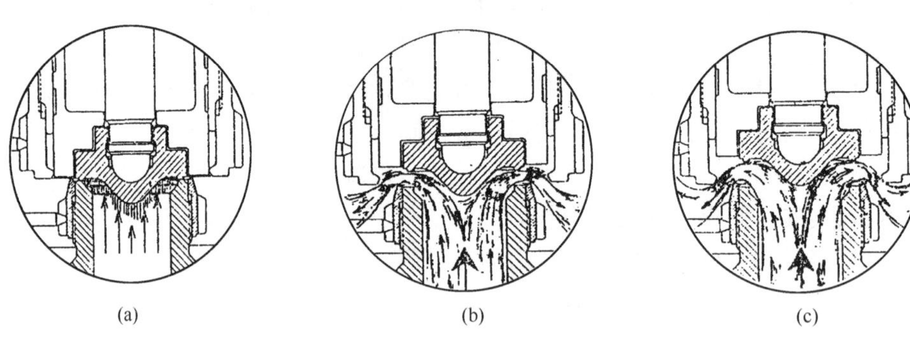

图 1-3-7　安全阀动作过程

(2) 阀开启，如图 1-3-7(b)所示。闭合状态的安全阀，当流体(如蒸汽等)压力上升至与开启压力(弹簧加载作用力)达到平衡时，作用在阀瓣上的升力使阀瓣微微开启，流体从开启缝隙处微弱地流过下部调节圈的内表面，靠调节圈的调节作用流体向上方偏流，增大对阀瓣的推力，使阀瓣突然上升到全部行程的 2/3 左右。如图 1-3-8 中的①所示。

(3) 阀全开，如图 1-3-7(c)所示。当流体(如蒸汽等)的压力继续增加，作用在阀瓣和活塞上的力也增加。当增加至大于开启压力 3%以上时，阀瓣完全升起，阀门全开，确保以最大流量卸压。如图 1-3-8 之②所示；如果流体排放后压力降低，对阀瓣的推力低于开启压力(弹簧作用力)，阀瓣也随之下降到闭合位置。若调节正确时，阀瓣下降后的闭合位置，将保持到比开启压力略低(低于 2%～3%)的位置。如图 1-3-8 之③、④所示。

(4) 图 1-3-8 是安全阀工作过程图解图。图中的曲线为安全阀的工作过程曲线，曲线中①、②、③、④表示安全阀的动作阶段。

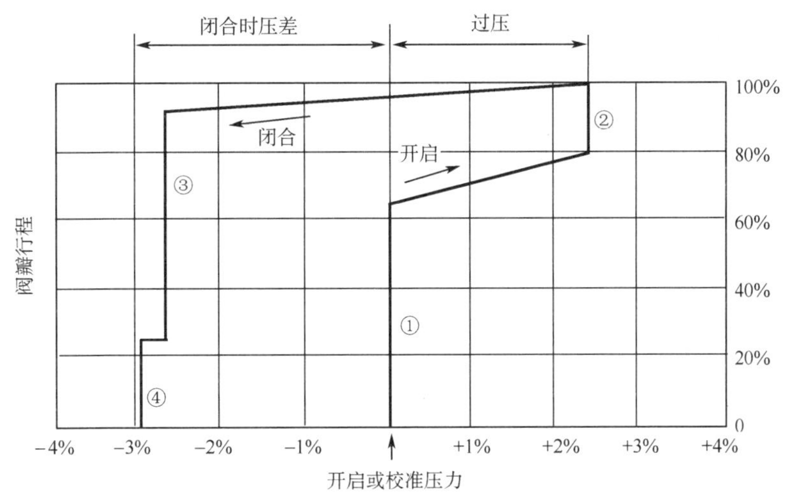

图 1-3-8 安全阀动作过程曲线

1.3.2.3 安全阀的类型和基本结构

安全阀的种类很多,按作用原理可分为:

(1) 直接作用式安全阀:直接依靠介质压力产生的作用力来克服作用在阀瓣上的机械载荷使阀门开启的安全阀;如杠杆重锤式安全阀,弹簧式安全阀(包括微启式和全启式弹簧安全阀)、波纹管弹簧安全阀等。

(2) 先导式安全阀:由主阀和导阀组成。主阀依靠从导阀排出的介质来驱动或控制的安全阀。

下面对这两类主要阀门的基本结构和特性作一简单介绍。

1. 杠杆重锤式安全阀

杠杆重锤式安全阀如图 1-3-9 所示,主要由阀体、阀杆、阀瓣、密封件、杠杆和重锤等结构件组成。依靠重锤的作用力通过杠杆放大后加载于阀瓣。在阀门开启和关闭的过程中载荷的大小不变,即阀门开启力不变。这种结构的安全阀只能用在固定设备上。缺点是对振动较敏感,且回座性能差。

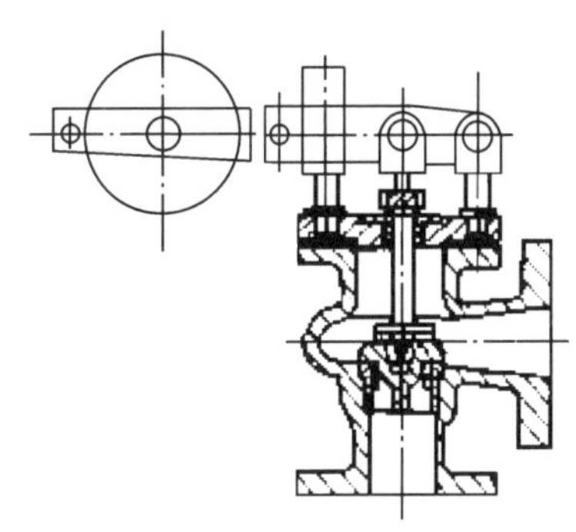

图 1-3-9 杠杆重锤式安全阀

2. 弹簧安全阀

弹簧安全阀利用压缩弹簧的力来平衡流体作用在阀瓣下的力,并实现阀的密封。弹簧安全阀的基本结构如图 1-3-10 及 1-3-11 所示,主要有如下部件:

(1) 阀体。由铸钢做成,阀体有两个管接头,一个与被保护的容器或管路相接,另一个与排放口相连。管接头可用法兰盘、焊接或螺纹接头固定。在阀体上装有阀座,且在阀座上配有一个调节圈,为保证安全阀的密封和动作灵敏性,阀座与阀瓣密封面应磨合且应有很高的光洁度。

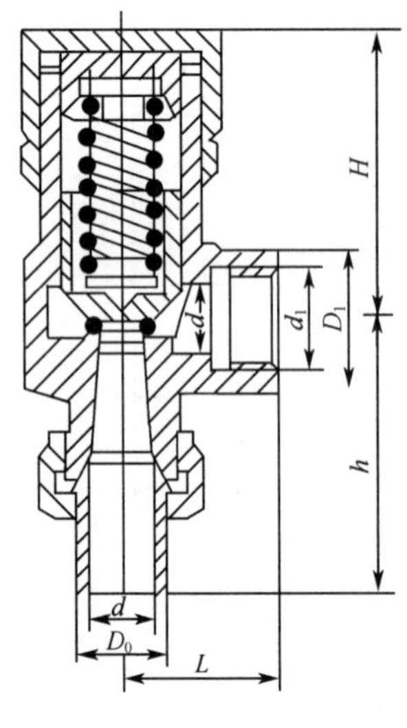

图 1-3-10 弹簧安全阀

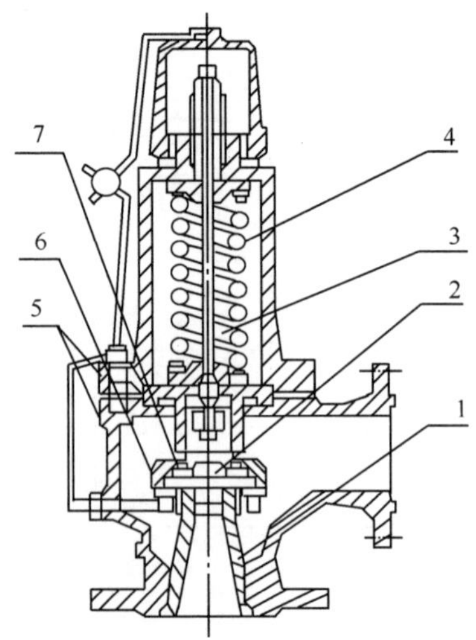

图 1-3-11 弹簧安全阀结构

1—阀座；2—阀瓣；3—阀杆；4—弹簧；5—阀体；6—调节圈；7—反冲盘

(2) 阀瓣。安全阀的阀瓣与截止阀的相似，也有锥形和平板形两种，通常用锥形阀瓣。

(3) 阀盖。阀盖内装有阀杆与弹簧组件支承着向阀瓣提供平衡力的部件(弹簧和调节装置)。阀盖或支架通常是用碳钢制造的。

(4) 阀杆及中间导向件。

(5) 弹簧。弹簧座及弹簧力调节装置。

(6) 手柄。在上部有一个手动操纵柄，抬起手柄可检验阀的工作状态是否良好，必要时也可用来卸压。

弹簧安全阀有全启式安全阀和微启式安全阀两种，它们大都属于封闭式弹簧安全阀。

全启动式安全阀：阀瓣的开启高度为阀座通径的 1/4～1/3。

$$\text{开启度}: h \geqslant \frac{1}{4} d_0$$

式中：d_0——安全阀喉径。

该阀的阀瓣处设有反冲盘，阀座配以调节圈(或阀瓣阀座上分别配置调节圈)改变喷出介质的流向，将动量变化转变为巨大的阀瓣升力，已保证安全阀迅速达到规定的开启高度，达到全启大排放的要求。并且利用调节圈还可对排放压力和回座压力进行调节。适用介质：蒸汽，有时也用于空气。如图 1-3-12 所示。

微启式安全阀：阀瓣的开启高度为阀座通径的 1/20～1/40。

$$\frac{1}{40} d_0 \leqslant h \leqslant \frac{1}{20} d_0$$

微启式安全阀适用于液体介质和排量不大的场合。

3. 波纹管式弹簧安全阀

波纹管式弹簧安全阀，如图 1-3-13 所示。图 1-3-13(a)为国产结构，图 1-3-13(b)为核电厂采用的结构。

用波纹管代替常规密封使一般弹簧安全阀成为无泄漏安全阀，同时又利用波纹管把弹

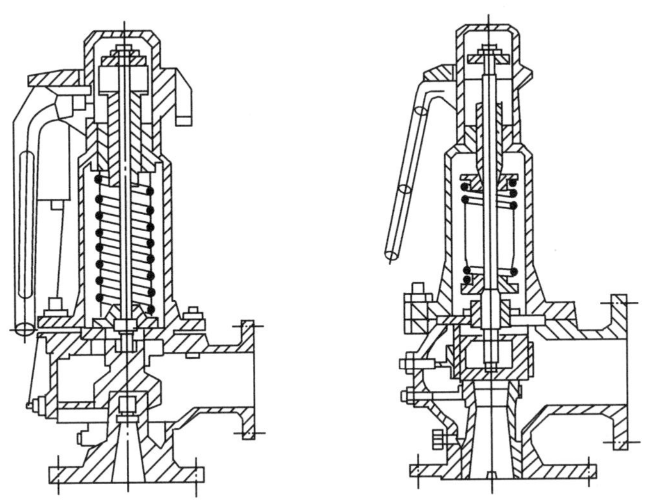

图 1-3-12 全启式安全阀

a—带单调节圈；b—带双调节圈结构

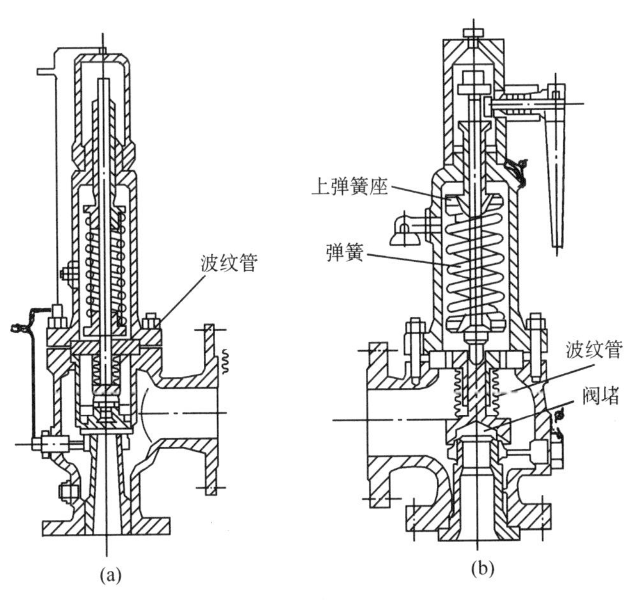

图 1-3-13 波纹管式弹簧安全阀

簧与导向机构等与介质隔离，以防止这些重要部位免受介质腐蚀而失灵，它的最大优点是能密封带放射性的有害介质。

波纹管式弹簧安全阀中的波纹管可平衡阀瓣上的背压，当背压的变化量超过开启压力的 10%时，应采用背压平衡式波纹管安全阀。

4. 先导式安全阀

先导式安全阀由一个主阀（安全阀）和一个先导阀（直接作用式安全阀）组成。主阀是真正的安全阀，而先导阀是用来感受受压系统的压力并操控主阀开启和关闭的直接作用式安全阀。

(1) 先导式安全阀结构与组成

先导式安全阀的结构如图 1-3-14 所示,它由两部分组成。

① 主阀:主阀为活塞式液压随动阀,与活塞式液压阀类似,阀体与一般安全阀相同,关闭件(阀瓣)上带有弹簧,推动阀瓣处于常闭状态,阀杆上部带一活塞,受先导阀装置的控制,带动阀杆打开或关闭主阀。

② 先导阀:先导阀本身就是一个直接作用式安全阀,它起压力敏感和控制元件的作用,它有传动杆(相当于阀杆)及调节开启压力的弹簧、弹簧座及弹簧调节装置,在弹簧上部传动杆上带有一个先导活塞,活塞腔与压力容器(或管路)用脉冲管连通,活塞的上下移动受压力容器内的压力控制。传动杆的下端借助于一个凸轮启动两个先导阀 R1 和 R2。

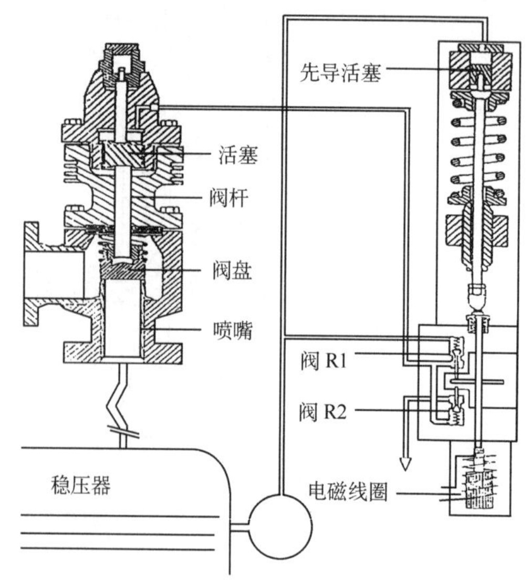

图 1-3-14 先导式安全阀运行原理

在先导阀的底部装有一个电磁线圈,它直接作用在传动杆和凸轮上,启动电磁线圈可以远距离手动强制开启阀门。

先导阀(装置)可与主阀制成一体,也可与压力容器及主阀分开,中间用脉冲管分别与压力容器和主阀连接,在稳压器与先导阀之间装有一小型冷凝缸,以保护先导阀不受高温蒸汽的影响。

(2) 先导式安全阀的工作原理

先导式安全阀运行原理如图 1-3-14 所示,其工作原理如下。

① 当压力容器的压力低于先导阀的整定压力时,先导阀的传动杆在上面位置,先导阀 R1 开启,使主阀活塞上部与压力容器接通,由于主阀活塞的表面积比主阀阀盘表面积大,因此安全阀关闭。

② 当压力容器的压力升高时,它作用在先导活塞上,并且使先导传动杆向下,先导阀 R1 关闭,使主阀活塞与压力容器隔断,此时安全阀仍保持关闭。

③ 当压力容器的压力进一步上升达到先导阀整定压力(开启压力)时,先导传动杆进一步向下,先导阀 R2 开启,主阀活塞上部容纳的液体排出,作用在主阀阀盘上的压力容器的压力使安全阀开启。

④ 压力容器压力降低时,先导阀传动杆上升,首先关闭先导阀 R2,开启先导阀 R1,然后使主阀活塞上部与压力容器接通,于是安全阀关闭。安全阀在低于其整定压力下,通过使电磁线圈通电,可以“强迫开启”。

先导式安全阀灵敏度高、可靠性强、结构较复杂、造价较高,主要用在核电站要害部位如核电站一回路稳压器作超压保护。一般在稳压器上安装三组先导式安全阀,每组由两个先导安全阀串联组成安全阀组。如图 1-3-15 所示。装在上游的称为保护安全阀,提供卸压功能;装在下游的称为隔离安全阀,提供隔离功能。正常运行时,保护安全阀关闭,隔离安全阀开启。当保护安全阀开启之后如再关闭失效时，隔离安全阀动作，关闭隔离，防止反应堆冷却剂系统（一回路）进一步卸压，影响运行。

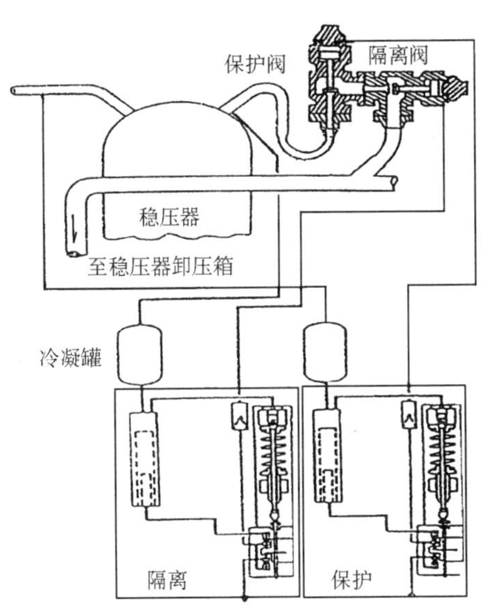

图 1-3-15　先导式安全阀组

1.3.2.4　安全阀的选用与调整

（1）安全阀的选用原则

① 蒸汽锅炉安全阀一般选用全启式弹簧安全阀；

② 液体介质一般选用微启式弹簧安全阀；

③ 空气或其他气体介质一般选用全启式弹簧安全阀；

④ 蒸汽发电设备的高压旁路安全阀一般选用具有安全和控制双重功能先导式安全阀。

（2）安全阀的参数选择

选用安全阀涉及两个方面的问题：一是被保护设备或系统的工作条件，如工作压力，允许超压限度，防止超压所必需的排放量，工作介质特性，工作温度等；另一方面则是安全阀本身的动作特性和参数指标。

选择参数有：

1. 整定压力 p：即开启压力，由工艺要求决定

$p\leqslant$容器设备或管路系统的最大允许压力。

2. 额定排放压力 p_p

（1）对蒸汽用安全阀　　$p_p=1.03p$（整定压力）

（2）对空气其他气体用安全阀　　$p_p=1.1p$（整定压力）

（3）水和其他液体用安全阀　　$p_p\leqslant1.2p$（整定压力）

3. 额定排放量 W_g

安全阀的额定排放量在已知整定压力 p 和额定排放压力的情况下，根据安全阀阀座喉径的大小可从相关手册不同类型安全阀额定排放表中查得。

4. 喉径 d_0

安全阀喉径 d_0是由超压时的必须排放量计算出安全阀的必须流通面积 A，则安全阀的流通直径 d_0可按下式求得：

$$d_0=\sqrt{\frac{4A}{\pi}}$$

工程上为使用方便，已将上述四项参数制成表格，根据要求可按如下顺序 $p\rightarrow p_p\rightarrow W_g\rightarrow d_0$查表选择。

（3）安全阀的制造要求

安全阀在定型批量生产前，要进行型式试验，包括机构特性试验（要求无卡阻、频跳、颤振）；要进行强度试验、密封性试验和动作性能（开启压力、排放压力、回座压力、启闭压差和开启高度）试验；还要进行排量测试。安全阀的动作性能在一定范围内可进行校正和调整。

(4) 安全阀的调整

(一) 开启压力的调整

在规定的工作压力范围内,通过旋转螺杆改变弹簧预紧压缩量来调整开启压力。若开启压力超出弹簧工作压力范围,则应调换合适的弹簧。调节开启压力时,应注意以下两点:

① 介质压力接近开启压力时,不应调节螺杆;

② 安全阀调整时用的介质条件(如种类,温度)应尽可能接近实际工作条件,以保证开启压力值的准确。

(二) 排放压力和回座压力的调整

开启压力调整好后,若排放压力和回座压力不符合要求,则可对阀座上的调节圈进行调节。调节圈升高时,排放压力和回座压力会有所降低;调节圈降低时,排放压力和回座压力会有所提高。

当过压不变时(过压主要取决于阀瓣型面),闭合时的压差,则与调节圈(可调导向板)的轴向位置有关。对中低压安全阀来说,一般只有一个下调节圈,当下调节圈向上调时,闭合压差增加,反之,下调时,闭合压差减小。

对高压安全阀来说,则有两个调节阀(可调导向板),如图 1-3-12(b)所示,闭合压差的调节,是通过改变上调节圈的位置来实现的,当上调节圈上移时,闭合压差减小,下降时,闭合压差增大。

安全阀安装后,对被保护的容器、管路和设备进行液压试验时,试验压力值总是高于安全阀校准压力(开启压力)值,如安全阀参加压力试验,当试验压力达到校准压力时,安全阀就会自动开启,使试验无法进行。为此,在试验前,应将安全阀锁定在闭合位置上(不参加液压试验)。

1.3.2.5 安全阀常见故障

安全阀常见故障有:

① 阀门泄漏原因可能是:密封面损伤;装配不当;开启压力与设备正常工作压力太接近,使密封比压过低;弹簧松弛,降低了整定压力等。

② 阀门启闭不灵活主要原因可能是:

调节圈调整失当;内部运动件有卡阻现象;排放管道阻力过大。

③ 开启压力值变化原因可能是:

工作温度变化引起或弹簧腐蚀,背压有变动引起。

④ 阀门振荡(即阀瓣频繁启闭)可能的原因是:

阀门排放能力过大;排放管道阻力过大;进口管道口径太小或阻力太大;弹簧刚度太大;调节圈调节不当等。

1.3.3 减压阀

1.3.3.1 减压阀的功能和工作原理

1. 功能

减压阀通过调节改变节流面积将进口高压变化的流体减至需要的出口压力,且依靠介质本身的能量,使出口压力自动保持恒定。

减压阀的功能就是减压并保持出口压力稳定。

2. 工作原理

减压阀是通过调节，将进口压力减至某一需要的出口压力，并依靠介质本身的能量使出口压力自动保持稳定的自动阀门。

从流体力学的观点看，减压阀是一个局部阻力可以变化的节流元件，即通过改变节流面积使流速及流体的动能改变，造成不同的压力损失，从而达到减压的目的。然后，依靠控制与调节系统的调节，使阀后压力的波动与弹簧力相平衡，使阀后压力在一定的误差范围内保持恒定。

1.3.3.2 减压阀的分类及结构

减压阀一般分为两个类型：

(1) 大压差减压调节阀，主要用在高压气瓶上。

(2) 管路减压阀，主要用在工业生产系统中压力容器和管路上，是本节介绍的重点。

管路减压阀根据减压阀的动作原理大致可分为直接作用式（自力式）和间接作用式（它力式）两大类，共 6 种结构形式。

（一）直接作用式减压阀

利用出口压力的变化直接控制阀瓣运动的减压阀。这种阀结构简单，使用范围广。直接作用式减压阀有弹簧活塞减压阀；弹簧薄膜减压阀；波纹管减压阀三种形式。

(1) 弹簧活塞式减压阀：是采用弹簧和活塞作为敏感元件直接带动阀瓣作升、降运动的减压阀，如图 1-3-16 所示。根据出口压力要求调节主弹簧使主阀瓣处于开启状态，进口高压流体经减压后进入出口，出口压力通过导压管送至活塞上腔，如出口压力高于设定值，推动活塞向下运动关小主阀瓣通道，出口压力下降，反之亦然。

(2) 弹簧薄膜式减压阀：是采用弹簧和薄膜作为敏感元件直接带动阀瓣作升、降运动，达到减压稳压的目的的减压阀，如图1-3-17所示，当出口侧压力增加，薄膜向上运动，阀开

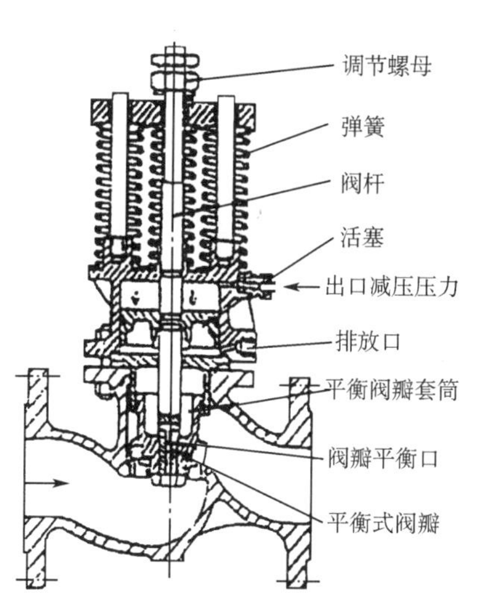

图 1-3-16 弹簧活塞式减压阀

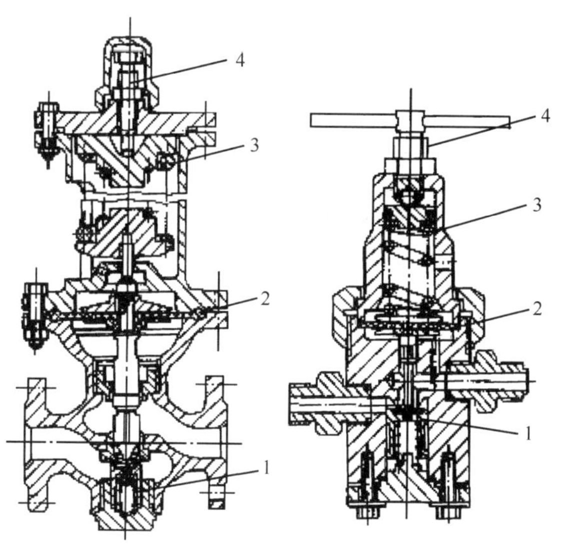

图 1-3-17 弹簧薄膜式减压阀

1—主阀阀瓣；2—膜片；3—调节弹簧；4—调节螺栓

度减小，流速和压降增大，阀后压力减小；当出口侧压力下降，薄膜向下运动，阀开度增大，流速和压降减小，阀后压力增大。阀后压力始终保持在由调节螺钉调定的恒压范围。

该阀的灵敏度较高，因为它没有活塞的摩擦力。薄膜行程小，且容易损坏。适用于空气，水和一般液体的简单小口径减压阀。

(3) 波纹管减压阀：是采用弹簧、波纹管作为敏感元件直接带动阀瓣作升、降运动的减压阀，如图 1-3-18 所示，阀芯在弹簧、波纹管作用下开启，高压流经减压后进入出口侧。出口侧有导压管与波纹管上腔相连。当出口侧压力增加，弹簧及波纹管带动阀瓣向下运动，阀开度减小，流速和压降增大，阀后压力减小；当出口侧压力下降，弹簧及波纹管带动阀瓣向上运动，阀开度增大，流速和压降减小，阀后压力增大。阀后出口压力始终保持在由调节螺钉调定的恒压。

由于波纹管行程比薄膜式减压阀大，且波纹管用不锈钢制造，可用在工作压力和温度都较高的水，空气和蒸汽管路上。

(二) 间接作用(先导式)减压阀

即利用外界的动力，如气压，液压或电气来控制所需的压力。由主阀和导阀组成。出口压力的变化通过放大后来控制主阀的动作。这种减压阀精度较高。

(1) 先导活塞式减压阀：采用先导阀和活塞来平衡压力，带动阀瓣运动来实现减压的。拧动调节螺钉，顶开导阀阀瓣，介质从进口侧进入活塞上方，由于活塞面积大于主阀瓣面积，推动活塞向下移动，使主阀打开；由阀后压力平衡调节弹簧改变导阀的开度，从而改变活塞上方的压力，控制主阀瓣的开度，使阀后的压力保持恒定。见图 1-3-19。

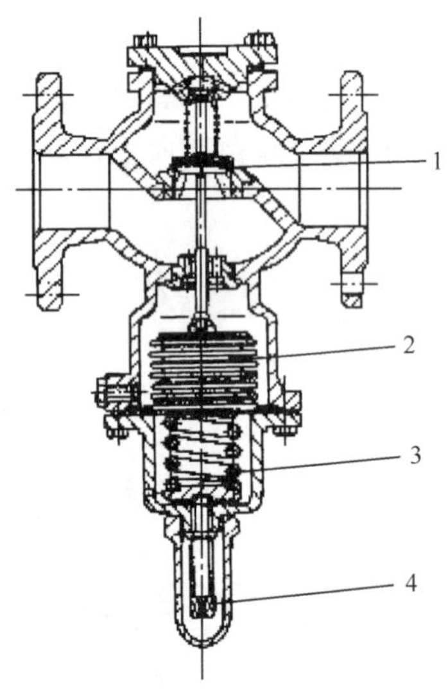

图 1-3-18 波纹管减压阀

1—主阀瓣；2—波纹管；
3—调节弹簧；4—调节螺栓

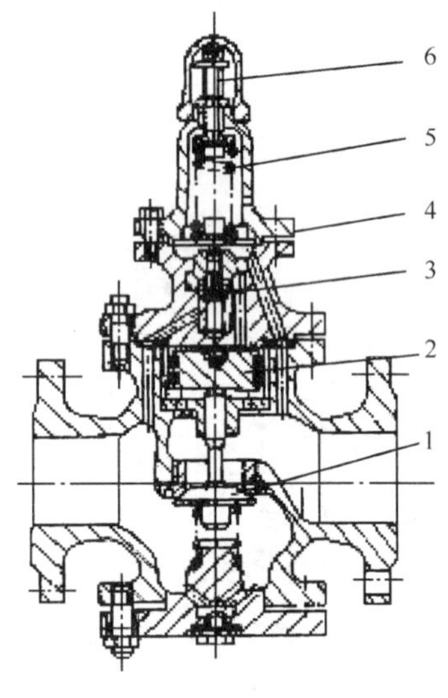

图 1-3-19 先导活塞式减压阀

1—主阀瓣；2—主活塞；3—先导阀；
4—导阀膜片；5—调节弹簧；6—调节螺栓

这类减压阀体积小，活塞容许的行程较大，但活塞在缸体中的摩擦力较大，影响灵敏度，也易卡住。尽管如此，在介质温度较高时这种阀仍得到广泛使用。

(2) 先导薄膜式减压阀：与直接作用薄膜式减压阀相同，只不过薄膜上腔的压力不是由弹簧来控制，而是由旁路调节阀控制。其动作敏感性更高。如图 1-3-20 所示。

当调节弹簧处于自由状态时，主阀和导阀都是关闭的。拧动调节弹簧使膜片向下，顶开导阀，介质经导阀作用在敏感元件一侧，推动主阀开启，介质流向出口，同时出口压力导入导阀膜片的下方，若出口压力变化时，先导阀随之运动，使作用在敏感元件一侧的介质压力改变，主阀阀瓣的开度相应变化，从而保持出口压力基本不变。

（3）先导波纹管减压阀：系采用先导阀放大作用，使弹簧、波纹管带动阀瓣作升、降运动的减压阀，兼有先导阀放大提高精确度和波纹管密封无泄漏两方面的优点，如图 1-3-21 所示。

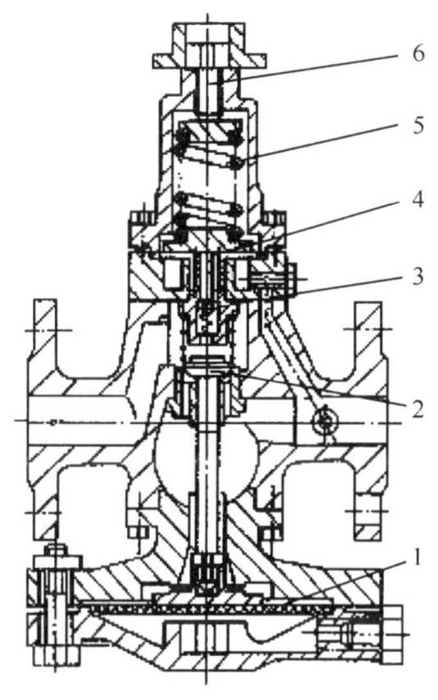

图 1-3-20　先导薄膜式减压阀

1—主阀膜片；2—主阀阀瓣；3—导阀阀瓣；4—导阀膜片；5—调节弹簧；6—调节螺栓

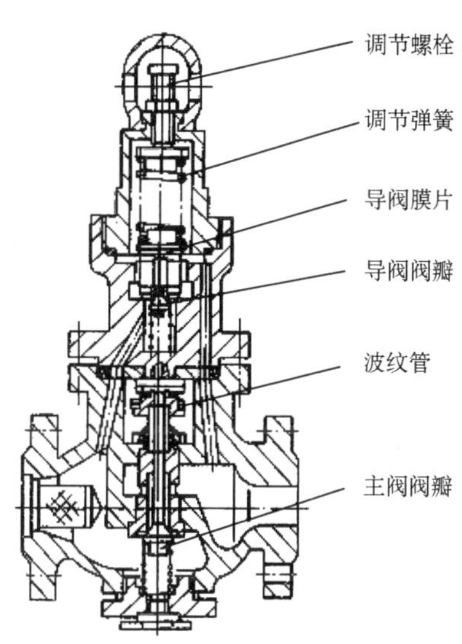

图 1-3-21　先导波纹管减压阀

拧动调节螺钉，顶开导阀阀瓣，介质从进口侧进入波纹管上方，由于波纹管面积大于主阀瓣面积，推动波纹管向下移动，使主阀打开；由阀后压力平衡装置的压力改变导阀的开度，从而改变波纹管上方的压力，控制主阀瓣的开度，使阀后的压力保持平衡。

（三）减温减压阀（参考内容）

减温减压阀装于蒸汽和减温水管路中，蒸汽经减温减压后其流量、压力和温度达到一定参数。见图 1-3-22。蒸汽的减温减压都在该阀内进行，蒸汽经节流圈节流降压后与阀底部喷入呈雾状的减温水混合，再经消音器节流后扩容至所需的流量和温度。减温减压阀依据 JB3595-84《电站阀门制造技术条件》和 GB10868—89《电站阀门制造技术条件》

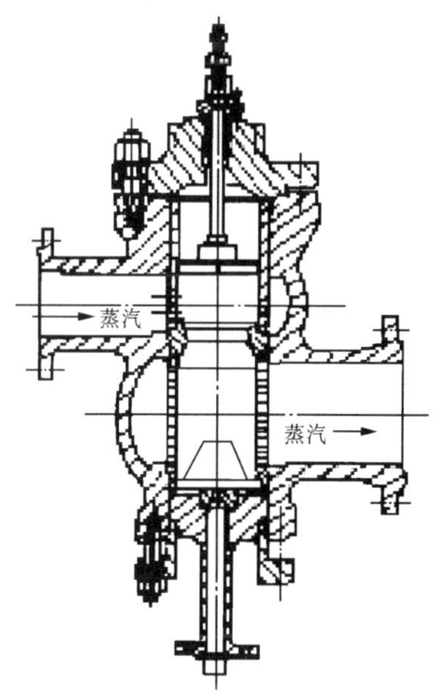

图 1-3-22　减温减压阀

设计和制造。国内上海电站辅机厂、杭州华惠阀门有限公司均可生产。

1.3.3.3 先导式减压阀的工作原理

以先导活塞式减压阀为例，简述如下。

如图 1-3-19 所示，先导活塞式减压阀在管路系统中工作时，首先由进入阀的高压流从进口导压管经过先导阀进入活塞上端，活塞受压下降，带动传动杆推开阀瓣，使减压阀打开某一开度，此时已进入阀内的高压流体便在这一开度（阀瓣与阀座某一间隙）下通过，流体受阻降低压力后进入阀的出口腔，接着，这股减压后的流体通过出口导压管回到先导阀受控装置调压弹簧座的下端，若出口压力高于减压要求值，则弹簧被托起，带动传动杆，关小先导阀，使进入活塞上端的流体压力降低些，活塞相应上升，主阀的阀瓣相应关小些，使进口高压流体进一步受阻再降低些压力，以符合出口压力的减压要求；若出口压力低于减压要求时，则上述动作反向进行，相应地加大主阀开度，提高出口压力，以符合减压要求值。这样自动反复微调提高了减压阀的出口压力精度和平稳性。

1.3.3.4 减压阀的选用原则

（1）减压阀进口压力的波动应控制在进口压力给定值的 80%～105%，如超过这个范围，减压阀的性能会受影响。

（2）通常减压阀的阀后压力 p_c 应小于阀前压力 p 的 0.5 倍，即 $p_c<0.5p$。

（3）减压阀的每一档弹簧只在一定的出口压力范围内适用，超出范围应更换弹簧。

（4）介质工作为温度较高的场合，一般选用先导活塞式减压阀或先导波纹管式减压阀。

（5）介质为空气或水的场合，宜选用直接作用薄膜减压阀或先导薄膜减压阀。

（6）介质为蒸汽的场合，宜选用先导活塞式减压阀或先导波纹管式减压阀。

1.4 阀门常见故障及消除方法

阀门常见故障及消除方法见表 1-4-1。

表 1-4-1 阀门常见故障及消除方法

部 位	故 障 情 况	原 因 分 析	消 除 方 法
上密封面	从泄流孔中见到渗漏	1. 上密封面压紧力不够，未起到密封作用； 2. 上密封面受到磕碰或压进固体异物而损坏	1. 均匀增加 S_1 上的密封力矩值； 2. 根据情节进行修复或更换
	从安装顶盖板上部见到渗漏	1. 泄流孔堵塞； 2. 波纹管已破裂	1. 疏通泄流孔； 2. 更换阀芯
	均匀增加 S_1 上的密封力矩值以后仍不起密封作用	1. 阀体上密封面宽度值超过设计要求； 2. 加工及装配质量达不到要求	1. 适当增加密封力矩或修正密封面宽度； 2. 专职检修人员重装或更换零件

续表

部　位	故　障　情　况	原　因　分　析	消　除　方　法
下密封面	从仪表中见到不起截止作用，有泄漏	1. 下密封面压紧力不够，未起到密封作用； 2. 密封面上有异物存在； 3. 下密封面受到磕碰或压进固体异物而损坏	1. 均匀增加 S_2 上的密封力矩值； 2. 排除异物或冲走异物； 3. 根据情节进行修复或更换
	均匀增加 S_2 上的密封力矩值以后仍不起截止作用	阀体下密封面宽度值超过设计要求	原则上应当修正密封面宽度或更换新阀体；在该阀配带的电传动装置负荷许可的个别情况下可以适当增加密封力矩值
	节流阀节流性能不良	阀头（或称阀瓣）形状不合适	通过试验重新确定阀头形状
波纹管	波纹被压靠而变形 在同一工位上波纹管破裂比较频繁	出厂时阀芯行程未按图纸校验而超过允许位移（即行程）或波纹管不符合标准规定。 受计量泵侧向脉冲压力比较严重	更换阀芯 采取增加缓冲罐等措施
螺纹轴套	螺纹轴套与轴承咬死	1. 径向配合太紧，螺纹轴套的凸肩厚度太大； 2. 配合表面有毛利或夹有颗粒物	1. 应更换符合设计规定尺寸公差的零件并涂润滑脂； 2. 细心修复或更换新零件
	螺纹轴套与阀杆咬死	1. 螺纹间隙超差； 2. 螺纹表面有毛刺或颗粒异物	1. 螺纹间隙宜松不宜紧，并要求有正确的牙形和▽6以上光洁度； 2. 尽量修复或更换新零件并加足润滑脂
压紧法兰与传动杆	压紧法兰与传动杆配合部分过紧	1. 压紧法兰内孔表面镀铬层超差和光洁度不够； 2. 镀层有铬瘤； 3. 传动杆直径超差	1. 按设计规定修正公差和光洁度； 2. 去除铬瘤； 3. 修复到规定公差
	压紧法兰与传动杆配合部分时紧时松	1. 压紧法兰内外定位直径不同心； 2. 传动杆弯曲	1. 修复或更换压紧法兰，但不应损伤镀铬保护层； 2. 矫直或更换操纵杆
操作机构检修方法	传动杆转动多圈后，发现芯体仍然关不到底或开不到头	阀芯上密封面未按规定力矩值压紧	检查上密封面是否已经被擦伤并且增加 S_1 上的力矩
	直接转动传动杆感到时紧时松有卡滞现象	1. 操纵杆或传动杆已经弯曲变形； 2. 操纵杆与传动杆不同心； 3. 操纵杆与螺纹轴套的六方体制造不同心	能修复的尽量修复，变形或超差严重的应更新

续表

部　位	故障情况	原因分析	消除方法
操作机构检修方法	通过操纵座或电传动装置的手轮操纵阀门时，发现转不动或虽能转动但感到有卡滞现象	1. 操纵座或电传动座的方孔 19×19 与阀门操纵杆的方头在轴向压死； 2. 方孔与方头偏心硬装	1. 参照图 1-5-1 和表 1-5-1 检查阀门端部尺寸与操纵座、电传动座的相关尺寸； 2. 应纠正偏心自然装配
	提取前压紧套时阀芯并不跟随而起，留在原位	1. 钢球被腐蚀掉了； 2. 钢球尺寸太小； 3. 向传动杆端面拧入吊装螺杆时，由于错误地转动了操纵杆，使螺纹轴套与阀杆发生相对转动而失去连接作用	1. 按规定材质选用钢球； 2. 按设计规格选用； 3. 应使传动杆保持不转动而旋转吊装螺杆
	操纵杆与传动杆的连接销子打不出来而两者脱不开	1. 销子与孔配合不当，过紧； 2. 销子两端已经被打毛	1. 在制造装配和安装过程中应严格按设计要求选用销子； 2. 销子装配时应用软锤自然敲入

1.5　阀门驱动

1.5.1　概述

驱动型阀门如闸阀，蝶阀，截止阀，隔膜阀，旋塞阀，球阀，调节阀等按其功能和结构都是由阀及其传动（执行）机构两部分组成。如图 1-5-1 至图 1-5-3 所示。1.2 节已介绍了阀门的

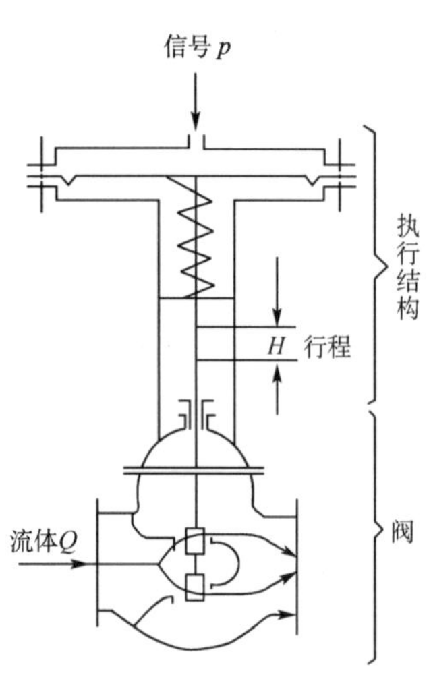

图 1-5-1　气动阀

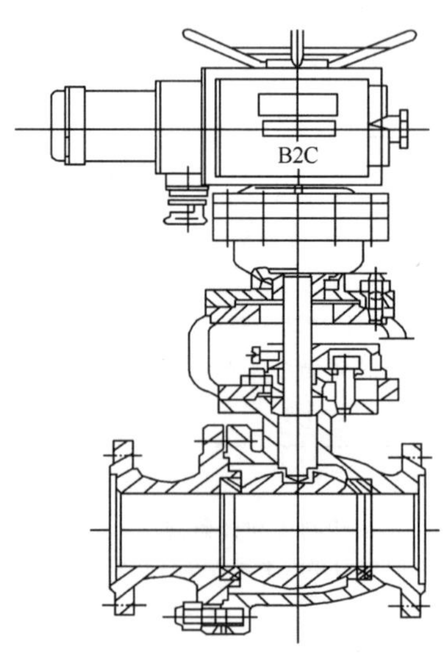

图 1-5-2　电动球阀

功能，总的来讲阀门的功能是通过阀瓣的开启、闭合和行程控制实现阀门的通流、截断、节流和流量调节的作用；而阀门执行机构是将控制信号转换成相应的阀瓣动作来控制阀实现上述功能。

1.5.2 阀门驱动的基本类型

完成阀瓣关闭、开启及调节功能的阀门执行机构有如下两大类型。

1. 就地手动驱动（如图 1-5-3 所示）。即就地用手轮，手柄直接操纵阀门动作。

（1）就地手轮驱动

（2）就地隔墙手轮驱动

2. 远距离控制驱动

（1）电动驱动装置：以电为动力源的驱动装置，如图 1-5-2 所示电动球阀。

（2）气动驱动装置：以压缩空气为动力源的驱动装置，如图 1-5-1 所示气动阀。

（3）电磁驱动：是通过电磁力或同时利用增力机构来快速启闭阀门。图 1-5-4 所示为电磁驱动的无填料密封的截止阀。它的驱动力和行程较小，多用于液压气压控制系统。

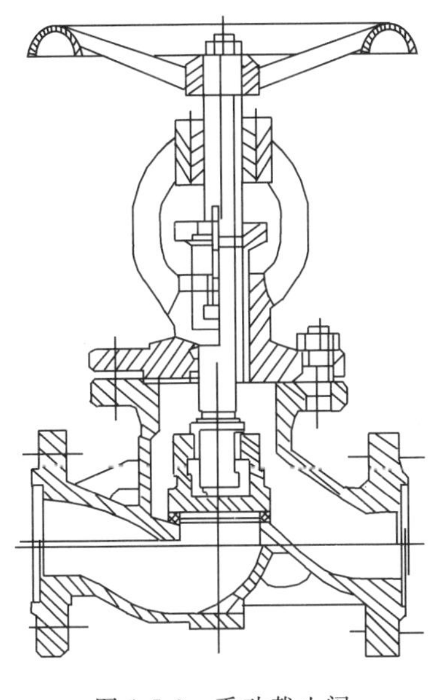

图 1-5-3 手动截止阀

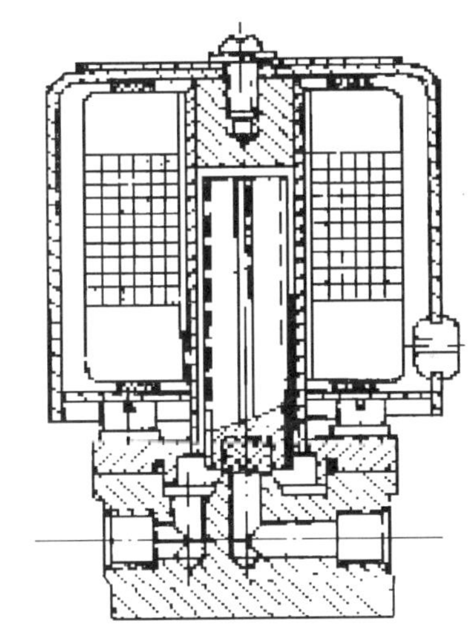

图 1-5-4 电磁阀

1.5.3 阀门电动驱动装置

电动驱动装置也叫电动执行机构。这类执行机构都由电机带动减速装置驱动阀门作直线运动或角旋转运动来实现阀门各自的功能。

1.5.3.1 电动驱动装置的类型

电动执行机构按传输的运动方式一般分为直行程、角行程（部分回转 0～360°）；多转式三种类型。图 1-5-5 为典型的电动执行机构类型。

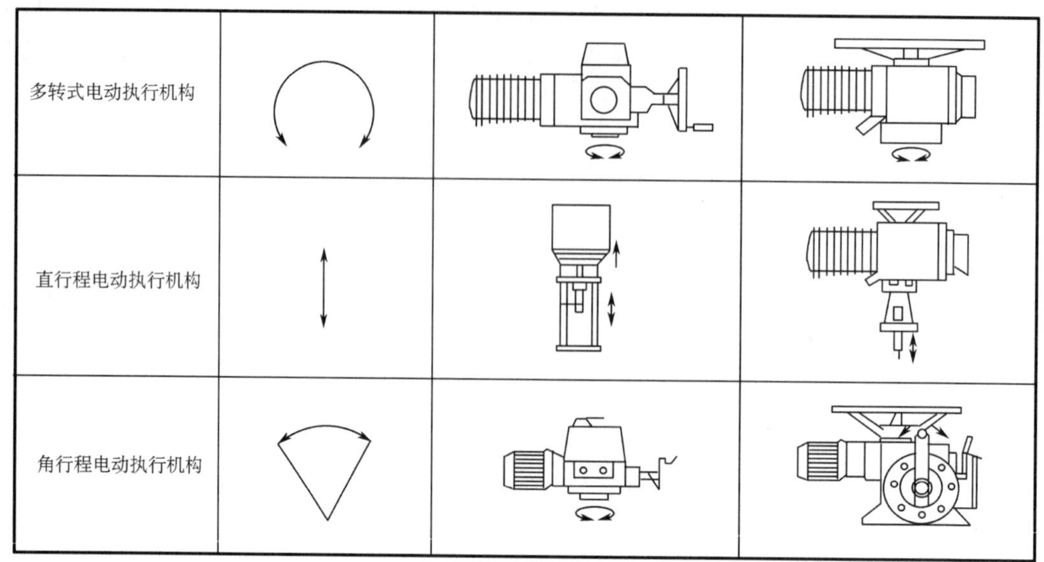

图 1-5-5　电动执行机构类型

(1) 直行程电动执行机构

通过电机,齿轮传动及丝杆螺母机构将电机的旋转运动转变为丝杆的上下直线运动,使输出轴得到各种大小不同的直线位移输出。通常用来推动单座、双座、三通、套筒形截止阀和调节阀。参见图 1-5-5 及 1-5-6 所示。当伺服电机 1 旋转时,经齿轮 2、3,丝杆螺母(7、8)传动,使丝杆上下作直线运动。

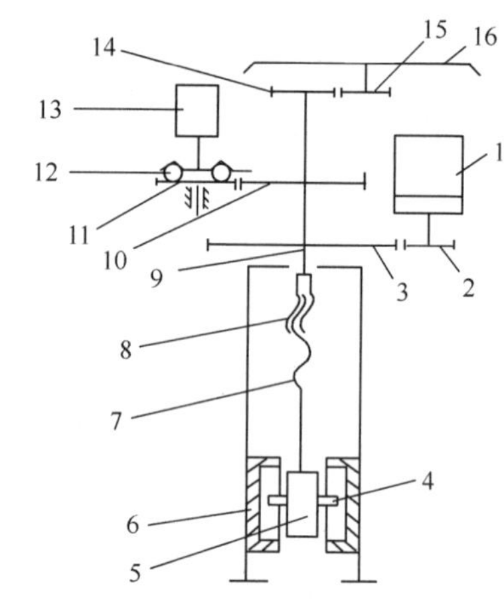

图 1-5-6　丝杆和直齿轮构成的直行程执行机构结构示意图

1—伺服电动机;2,3,10,11,14,15—直齿轮;4—限位柱;5—输出杆;6—限位槽;7—丝杆;8—螺母;9—主轴;12—钢球;13—多圈电位器;16—手轮

(2) 角行程电动执行机构

这种电动执行机构通过蜗杆-蜗轮将电机的旋转运动转变成输出轴的角位移,一般输出角位移小于 360°,大多为输出 90°的角位移。它实际上就是一种称为部分回转电动装置(Q 型)。适用于蝶阀、球阀类的阀门。图 1-5-7 所示为少齿差行星轮减速电动执行机构。它由伺服电机 1、行星轮减速器、位置发送器等部分组成。在减速系统中,齿轮 2、3 一级减速后使偏心轴 6 旋转,从而带动摆轮 5 在内齿轮 4 中边啮合边滚动,轮 6 与输出轴 7 的速比当 Z4 和 Z5 之差极小时就很大。这种减速器减速比大,效率高,结构紧凑,体积小。

差动变压器 13 利用凸轮 11 控制铁芯的位移变化,能产生与输出轴位置相对应的位置信号,经整流、放大,作为阀位指示和位置反馈信号。

(3) 多转式电动执行机构

多转式电动执行机构实际上就是一种多回转电动装置(Z 型)。电机通过减速器和蜗杆-蜗轮将旋转运动转变成输出轴的多圈旋转，旋转的有效圈数大小不等，视阀门阀瓣行程大小而定。这种多转式电动执行机构通过阀门本身的丝杆-螺母机构将多圈旋转运动转变成直线运动。专门用于阀瓣做直线运动的双位阀门，如截止阀、闸阀、节流阀、隔膜阀。如图 1-5-9 所示为核级多回转电动装置。

角行程电动执行机构（部分回转电动装置-Q 型）和多转式电动执行机构（Z 型多回转电动装置）是电动执行机构用得最多，最基本的类型。

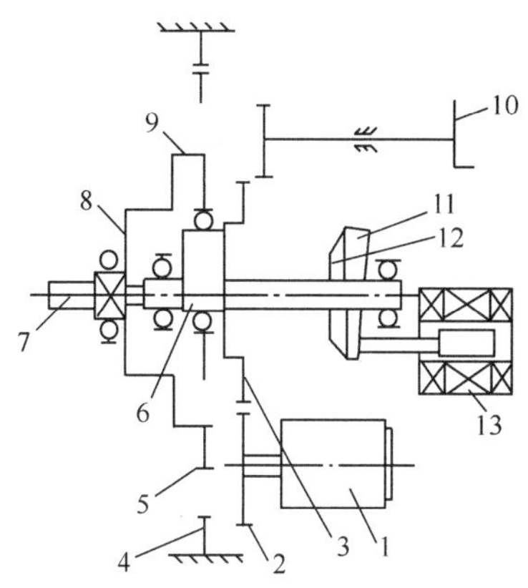

图 1-5-7　少齿差行星轮减速角行程执行机构结构示意图

1—伺服电动机；2，3—直齿轮；4—内齿轮；5—摆轮；6—偏心轮；7—输出轴；8—联轴节；9—销轴；10—手轮；11—凸轮；12—弹簧片；13—差动变压器

1.5.3.2　电动驱动装置的结构组成

电动驱动装置，虽然种类很多，但它们都是通过电动机带动减速装置将电机的旋转运动转变成阀瓣的转角运动或直线运动操纵阀门的开启和关闭的。所不同的只是减速装置的结构形式和安全保护装置上有所区别。

下面介绍一种常用的电动驱动装置的基本结构组成。

电动驱动装置一般由专用阀门电机、减速装置、行程控制器、扭矩控制器、手-电动切换和开度指示器等组成。Z 型电动装置传动原理图如图 1-5-8 所示。

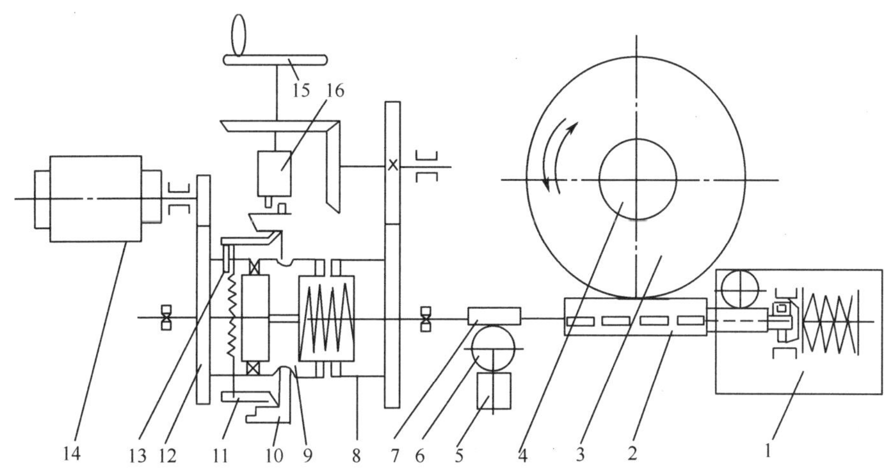

图 1-5-8　Z 型电动装置传动原理图

1—转矩控制器；2—蜗杆套；3—蜗轮；4—输出轴；5—行程控制器；6—中间传动轴；7—控制蜗杆；8、12—带离合器的齿轮；9—离合器；10—活动支架；11—卡钳；13—圆销；14—专用电机；15—手轮；16—偏心拨头

（1）电动机

阀门电动机为专用电机，该电机的基本特点是：启动转矩大，转动惯量小，短时工作制。要求电机启动转矩对额定转矩之比大于 2.5；要求阀门在关闭终止时装置必须迅速停止运动，故电动机的转动惯量比一般电机约小 1/3 左右。

(2) 减速装置

用于阀门电动装置上的减速装置结构有螺旋齿轮副减速，蜗轮蜗杆副减速，行星轮减速，谐波针轮减速等减速传动形式。蜗轮蜗杆副减速传动因结构简单，速比大，应用较为广泛。图 1-5-8 所示传动为齿轮一级减速，蜗轮蜗杆二级减速。图 1-5-9 所示核电厂 1E 级多回转阀门电动装置为蜗轮蜗杆减速传动形式。

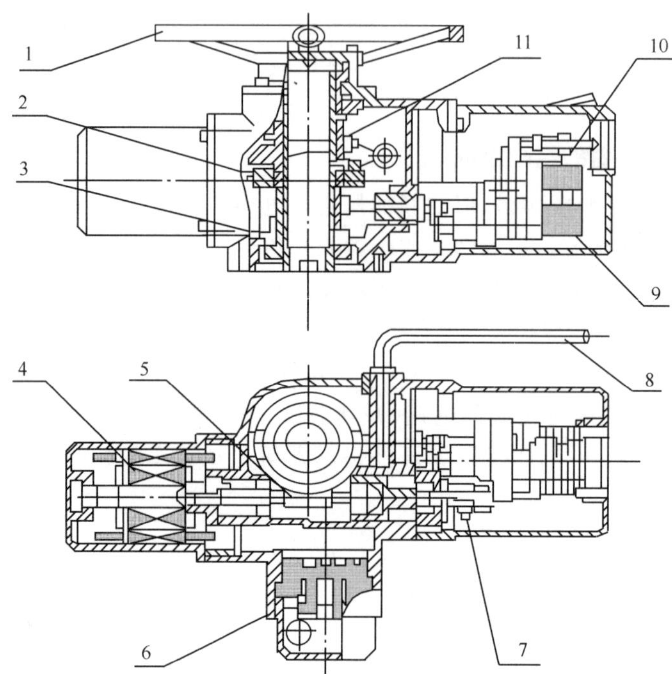

图 1-5-9　HZD 系列 1E 级多回转阀门电动装置

1—手轮；2—蜗轮；3—输出轴；4—专用电机；5—蜗杆轴；6—接线盒；
7—力矩控制器；8—切换手柄；9—行程控制器；10—开度机构；11—离合器

该电动装置的减速装置为蜗杆-蜗轮减速后带动输出轴 3 多圈旋转。输出轴下端装有阀杆螺母，电动装置与阀门组装前应根据阀杆的参数加工阀杆螺母。

(3) 行程控制器

行程控制器的作用是当阀门开启或关闭行程结束时，切断电机电源，停止阀门的开启或关闭动作。

行程控制器是保证阀门启闭位置准确的控制机构。阀门的准确关闭对保证阀瓣与阀座的正确接触实现阀门的密封尤为重要。要求行程控制器控制灵敏、精确、可靠、便于调整。

行程控制器有①计数器式；②螺杆式和③凸轮式三种结构形式。

计数器式行程控制器如图 1-5-10(a)所示，它是运用普通计数器原理，精度高，调整方便，应用广泛。

螺杆式如图 1-5-10(b)所示，行程控制器结构简单，但精度较低。

凸轮式行程控制器的结构如图 1-5-10(c)所示。它由与传动蜗杆相啮合的行程感应蜗轮、行程信号传动轴、正齿轮付、两个凸轮和两个行程结束微动开关组成。

当阀门开启或关闭时，主传动轴顶端的蜗杆带动行程感应蜗轮转动，将阀门的开度信号通过传动轴使具有一定减速比的正齿轮付（减速比根据阀门全行程转数和使凸轮旋转 270°设计的，考虑凸轮宽度，齿轮旋转必须小于 280°）带动凸轮旋转。行程结束时，凸轮触动微动行程开关的触头，切断电机电源，结束阀门的开启或关闭动作。保证阀门和电机不致因过分的开启或关闭动作而造成损坏。

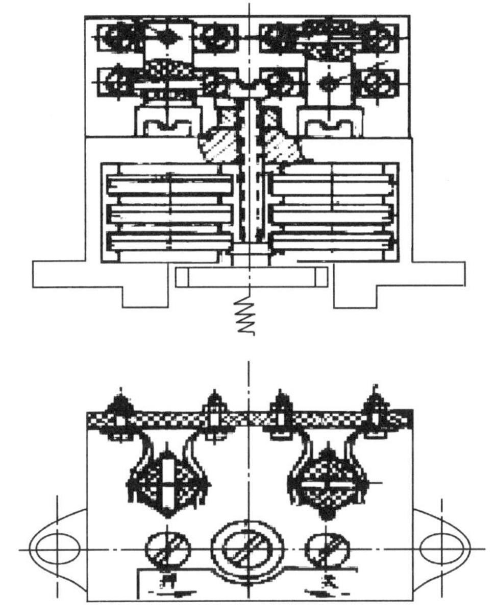

图 1-5-10(a)　计数器式行程控制器

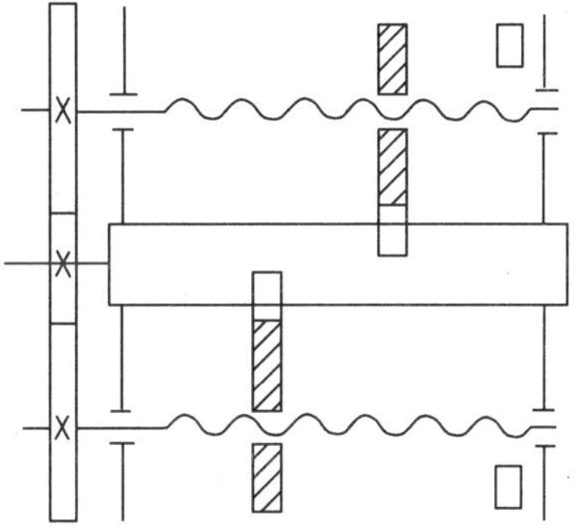

图 1-5-10(b)　螺杆式行程控制器

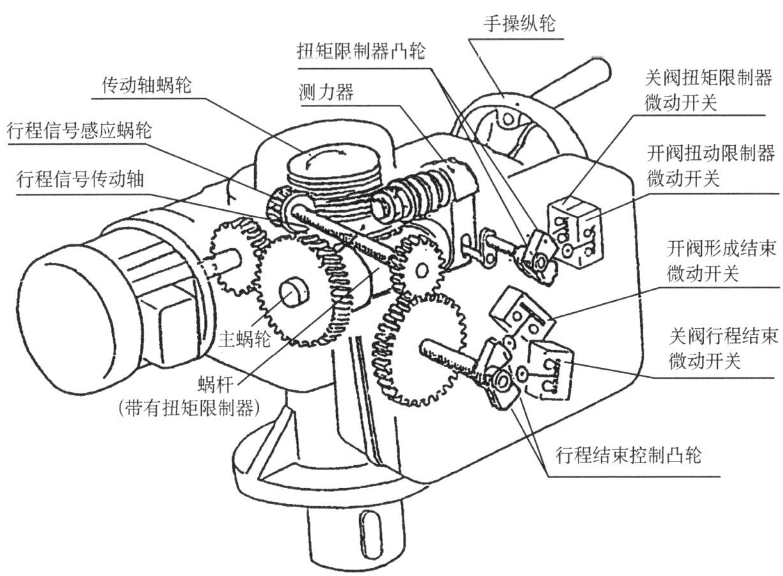

图 1-5-10(c)　凸轮式行程控制器

为了使阀门在达到所需的停止位置时，凸轮能准确地触动微动开关，发出控制信号，在电动驱动系统投入运行之前，应对行程控制器进行调校。

(4) 扭矩限制器

扭矩限制器是一种过载安全机构，用以保证电动装置输出转矩不超过预定值。扭矩限制器也可以作为截止阀、楔式闸阀关阀的安全控制装置。

扭矩限制器一般采用蜗杆窜动式结构，如图 1-5-11 所示，它由蝶形弹簧测力器、凸轮和扭矩限制微动开关等组成。当蜗杆所传递的扭矩超过碟形弹簧预先调定值时，蜗杆套在花键轴上向左滑动，圆柱形齿条 5 带动齿轮 3 转动，使双向扭矩开关动作(图 1-5-12 为双向扭矩开关)，切断电机电源，电机停止转动。

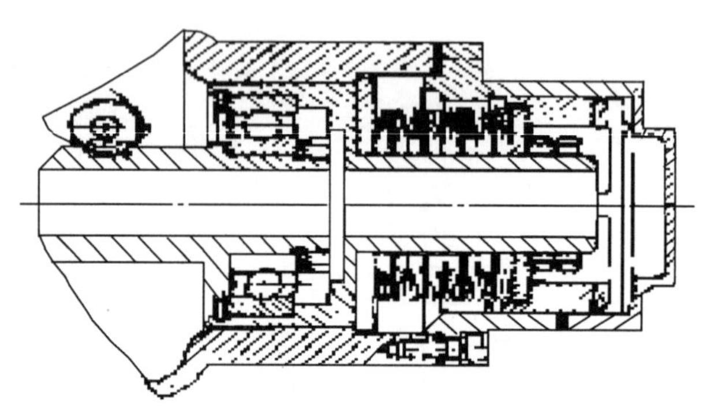

图 1-5-11 蜗杆窜动式扭矩限制器

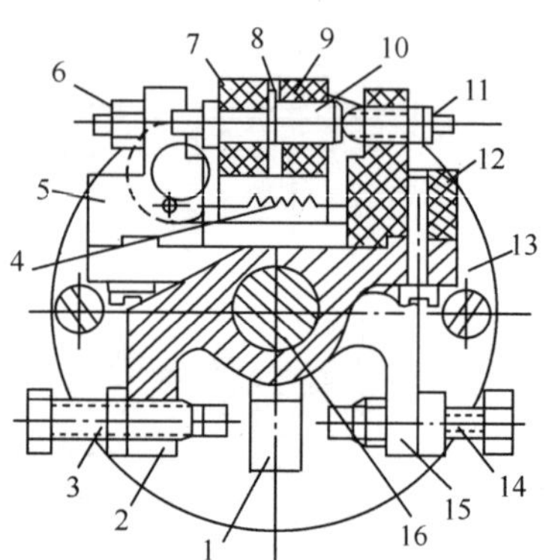

图 1-5-12 双向扭矩开关

当蜗杆在花键轴上窜动时，带动图 1-5-12 中的轴 16 旋转，当超过关阀扭矩时，拨杆 1 拨动转臂 2，使 10，11 的触点断开。当超过开阀扭矩时，拨杆 1 拨动转臂 15，使 6，10 的触点断开，切断电源，电机停转。

扭矩限制器在出厂前已根据订货要求整定好并填在产品证明书上，一般不允许再调整，若一定要调的话，必须十分谨慎，可参考产品证明书上的力矩曲线，查找对应刻度值，进行调整。

上述行程控制器和扭矩限制器都称为阀门电动驱动装置的安全保护装置。阀门电动驱动装置产品上同时装有行程控制器和扭矩限制器，在设计阀门的控制方式时要根据阀门的类型来选择。

(5) 手-电动切换机构

手-电动切换机构分全自动、半自动和完全人工三种。全自动结构复杂，但使用方便。半自动结构较简单，工作可靠，使用广泛。完全人工进行切换结构最简单，但使用不方便。

图 1-5-8 中 9，10，11，13，15 组成全自动手-电动切换机构。需要手动操作时，转动手轮 15，自动切断电机电源。继续转动手轮，偏心拨头 16 拨动活动支架 10，使离合器 9 右移，与带离合器的齿轮 8 啮合。需要电动时，只要接通电源，齿轮 12 随着旋转，齿轮 12 上的圆销 13 在离心力作用下，将卡钳 11 的左端向外顶起，卡钳右端向内收缩，离合器 9 在弹簧力的作用下自动左移与齿轮 12 啮合。

手动—自动相互连锁，手动时自动切断电机电源；解除手动电机才能运转。

(6) 开度指示器

开度指示器是用来显示阀门启闭过程中阀瓣行程位置的机构。它由两部分组成:一是直接机械指示部分供现场操作时观察使用,或就地装有一个带背景照明的液晶显示器,可提供从全开到全关、以1%递增的数值指示;二是机电信号转换部分,供远距离阀位控制时使用,它采用电位计或自整角机,将机械变位转换成电信号,传送到控制室相应的接收器,再把电信号转换成阀杆位置显示或数字显示。

1.5.3.3 电动驱动装置中安全保护装置动作方式的选择

行程控制器和扭矩限制器是阀门电动装置的两种安全保护装置。产品出厂时两种安全保护装置同时配备。但在工作时究竟选择哪种安全保护装置作为阀门的动作控制方式,是阀门使用上十分重要的问题。选用哪种动作方式主要取决于电动驱动系统所控制的阀门类型。

- 对平行座式闸阀:由于阀门的开或关是通过闸板实现的,所以“开”和“关”的断路可通过行程控制触头实现,而扭矩限制器只处于保险的地位。
- 对楔座式闸阀:由于此类阀门要求在闸板上保持持续压力以保证密封性,所以“关阀”动作控制可有两种方式:第一种方式是用扭矩限制器实现“关阀”断路,第二种方式是将行程控制器调节到当扭矩限制器开始颤动时动作。而“开阀”断路仍可由行程控制触头来实现。选择这种动作方式有如下优点:其一,不至于使闸板在阀座间嵌入过深过紧,从而保证开阀操作顺利进行;其二,扭矩限制器处于“保险”地位,增加了安全性。
- 对截止阀和类似的调节阀以及蝶阀:“开阀”状态通过行程控制器实现断路,“关阀”状态通过扭矩限制器实现断路,行程结束触头接入旁路。

1.5.3.4 压水堆核电厂核级(1E)阀门电动装置

核级(1E)阀门电动装置的分类:

① K_1类电动装置:安装在堆安全壳内,在正常环境条件下和在SL_2(安全停堆地震动)载荷下以及在事故期间或事故之后能执行规定的功能。

② K_2类电动装置:安装在堆安全壳内,在正常环境条件下和在SL_2(安全停堆地震动)载荷下仍能执行其规定的功能。

③ K_3类电动装置:安装在堆安全壳以外,在正常环境条件下和在SL_2(安全停堆地震动)载荷下仍能执行规定的功能。

1E阀门电动装置的性能要求、试验的项目、方法和验收规则、样机的质量鉴定试验方法和要求应符合核行业标准压水堆核电厂阀门电动装置《EJ/T1022.11-96》基本规定。

1.5.3.5 阀门电动驱动控制系统

阀门控制系统的类型:阀门控制系统一般分为闭环控制和开环控制两种形式。

(1) 闭环控制系统

闭环控制系统又称为反馈控制系统。图1-5-13就是阀门闭环控制系统原理方框图。

根据生产过程和运行参数对系统中阀门实行自动控制使系统得到所需的介质压力和流量,是核电站调节系统广泛采用的控制方式。阀门自动控制系统和其他自控系统一样主要由测量部件(流量,压力,温度测量)、控制器(包括计算机)和执行机构(电动驱动装置)三部

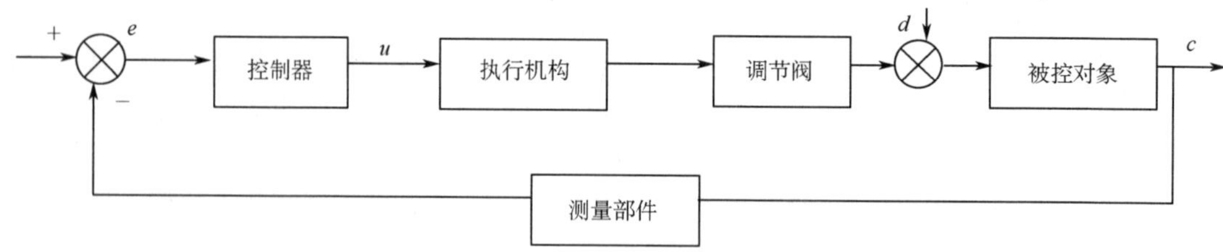

图 1-5-13　阀门控制系统方框图

分组成。它们和被控对象连接在一起就构成了自动控制系统。

由生产过程给出的控制运行参数(给定值),经控制器运算输出给定输出量(u)送到执行机构来驱动调节阀门动作,得到一组被控调节参数量。测量部件将对被控对象进行测量的信号(实测被控对象的输入量)反馈到控制器与给定值进行比较,得到一个偏差信号 e,经控制器按控制方程运算后,发出纠正偏差控制信号给执行机构去驱动调节阀门,修正被控对象的输入量,如此反复以缩小和消除与给定值的偏差,使被控对象的控制量趋于期望的给定值,达到自动调节控制的目的。

下面以角行程电动驱动装置为例简要介绍该电动驱动装置的自动控制原理。如图1-5-14所示。

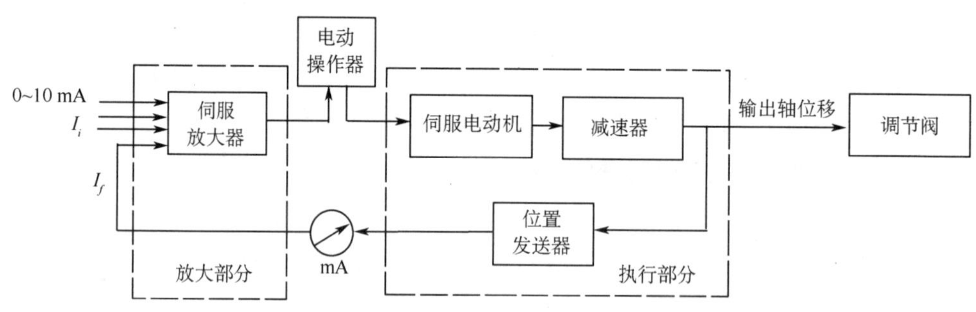

图 1-5-14　电动驱动装置自动控制原理图

如图 1-5-14 所示,电动驱动系统由放大部分和执行部分构成。图中伺服放大器有三个输入信号通道和一个位置反馈信号通道,可以同时输入三个输入信号和一个位置反馈信号,以组成反馈控制系统。对于简单控制系统,只用一个输入通道和位置反馈信号通道就够了。

伺服放大器将输入信号 I_i 和反馈信号 I_f 相比较,其偏差信号为 ΔI。然后将它们的偏差值信号放大,控制伺服电动机的转动。根据偏差信号的极性,放大器输出相应的信号,以控制电机的正转或反转。再经减速器减速后,使输出轴产生回转角位移。输出轴转角位置经位置发送器转换成相应的反馈电流 I_f,反馈到伺服放大器的输入端使偏差信号减小。当反馈信号等于输入信号时,伺服电动机才停止转动,减速器输出轴就稳定在与输入信号相对应的位置上。

在电动驱动系统(装置)上还装有手动操作手柄,在停电时能够通过手动操作来改变调节阀门的开度,维持运行。

闭环控制系统的主要优点是:不论被控量以何种原因偏离其给定值而产生偏差,就一定有相应的控制作用产生，以消除偏差。反馈控制系统具有抑制内部和外部各种扰动对系统输出影响的能力。

闭环控制系统，在各种生产过程，尤其是核电站中如给水调节系统被广泛采用。

(2) 开环控制系统

开环控制系统为无反馈控制系统。它是一种系统的输出量对系统的控制作用不发生影响的控制系统。例如通过控制器对电动或气动阀门的直接控制等。在核电站中广泛用于阀门的手动远传控制(或手动就地控制)。

1.5.4 气动驱动装置

气动驱动装置是以压缩空气为动力的阀门传动机构。

它的主要特点是：结构简单、动作可靠、性能稳定、故障率低、价格便宜、维修方便、自身具有防爆性、易做成大功率等。它不仅能与气动调节仪表配套使用，而且通过电-气转换器或电-气阀门定位器，还能与电动仪表或控制计算机配套使用。因此它被核电站及其他工业生产系统广泛使用。

它有多种结构形式，其基本结构为气动薄膜式和气动活塞式两种。输出推杆位移为直线方式，如果通过曲柄等杠杆机构，可转换成角位移形式，通过曲轴可转换为旋转运动。

气动驱动装置直接带动阀瓣动作，一般直线方式适用于阀杆直线动作的单座、双座阀，如闸阀、截止阀等；角位移方式适用于蝶阀、球阀、旋塞阀等。

1.5.4.1 气动薄膜式驱动系统

气动薄膜驱动装置也叫贝雷薄膜式伺服马达，常作为针形调节阀或瓣形调节阀的驱动装置，与调节阀一起组成自动调节系统的执行器。受调节系统的控制来驱动调节阀门的启闭和调节的过程。

(1) 气动薄膜式驱动装置的类型

气动薄膜式驱动装置按其动作方式可分直接作用式(正作用式)和间接作用式(反作用式)两种类型，如图 1-5-15 所示。它们均按受 0.35～1.65 个大气压的标准压力信号控制。

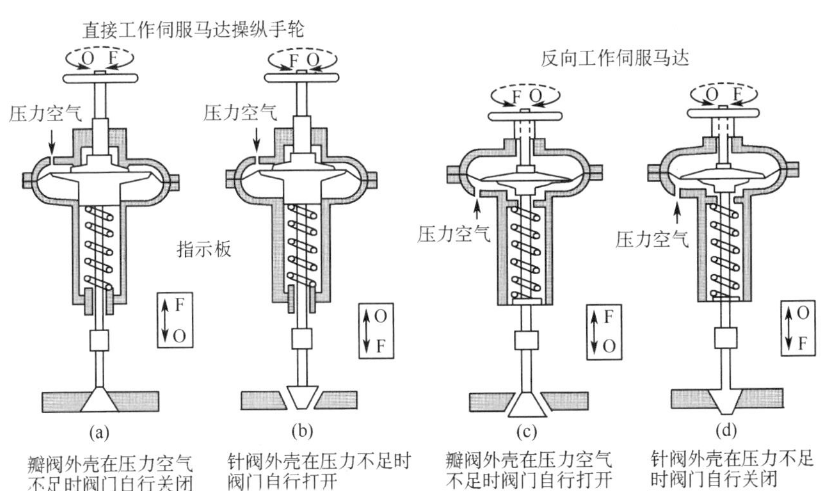

图 1-5-15 气动薄膜驱动装置动作方式图

直接作用式(正作用式)是指其控制气流从上膜盖进入,作用于加布橡胶薄膜片的上部,当控制信号压力增大时,驱动推杆向下运动。

间接作用式(反作用式)是指其控制气流从下膜盖进入,作用于薄膜片下部,当控制信号压力增大时,推杆向上运动。

(2) 气动薄膜驱动装置动作原理

气动薄膜驱动装置动作原理如图 1-5-16 所示。当信号压力通入到薄膜气室时,在薄膜上产生一个向下(上)的推力,使推杆向下(上)移动,将弹簧压缩(拉伸),直到弹簧所产生的反作用力与信号压力在薄膜上产生的推力平衡为止。

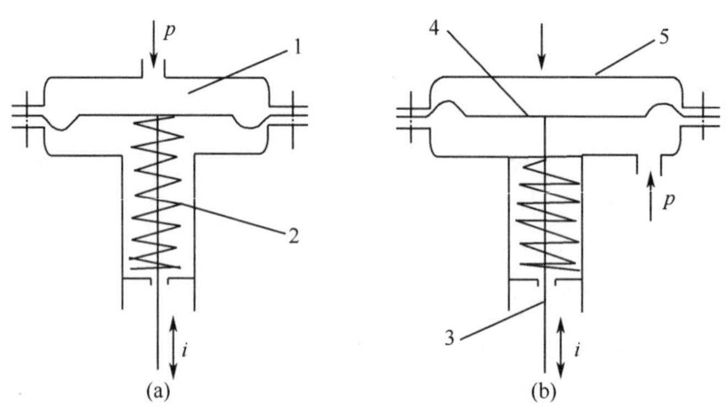

图 1-5-16 气动薄膜驱动装置动作原理

1—薄膜气室;2—弹簧;3—推杆;4—波纹膜片;5—上膜盖

当执行机构的规格(薄膜有效面积 A_e 和弹簧刚度 C_s)确定后,执行机构的推杆位移量与压力信号成正比关系,可见气动薄膜驱动装置输出特性为线性函数。

(3) 气动薄膜驱动装置的结构和组成

气动薄膜驱动装置的结构如图 1-5-17 所示。它主要由上、下膜盖,加布橡胶薄膜、推杆、支架、弹簧、弹簧座、调节套筒、连接螺母、开度指示器、操纵手轮等组成。

1) 加布橡胶薄膜

加布橡胶薄膜是伺服马达的关键部件,一般由具有较好的耐油及耐高、低温性能的丁腈橡胶加锦伦丝织物制成。为了保护其有效面积基本上保持不变,提高驱动装置工作的线性度,膜片常制成波纹状。为了保证作用于膜片上的推(压)力能有效准确地传递给推杆,除薄膜的四周夹装于上、下膜盖之间以外,其中间部分安装在置于推杆顶部的盘形件上。

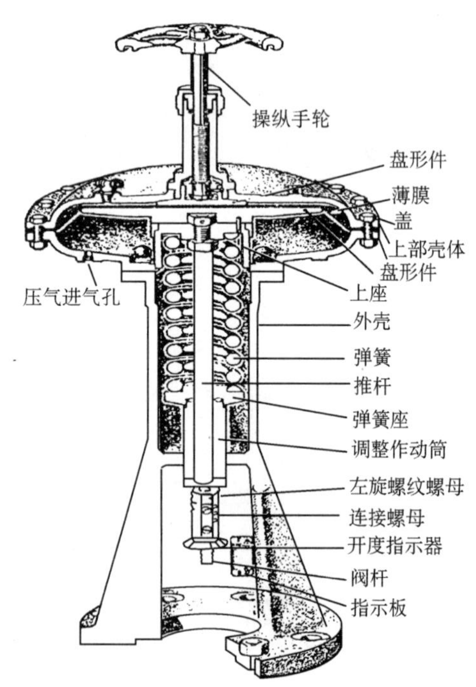

图 1-5-17 气动薄膜驱动装置

2）弹簧

弹簧也是一个关键部件，要求在全行程范围内弹簧的刚度不发生变化，这样可以提高驱动系统的线性度。

3）上、下膜盖

上、下膜盖一般用铸铁铸成，也可用钢板冲制。它们与膜片构成薄膜气室。

4）调节套筒

调节套筒（也称调节作动筒）用来调节弹簧的预紧力，这样可以根据实际工作需要改变信号压力的起始值。

5）推杆

推杆一端安装盘形件并通过盘形件感受和传递薄膜所施加的推力，另一端通过连接螺母与调节阀的阀杆相连接，将薄膜的推力转变成阀门开度的变化。

6）开度指示器

开度指示器用于指示执行机构的推杆位移，也就是阀瓣的位置即阀门的开度。

7）操纵手轮

气动薄膜驱动装置的操纵手轮安装在驱动系统的顶部。其主要作用是当调节系统失效，如气源中断、调节器故障无输出以及膜片损坏等情况时，可以切换进行手动操纵控制，以保证生产工艺过程的正常进行。

（4）气动薄膜驱动装置随动定位器

随动定位器又称为阀门定位器，是气动驱动装置的主要附件，它与气动驱动装置配套使用。它可克服阀杆的摩擦力并消除调节阀不平衡力的影响，控制阀瓣按调节器发出的信号实现阀门准确定位。随动定位器有气动定位器和电-气定位器两种。以下仅对气动随动定位器作简要介绍。

气动随动定位器（阀门定位器）的工作原理如图 1-5-18 所示。它是按力矩平衡原理工作的。图中波纹管 1 在来自调节器的控制信号 p_i 的作用下，其自由端产生位移，并推动主杠杆 2 绕支点 O 逆时针方向偏转。位于主杠杆下端的挡板靠近喷嘴 4，使喷嘴背压增大，经气动放大器 3 放大后，送入调节阀的薄膜气室。薄膜 8 在压力作用下产生变形，推动阀杆下移。

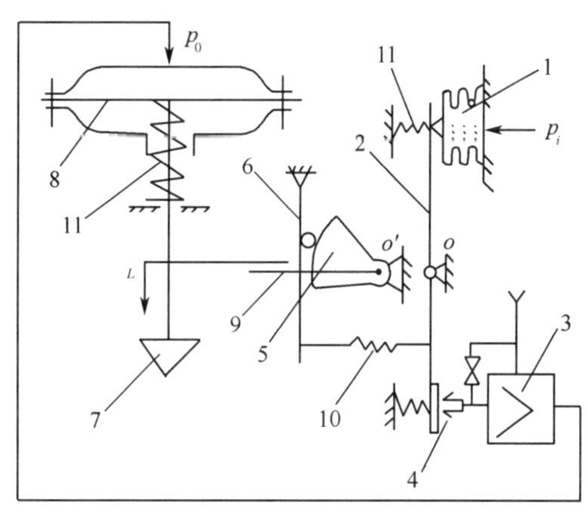

图 1-5-18　气动随动定位器

阀杆位移通过水平杠杆和滚轮支点 6 传递给凸轮 5，使它绕支点 O' 偏转。在凸轮偏转过程中，通过反馈弹簧 10 对主杠杆施加一反作用力矩，使挡板离开喷嘴。当作用于主杠杆的输入力矩与反作用力矩达到平衡时，进入调节阀薄膜气室的压力 p_0 达到稳定值，推杆（阀杆）和阀瓣产生一个稳定的位移 L。

在气动随动定位器中，由于采用了功率放大器 3，所以作用于薄膜气室的压力 p_0 具有比输入信号压力 p_i 更大的功率，从而可实现快速动作，并可克服作用于阀杆的各种阻力。

同时由于随动定位器与气动驱动系统(伺服马达)组成一个负反馈的闭环系统,因此使阀门的定位速度和精度都得到明显的提高,也有利于克服由于经过较长气动管路而造成的信号传递滞后。

电-气随动定位器也称为电-气阀门定位器,它具有电-气转换器和阀门定位的双重功能。采用电-气随动定位器,可直接利用电动调节器输出的直流电流信号去控制和操纵气动驱动系统。

1.5.4.2 气动活塞式驱动装置

薄膜式驱动装置虽结构简单,但由于其膜片能承受的压力较低,推力较小。而气动活塞驱动装置(气动筒式伺服马达)由于汽缸允许的操作气压最大可达 0.5 MPa,因此能输出很大的推动力,属于强力气动驱动机构。

气动活塞式驱动装置按动作方式分为两位动作、比例动作和特定工况下的单向动作等多种类型。

气动活塞驱动装置也称为气动筒式伺服马达,是一种利用压缩空气为控制信号和驱动力的活塞式驱动机构。其结构如图 1-5-19 所示。

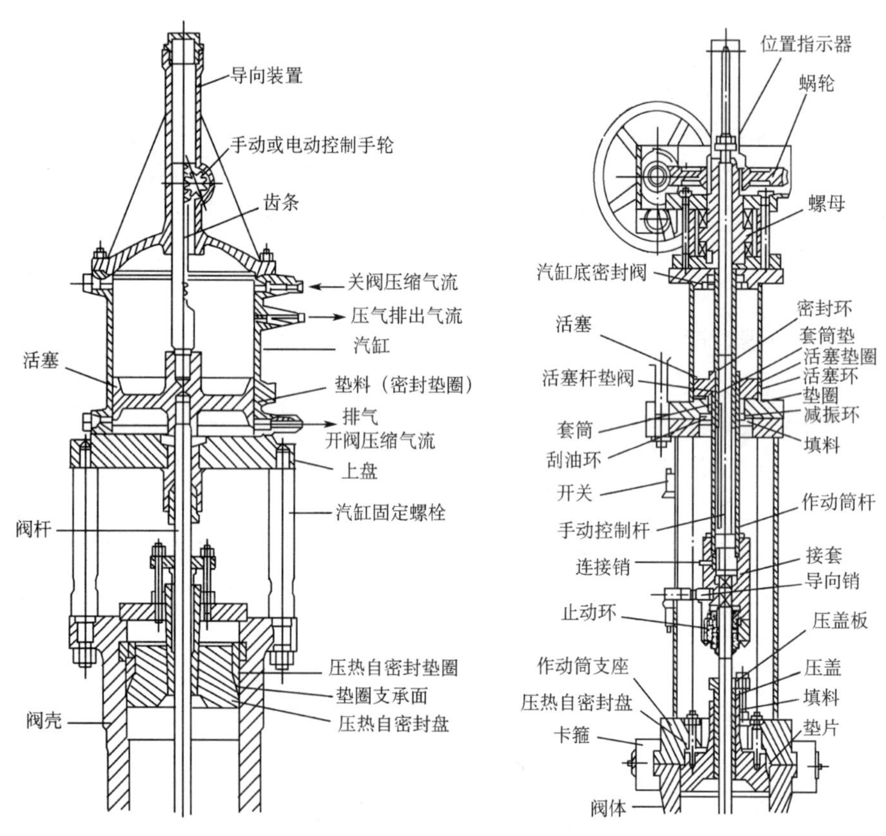

图 1-5-19 气动活塞驱动装置

气动筒式伺服马达主要由气缸、活塞、推杆、后导向装置及应急手轮控制部分组成。

气缸由耐磨合金制成,活塞下连推杆,后导向杆安装在活塞的上部,由光滑杆和齿条(或螺纹)杆组成,用来操纵行程控制器并连接手动控制装置。应急手动控制装置可以采用螺杆传动的水平操纵轮,也可以是齿条、齿轮传动的垂直操纵轮。

当压缩空气进入气缸内作用于活塞上部或下部时,活塞将向上或向下运动,并通过推杆(阀杆)带动阀门关闭或开启。

为了确保活塞的运动与作为控制信号的压缩空气的压力之间具有严格准确的对应关系,在活塞与气缸壁之间装有活塞填料或密封圈,以防止压缩空气在活塞与气缸间泄漏。密封圈的形状及材料取决于压缩空气压力的大小,一般情况下采用合成橡胶或皮革制成的“唇”形密封圈,压缩空气压力较高时,则采用 U 型密封圈,若控制信号是以蒸汽为工质时,在活塞上还应装有金属涨圈。

压水堆核电厂与核安全有关的阀门气动装置(包括各种直线运动式和部分回转运动式)按所配阀门的质量鉴定程序也分为 K_1、K_2、K_3 三类。这三类阀门气动装置的设计、制造、试验、验收应参照核行业标准《压水堆核电厂阀门气动装置》(EJ/T1022.12—96)的基本规定执行。

1.5.5　阀门电动、气动驱动装置常见故障及消除方法

电动驱动装置常见故障及消除方法见表 1-5-1;气动驱动装置常见故障及产生原因见表 1-5-2。

表 1-5-1　电动驱动装置常见故障及消除方法

故障现象	原因	消除方法
扭矩或行程开关不起作用或失控	1. 相序接错; 2. 线路接错; 3. 接触器吸铁不释放	1. 调换电机相序; 2. 检查线路纠正错误; 3. 清洗触头或更换接触器
电动机运转不正常有连续噪声	两相运行	检修供电回路,接通三相
阀门没有到位电机就停止运转	1. 行程控制器调整不良; 2. 扭矩限制器提前动作	1. 重新调整行程控制器; 2. 若因阀门损坏,修整阀门; 3. 若因扭矩偏小,可调节扭矩限制器
现场开度指针不动作	1. 指针固定螺钉松动; 2. 传递开度指示的线路脱开	1. 更换或拧紧固定螺钉; 2. 检查电源及导线
远控开关不动作	1. 电位器损坏或前轮松动; 2. 电源或导线接触不良	1. 更换电位器或拧紧螺钉; 2. 检查电源或导线
电机不能启动	1. 电源没有接通或电压过低; 2. 按钮失灵; 3. 行程或力矩控制微动开关动作	1. 检查电源和电压; 2. 修理或更换按钮; 3. 检查调整微动开关
启动运转中电机停转,电机发出嗡鸣声	1. 负载过大,扭矩控制器动作; 2. 阀杆润滑不良或螺纹部分有杂质; 3. 阀杆填料压得太紧	1. 提高扭矩限制器设定值; 2. 清洁阀杆涂润滑脂; 3. 适当调整填料压紧度
电机转动,但阀门不动作	1. 离合器损坏; 2. 阀杆螺母螺纹磨损	1. 更换离合器; 2. 更换阀杆螺母

表 1-5-2　气动驱动装置的常见故障及产生原因

现　象		产生故障的原因
阀不动作	无信号，有气源	1. 压缩机电源及压缩机本身的故障； 2. 气源总管泄漏
	无信号，无气源	1. 调节器的故障； 2. 信号管线泄漏； 3. 调节阀膜片或活塞密封环漏； 4. 随动定位器波纹管漏
	随动定位器（替续器）无气源	1. 过滤器堵塞； 2. 减压阀故障； 3. 管道接头处渗漏或堵塞
阀的动作不稳定	气源压力经常变化	1. 压缩机容量太小； 2. 减压阀故障
	信号压力不稳	1. 控制系统的时间常数不适当； 2. 调节器的故障
	气源、信号压力一定，但调节阀动作仍不稳定	1. 随动定位器中放大器的喷嘴挡板不平行，挡板盖不住喷嘴； 2. 输出管线漏气； 3. 执行机构刚性太小，流体压力变化造成推力不足； 4. 阀杆摩擦力大
阀有噪声及振动	调节阀接近全关位置时的振动	1. 调节阀选大了，常在小开度时使用； 2. 单座阀介质流动方向与关闭方向相同
	调节阀任何开度都振动	1. 支撑不稳； 2. 附近有振动源； 3. 阀芯与衬套有磨损
阀的动作迟钝	阀杆往复行程时动作迟钝	1. 阀体内有泥浆或黏性大的介质，使阀堵塞或结焦； 2. 填料变质硬化或石墨石棉填料的润滑油干燥； 3. 活塞式执行机构中活塞密封环的磨损
	阀杆单方向动作时动作迟钝	1. 气动薄膜执行机构中膜片泄漏和破损； 2. 执行机构中密封圈泄漏
阀的泄漏量大	阀全闭时泄漏量大	1. 阀芯被腐蚀、磨损； 2. 阀座外围的螺丝被腐蚀
	阀达不到全闭位置	1. 介质压差很大、执行机构的刚性小了； 2. 阀体内有异物； 3. 衬套烧结
	填料部分及阀体密封部分的渗漏	1. 填料盖没有压紧； 2. 采用石墨石棉填料的场合润滑油干燥； 3. 采用聚四氟乙烯作填料时，聚四氟乙烯老化变质； 4. 密封垫被腐蚀
	阀芯被腐蚀	阀芯被腐蚀，使 Q_{min} 变大

复习思考题

1. 阀门按其动作方式、功能、关闭件结构特征如何分类？

2. 简述闸阀的主要功能及最常见的结构类型。闸阀的基本结构组成。

3. 简述蝶阀的功能及主要特性。

4. 简述截止阀的主要结构类型、结构组成及特性。阀门的密封种类和方式。

5. 简述隔膜阀的主要结构类型及其特性。

6. 简述浮动球阀和固定球阀的结构特征及适用范围。

7. 简述调节阀的功能及主要结构类型。了解调节阀的阀芯结构类型及几种理想流量调节特性。

8. 简述止回阀的结构类型和适用范围。

9. 简述安全阀的功能和安全要求。安全阀的主要结构类型。

10. 简述安全阀的整定压力，排放压力，过压，闭合压差及其相互关系。

11. 简述图 1-3-13 说明先导式安全阀的组成及运行原理。

12. 简述安全阀的动作过程及动作性能调节方法。

13. 管路减压阀按动作原理分哪几类？共几种结构类型？参图说明先导式减压阀的减压原理。

14. 了解减压阀的选用原则。

15. 简述阀门驱动的基本类型。阀门电动驱动装置由哪些部件组成？

16. 阀门电动驱动装置安全保护装置动作方式如何选择？

17. 阀门气动驱动系统有哪几种？气动薄膜式驱动系统及其随动定位器的工作原理是什么？

第二章　泵

2.1　泵的功能、分类及在核电厂的应用

2.1.1　泵在核电厂中的应用

泵是将原动机的机械能转换成液体的压力能和动能从而实现流体定向输运的动力设备。泵在国民经济各个方面，如农田水利，城市供排水，采矿，冶金，石油，化工，舰艇动力，航空航天动力，热电厂，核电厂等各工业部门都有广泛的使用。泵输送的介质除水(包括重水)外，还可输送油、酸、碱及高温液态金属(如液态钠、钠钾合金)。由此可以看出，凡需输送液体的地方，都离不开泵的工作。

泵在现代核电厂的运行过程中，占有相当重要的位置，它是核电厂中应用较多的动力机械设备。在核电厂一回路，二回路及其核辅助系统和非核辅助系统中，只要有液体输送(如水、各种料液及油品等)的地方，就离不开泵。如反应堆冷却剂回路的主泵、蒸汽回路的主给水泵、凝结水泵、循环冷却水系统的循环冷却泵以及核与非核辅助系统的高、低压安注泵、上充泵、安全壳喷淋泵、辅助给水泵、设备冷却水泵、废液输送泵、核岛重要生水泵、常规岛冷却水泵、分离段疏水泵、辅助冷却水泵、主油泵、润滑油泵、消防泵、生活上水泵、生活污水泵等等。核电厂一、二回路系统图如图 2-1-1 所示。

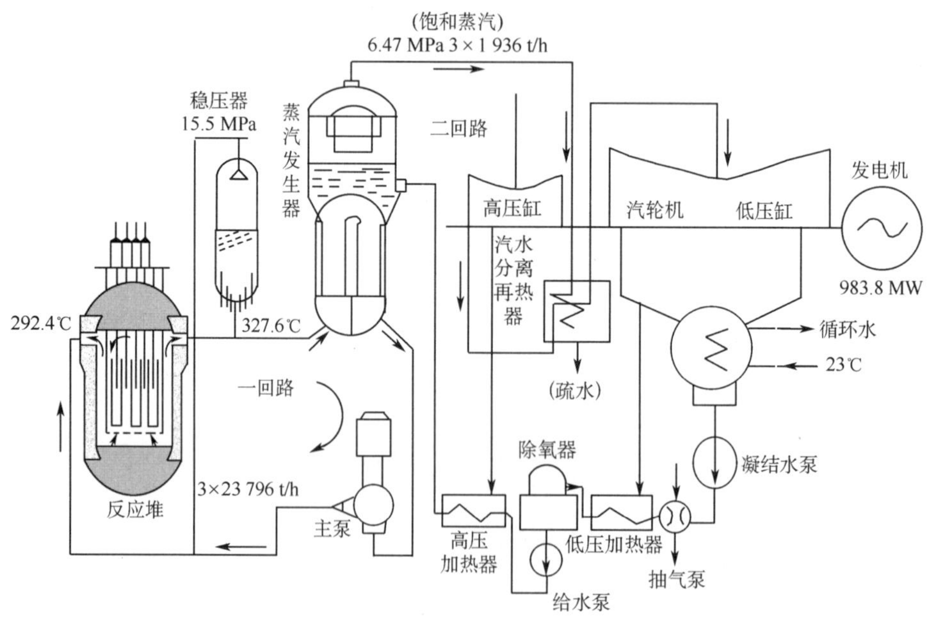

图 2-1-1　压水堆核电厂一、二回路系统示意图

2.1.2 泵的功能、分类和应用范围

2.1.2.1 泵的功能

泵是将机械能转换为输送液体能的机器，具体功能有：

1. 提升作用：提高液体势能（静压能）和动能（流速）即扬程。

2. 抽吸作用：可将低液位贮槽或水池的液体吸入泵中即吸程。

2.1.2.2 泵的分类

泵的类型很多，品种繁杂，因而分类方法也很多，目前多采用以下两种分类方法。

一、按工作原理分类

1. 叶片式泵

(1) 离心泵

① 单级—单吸式离心泵；双吸式离心泵

② 多级离心泵

(2) 轴流泵（固定叶片；可调叶片）和混流泵（蜗壳式，导叶式）

(3) 漩涡泵

(4) 屏蔽泵（离心泵的一种）

2. 容积式泵

(1) 往复泵（活塞式；柱塞式；隔膜式）

(2) 回转泵（齿轮泵；螺杆泵；滑片泵）

3. 其他类型泵

(1) 喷射泵

(2) 真空泵（液环式真空泵）

二、按泵输出压力的大小分类

低压泵：压力在 2 MPa 以下；

中压泵：压力在 2～6 MPa；

高压泵：压力在 6 MPa 以上。

2.1.2.3 泵的适用范围

随着近代工农业发展的要求，水泵在性能和结构上都有很大变化，为适应用户的要求，泵的流量、压头、温度、介质等范围很大。如：

(1) 流量范围：巨型泵几十万 m^3/h；微型泵几十 mL/h；

(2) 压头范围：从常压到 1 000 MPa；

(3) 介质温度：从 −200～+800 ℃；

(4) 介质：水、重水、酸、碱液，黏稠液，泥浆，油类，化学液体，悬浮液体、液态金属钠等。

2.2 泵的工作原理及主要功能部件

2.2.1 泵的工作原理

2.2.1.1 离心泵的工作原理

图 2-2-1 所示为一台安装在管路上的离心泵。主要部件有叶轮 1 与泵壳 2 等。具有若干弯曲叶片的叶轮安装在泵壳内，并紧固于泵轴 3 上。泵壳中央的吸入口 4 与吸入管路 5 相连接，侧旁的排出口 8 与排出管路 9 相连接。

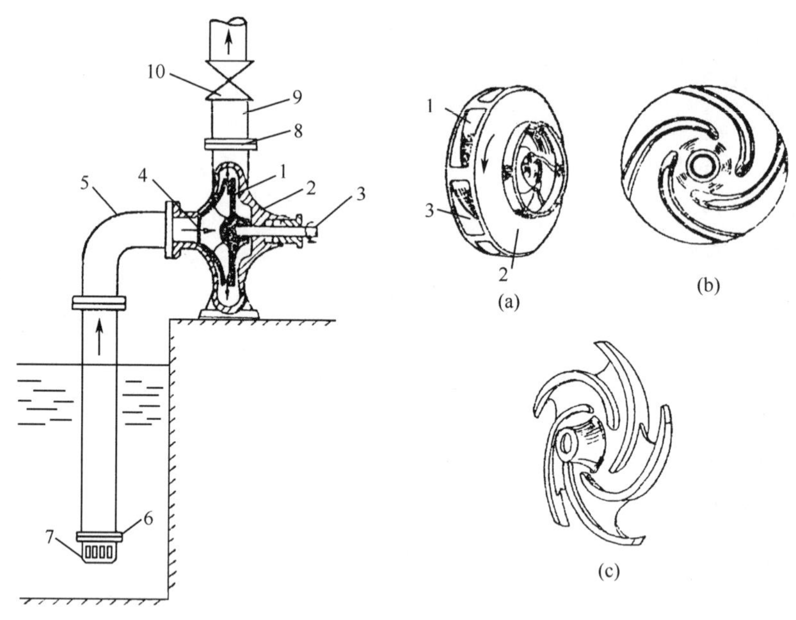

图 2-2-1 离心泵装置及其叶轮

离心泵一般用电动机带动，在启动前需向壳内灌满被输送的液体。启动电动机后，泵轴带动叶轮一起旋转，充满叶片之间的液体也随着转动，在离心力的作用下，液体从叶轮中心被抛向外缘的过程中便获得了能量，使叶轮外缘的液体静压能和动能都得到提高，液体离开叶轮进入泵壳后，由于泵壳中流道逐渐加宽，液体的流速逐渐降低，又将一部分动能转变为静压能，使泵出口处液体的静压强进一步提高，于是液体以较高的压强，从泵的排出口进入排出管路，输送至所需的场所。当泵内液体从叶轮中心被抛向外缘时，在中心处形成了低压区，由于贮槽液面上方的压强大于泵吸入口处的压强，在压差的作用下，液体便经吸入管路连续地被吸入泵内，以补充被排出液体的位置。只要叶轮不断地转动，液体便不断地被吸入和排出。由此可见，离心泵之所以能输送液体，主要是依靠高速旋转的叶轮。

离心泵启动时，如果泵壳与吸入管路内没有充满液体，则泵壳内存有空气，由于空气的密度远小于液体的密度，产生的离心力小，因而叶轮中心处所形成的低压不足以将贮槽内的液体吸入泵内，此时虽启动离心泵也不能输送液体，此种现象称为气缚，表示离心泵无自吸能力，所以泵启动前必须向壳体内灌满液体。若离心泵的吸入口位于吸液贮槽液面的上方，在吸入管路的进口处应装一单向底阀6和滤网7。底阀可防止启动前所灌入的液体从泵内漏失，滤网可以阻拦液体中的固体物质被吸入而堵塞管道和泵壳。靠近泵出口处的排出管路上装有调节阀10，以供开车、停车及调节流量时使用。

2.2.1.2　轴流泵和混流泵的工作原理

轴流泵的叶片与离心泵不同，其叶片与叶片相重叠的部分很少，所以轴流泵的工作原理多用翼型理论说明。当叶轮作顺时针旋转时，液体相对叶轮产生了沿翼形表面的流动，根据机翼理论：转动的翼形叶片对液体产生推和挤的作用即产生一个推力和升力，使叶轮的机械能传递给液体，液体压力升高，流速增加；从而液体被吸入和压出，压出的液体经过导叶、扩压管流入工作管路。

图2-2-2为轴流泵工作原理图。叶轮1装在圆筒形泵壳3内，流体从旋转叶轮获得能量后，经导叶2将流体的旋转动能部分转变为压力能，然后沿轴向流出，同时在进口形成真空，流体则由吸入喇叭管4沿轴向被吸入，叶轮连续旋转，流体则不断被吸入和排出。轴流泵输出流量大，压力小，用于大流量低扬程的场合。

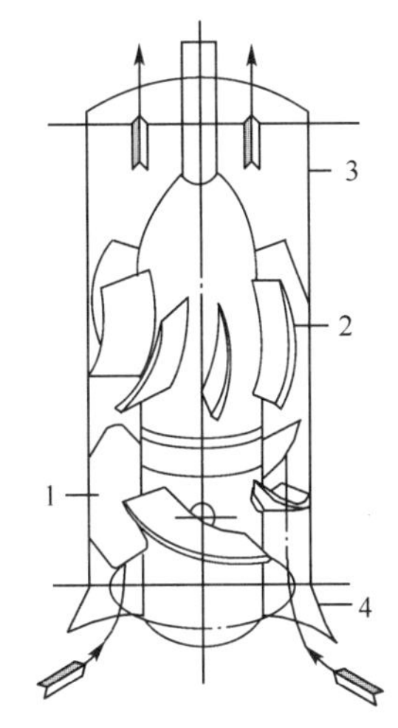

图2-2-2　轴流泵工作原理图
1—叶轮；2—导叶；
3—泵壳；4—喇叭管

混流泵（斜流泵）是介于轴流式和离心式之间的一种叶片泵。它部分利用了离心力，部分利用了升力，在离心力和升力的共同作用下输送液体，并提高其压力，流体轴向进入叶轮后，沿圆锥面方向斜向流出，如图2-2-3(a)所示。可作为大容量机组的循环水泵。

混流泵的典型结构如图2-2-3(b)所示。

核电站中，一回路主循环泵，循环冷却水系统的循环冷却水泵都是混流泵类型。

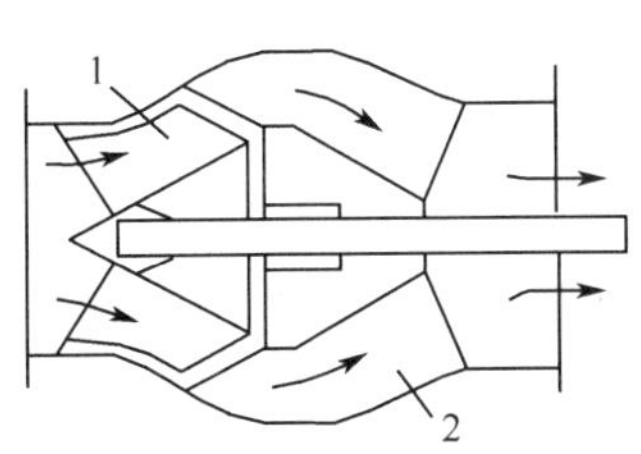

图2-2-3(a)　混流泵原理
1—叶轮；2—导叶

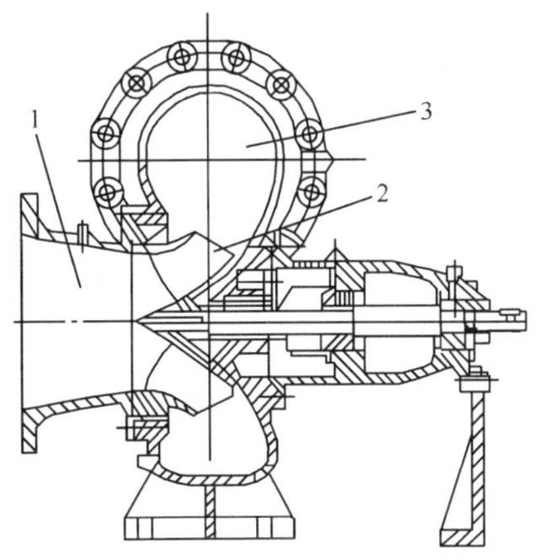

图2-2-3(b)　混流泵结构图
1—吸入室；2—叶轮；3—压出室

2.2.2 叶片泵的主要部件

2.2.2.1 离心泵的主要部件

离心泵的主要部件有:叶轮、吸入室、压出室、导叶与密封装置和泵轴等。下面参考图2-2-4(单级双吸离心泵结构)分别简述各部件结构和功能。

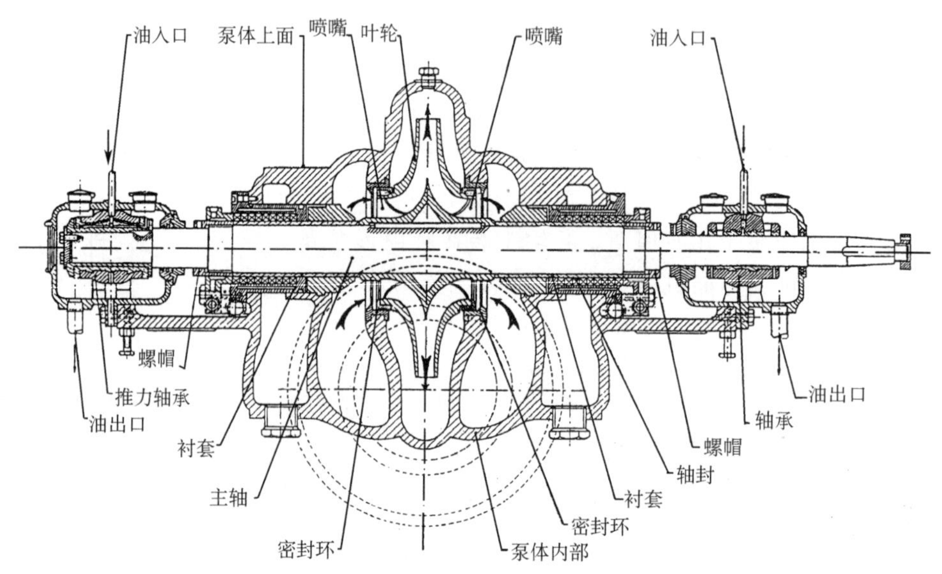

图 2-2-4 单级双吸离心泵结构图

1. 叶轮

叶轮是实现能量转换的主要部件,其作用是将原动机的机械能传递给液体,使液体获得静压能和动能。叶轮水力特性的好坏,对泵的效率影响很大。

离心泵的叶轮形式如图 2-3-5 所示。叶轮一般由前盖板、叶片、后盖板和轮毂组成。图中(a)(b)所示的叶轮有前盖板、叶片、后盖板及轮毂的称为封闭式叶轮。液体从叶轮中央的入口进入后,经两盖板与叶片之间的流道而流向叶轮外缘,在这过程中液体从旋转叶轮获得了能量,并由于叶片间流道的逐渐扩大,有一部分动能在此转变为静压能。封闭式叶轮又分单吸式和双吸式两种,如图 2-2-5(a)(b)所示。双吸式叶轮流量大于单吸式叶轮,且基本上不产生轴向力,具有改善泵汽蚀性能的优点。叶片形式有圆柱形叶片和扭曲(双曲线)叶片。圆柱形叶片流动效率较低,因此,为提高泵效率一般均采用扭曲叶片。

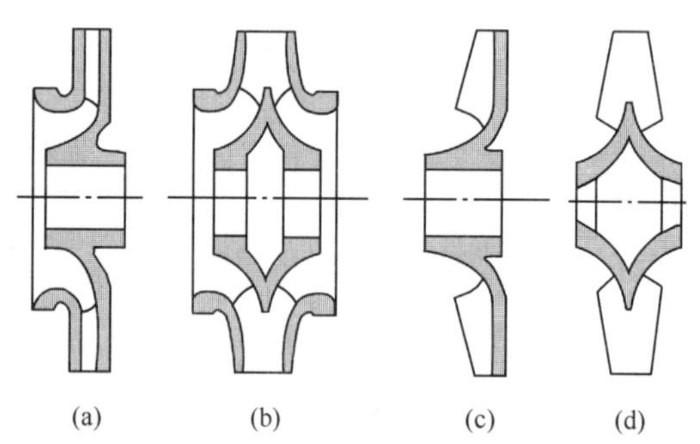

图 2-2-5 离心泵叶轮形式

a,b—封闭式叶轮;c—半开式叶轮;d—开式叶轮

只有叶片、后盖板及轮毂的叶轮,称为半开式叶轮,如图 2-2-5 中(c)所示。

前、后盖板均没有，只有叶片及轮毂的叶轮称为开式叶轮，如图 2-2-5 中(d)所示。半开式与开式叶轮一般用于输送浆料或含有固体悬浮物的液体。开式叶轮由于没有盖板，液体在叶片间运动时容易产生倒流，故效率较低，很少采用。

离心泵的叶片形状有前弯叶片、径向叶片和后弯叶片三种。一般采用后弯叶片。

2. 吸入室

离心泵吸水管法兰接头至叶轮进口的空间称为吸入室，其作用是以最小的阻力损失引导液体平稳地进入叶轮，并使叶轮进口处的液体流速分布均匀。

吸入室有以下几种。

(1) 锥形吸入室：如图 2-2-6 所示。其优点是水力性能好，结构简单，制造方便。液体能在锥形室中加速，速度分布较均匀。锥形管锥度约 7°～8°。这种吸入室广泛用于单级悬臂式泵上。

(2) 环形吸入室：如图 2-2-7 所示。其优点是结构对称、简单、紧凑、轴向尺寸较小。由于泵轴穿过环形吸入室，在轴的背面产生旋涡，造成进口流速分布不均匀，流动损失较大。由于轴向尺寸小，仍广泛用于分段式多级泵中。

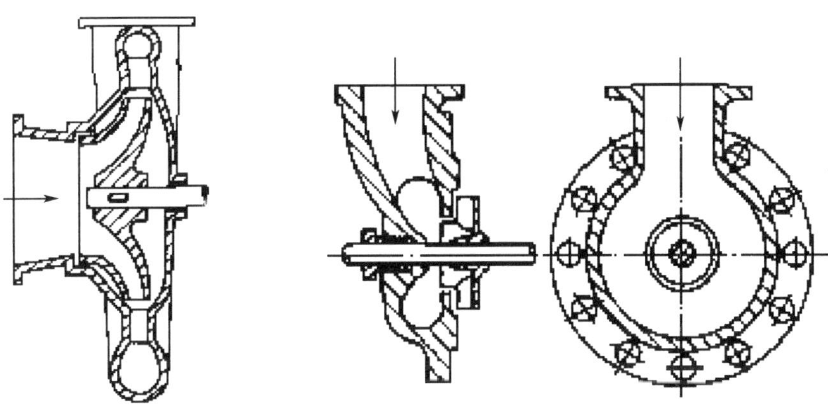

图 2-2-6 锥形吸入室　　图 2-2-7 环形吸入室

(3) 半螺旋形吸入室，如图 2-2-8 所示。由于它在轴的背面没有旋涡，进口速度分布均匀，流动损失最小。但液体进入叶轮前有预旋，导致扬程略有下降。主要用在单级双吸式水泵、水平中开式多级泵上。

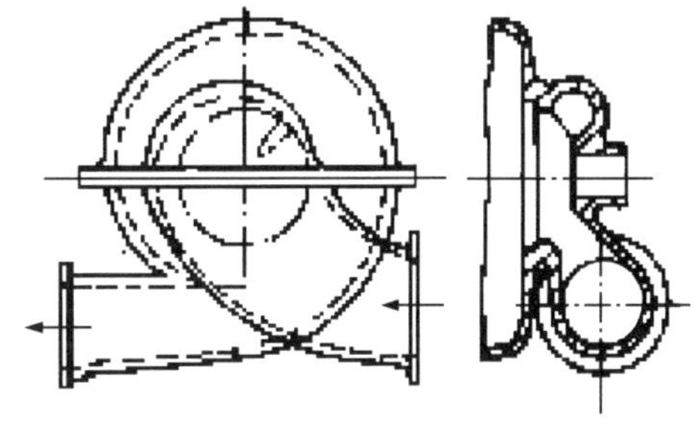

图 2-2-8 半螺旋形吸入室

3. 压出室

压出室是指叶轮出口或导叶出口至压水管法兰接头间的空间，其作用是收集从叶轮流出的高速流体，然后以最小的阻力损失引入压水管或次级叶轮进口。同时将液体的部分动能转变成压力能。

有两种压出室。

(1) 螺旋形压出室,又称蜗壳,如图 2-2-9 所示。它收集从叶轮流出的液体,并在螺旋形扩散管中将液体的部分动能转换成压力能。这种压出室结构简单,效率高;但在非设计工况下运行时会产生径向力。多用在单级单吸、单级双吸及水平中开式多级离心泵上。

(2) 环形压出室,如图 2-2-10 所示。环形压出室的流道断面面积相等,因此,各处流速不相等,流动损失较大,故效率低于螺旋形压出室,多用于多级泵。

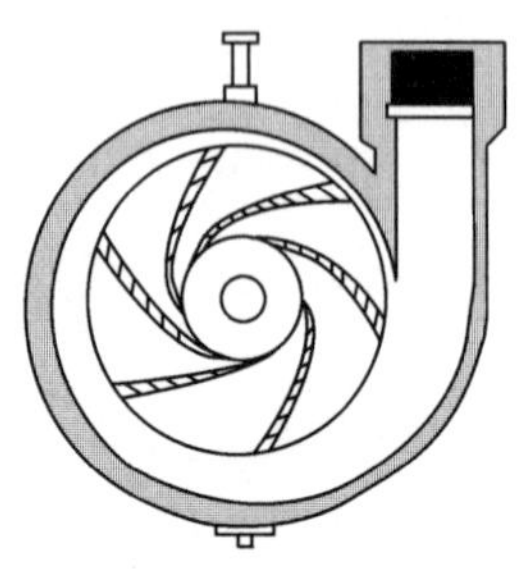

图 2-2-9 螺旋形压出室

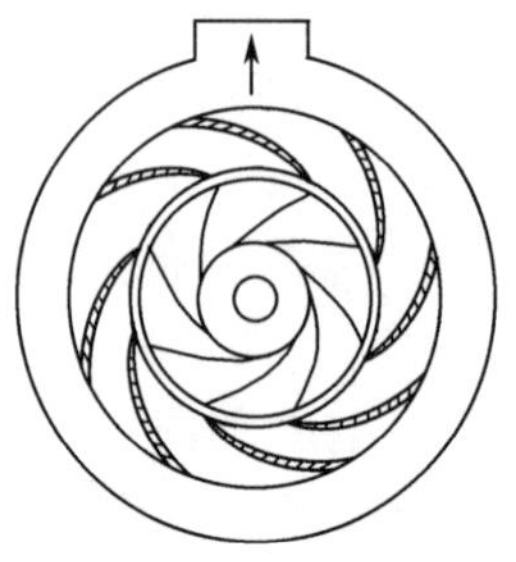

图 2-2-10 环形压出室

4. 导叶

多级泵的液流是从前一级叶轮流入次级叶轮的,两级之间必须装导叶。导叶的作用是汇集前一级叶轮流出的液体,并在损失最小的条件下引入次级叶轮的进口或压出室,同时在导叶内把部分动能转换为压力能。所以导叶和压出室的作用相同。导叶有径向式和流道式两种。

(1) 径向式导叶,如图 2-2-11 所示。它由螺旋线、扩散管、过渡区和反导叶组成。液体从叶轮流出后由螺旋线部分收集起来,经扩散管将部分动能转变为压力能。

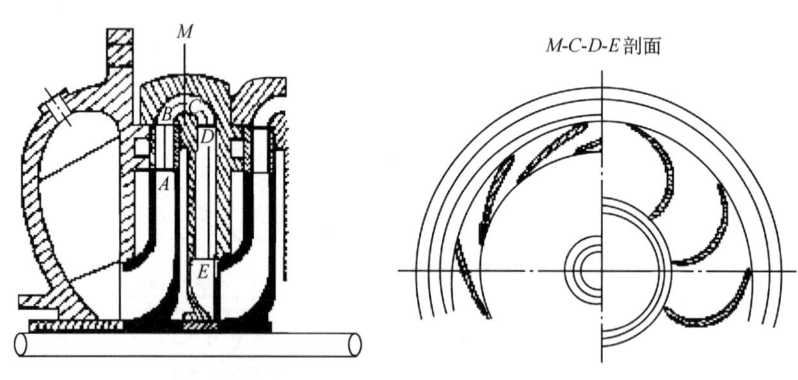

图 2-2-11 径向式导叶

(2) 流道式导叶,如图 2-2-12 所示。流道式导叶的正反导叶是一个整体,正导叶进口到反导叶出口形成单独的流道,各流道内的液体不相混合。因结构复杂,制造困难,目前只有分段式多级泵趋向采用这种导叶。

5. 密封装置

泵的密封装置分为密封环和轴端密封两种形式。

(1) 密封环

密封环是指叶轮与泵体之间的密封。由于离心泵出口液体是高压，入口是低压，高压液体会经叶轮与泵体之间的间隙泄漏至入口处。为防止出口高压流体通过叶轮与泵体之间的间隙向吸入口泄漏，必须在叶轮进口外圈与泵壳之间加装密封环。如图 2-2-13 所示。密封环一般有平环式、单齿迷宫式、多齿迷宫式、锯齿式和螺旋槽式密封五种。如图 2-2-14 所示。

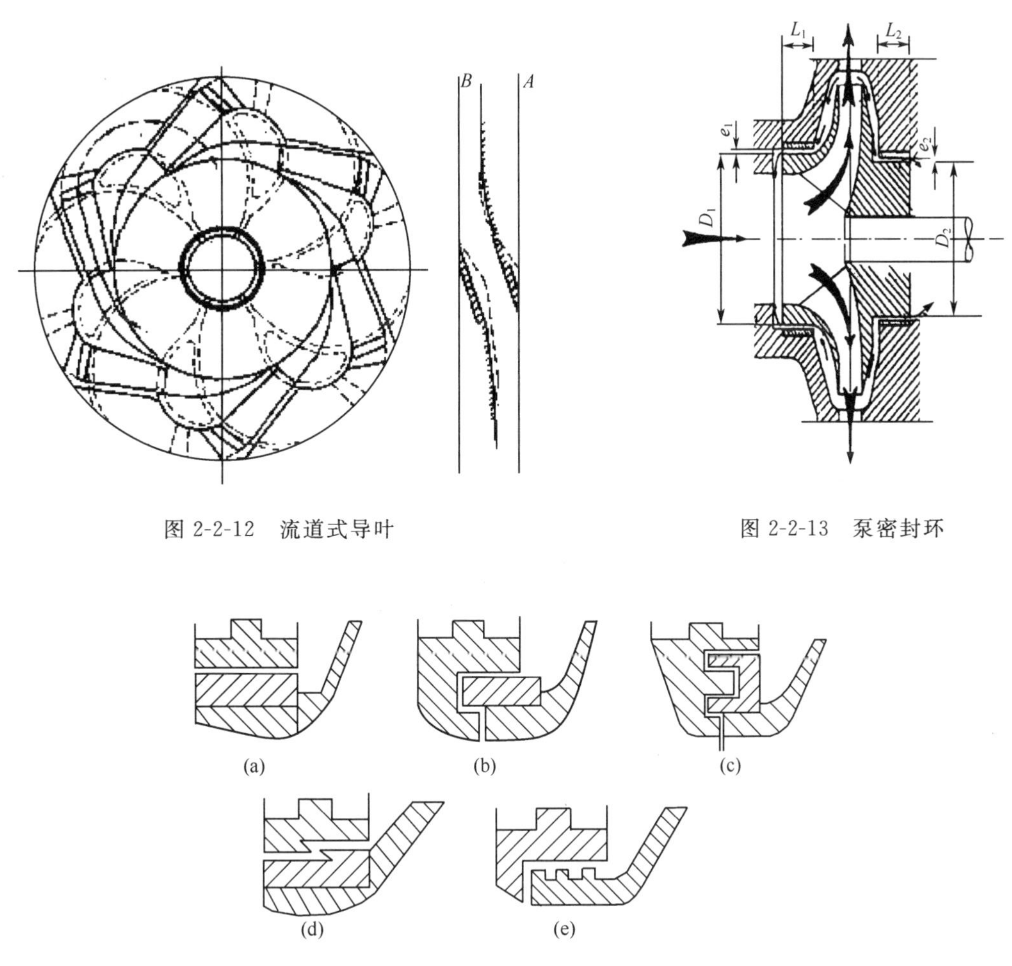

图 2-2-12 流道式导叶

图 2-2-13 泵密封环

图 2-2-14 密封环类型

a—平环式密封；b—单齿迷宫式密封；c—多齿迷宫式密封；d—锯齿式密封；e—螺旋槽式密封

a 型的特点是制造简单，磨损小，不诱发振动，但泄漏量大，一般仅用于小型低扬程泵；b 型和 c 型的特点是能在轴向尺寸不变的情况下增加间隙内的流动阻力，泄漏量小，适用于大容量泵；d 型的特点是阻尼效果好，泄漏量较小，但使用寿命不长。e 型的特点是螺旋槽在转子转动时可使间隙内的流体受到逆压力差方向的推挤作用，使泄漏量大幅降低，一般适用于对泄漏有特殊要求的场合。

(2) 轴封装置

泵轴与泵壳之间的密封称为轴封。轴封的作用是防止泵出口高压液体从泵壳内沿轴的四周漏出,或外界空气从水泵的入口侧间隙流入泵内。为减小泄漏,在转轴与静止部件之间应装轴端密封装置。

常用的轴封有填料密封、机械密封、浮动密封、迷宫式密封等几种形式。

1) 填料密封

填料密封主要由填料箱(填料函)、密封填料、填料压盖及紧固件组成。

填料密封又分为压力填料密封和真空填料密封两种。

① 压力填料密封

压力填料密封装在泵出口侧,泵轴的出口处。在此设置密封装置是防止压力液体泄出泵体外。主要用在多级泵。

如果要求密封压力不太高,可使用一般编织物填料。填料的数量应很好地确定,如果太少,密封性能不好;如果太多,填料在轴上的摩擦就会增大。

此外编织物填料在轴上也不能压得太紧,以致在轴和密封填料之间不能渗漏一点液体,这样会引起摩擦过热。

如果要求密封压力很高,那么在填料箱内加设一个腔室,如图 2-2-15 所示。这个腔室通过一根小的导管与泵内压力不太高的区域相连通,以减小填料承受的压力。

填料常采用石墨油浸石棉绳,或石墨油浸含有铜、铝等金属丝的石棉绳,高温高压泵采用聚四氟乙烯效果较好。填料密封具有结构简单,工作可靠,造价低等优点;但使用寿命短。

② 真空填料密封

真空填料密封设置在水泵的进口侧,泵轴的进口处。在进口侧设置密封的目的是防止空气从进口侧的轴隙进入泵体内,如图 2-2-16 所示。由于泵壳与转轴接触处可能是泵内的低压区,为了更好地防止空气从填料箱不严密处漏入泵内,故在填料箱内装有液封圈。液封圈是一个金属环,环上开了一些径向的小孔,通过填料箱壳上的小管可以和泵的排出口相通,使泵内高压液体顺小管流入液封圈内,以防止空气漏入泵内,所引入的液体还起到润滑、冷却填料和轴的作用。

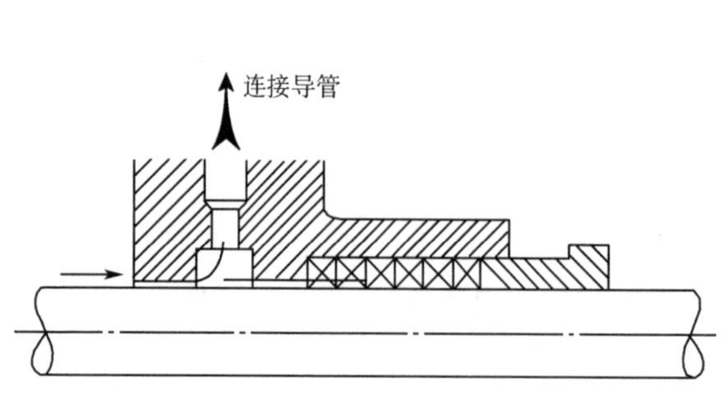

图 2-2-15 压力填料密封

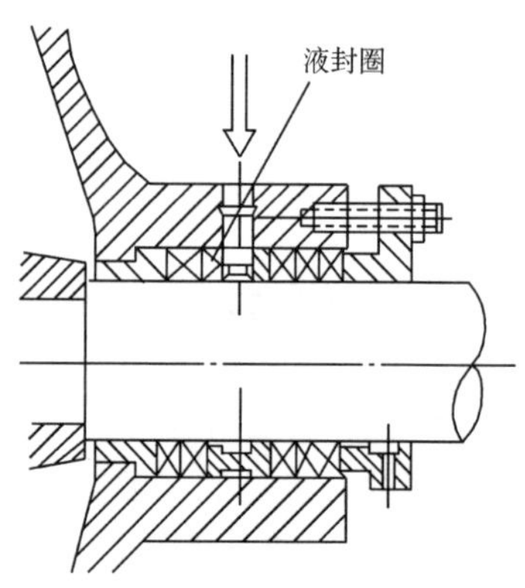

图 2-2-16 真空填料密封

2）机械密封

为提高轴封的效果，对于输送酸、碱以及易燃、易爆的有毒液体，特别是含有放射性的液体，既不允许漏入空气，又不允许液体渗出的场合，近年来广泛采用机械密封的轴封装置。图 2-2-17 所示为通用机械密封装置。它由一个装在转轴上的动环和另一个固定在泵壳上的静环所组成。两环的端面借弹簧力互相贴紧而作相对运动，起到了在运动中密封的作用，故又称为端面密封。为保证动、静环正常工作，两环的端面间需要保持一层极薄的水膜，起冷却和润滑的作用。该液体由外界引入。为防轴间泄漏，设有动环密封圈；为防静环与泵体间的泄漏，设有静环密封圈。

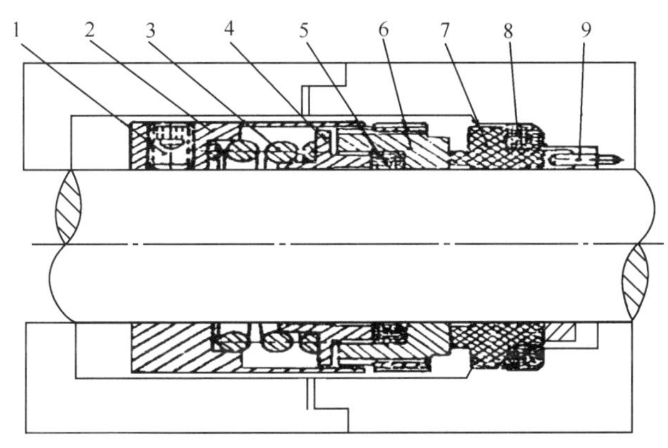

图 2-2-17 通用机械密封装置

1—螺钉；2—传动座；3—弹簧；4—推环；5—动环密封圈；6—动环；7—静环；8—静环密封圈；9—防转销

动环一般用硬材料，如高硅铸铁或由堆焊硬质合金制成。静环用非金属材料，一般由浸渍石墨、酚醛塑料等制成。

机械密封具有磨耗功小，泄漏量小，密封效果好，密封压力高，使用寿命长等优点。其缺点是零件加工精度高，机械加工较复杂，对安装的技术条件要求比较严格，装卸和更换零件较麻烦，价格也比填料密封高很多。

3）浮动环密封

浮动环密封结构如图 2-2-18 所示。主要由浮动环、支撑环、弹簧等组成。它是以浮动环与支撑环的密封端面在液体压力及弹簧力的作用下，保持紧密接触来实现径向密封的。同时又以浮动环的内圆表面与轴套的外表面所形成的微小间隙对液体产生节流来达到轴向密封。

为了减小泄漏提高密封效果，在浮动环和轴套间通有密封冷却水，冷却水的压力略高于被密封介质的压力。

浮动环密封相对于机械密封结构较简单，运行中无轴向碰撞问题，运行可靠，密封效果好。缺点是轴向尺寸较长。

4）迷宫式密封

迷宫式密封是一种非接触型的流体动力密封。其机理是利用流体流过转子与静子间的微小间隙产生的节流降压效应来实现密封。图 2-2-19(a)为金属迷宫式密封；图 2-2-19(b)为螺旋密封。

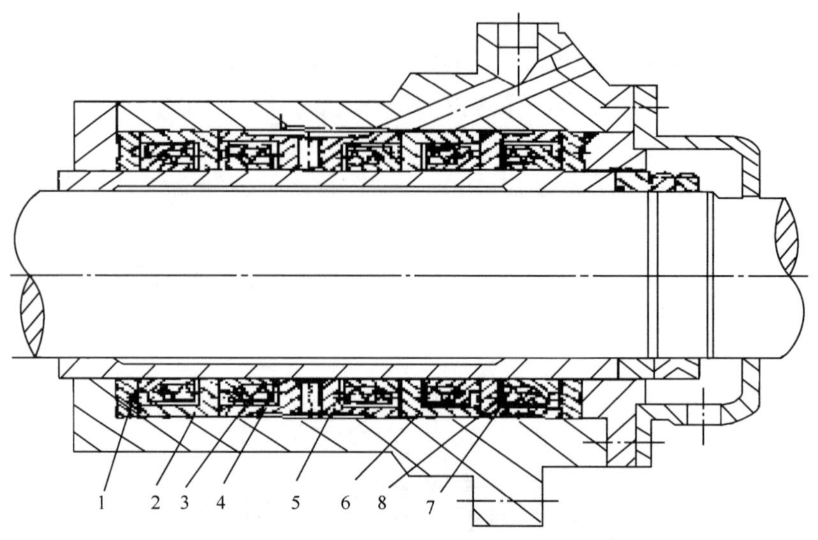

图 2-2-18 浮动密封环

1—密封环;2—浮动套(甲)(支承环);3—浮动环;4—弹簧;5—浮动套(乙);6—浮动套(丙);7—浮动套(丁);8—密封圈

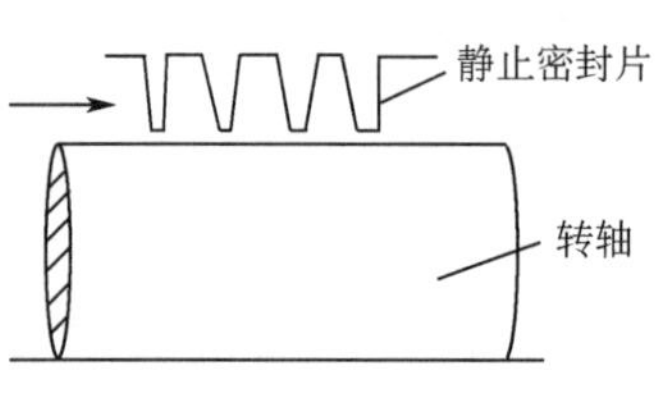

图 2-2-19(a) 金属迷宫式密封

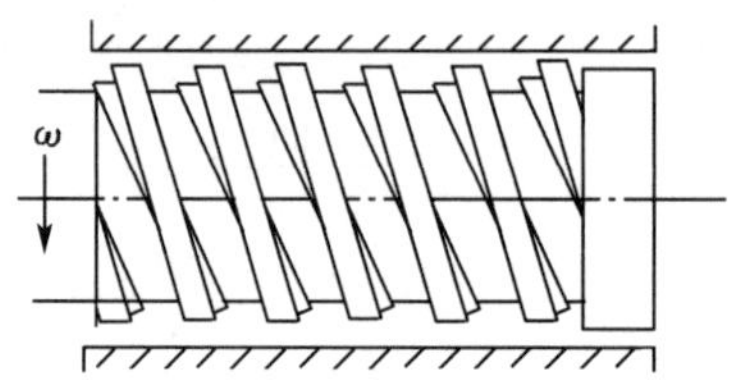

图 2-2-19(b) 螺旋密封

迷宫式密封因无接触,无磨损,使用寿命长。在大容量机组的给水泵上广泛应用。

2.2.2.2 轴流泵的主要部件

由前述图 2-2-2 轴流泵示意图和图 2-2-20 轴流泵结构图可看出,轴流泵的主要部件有叶轮、导叶、吸入室、扩压筒和泵轴等。

1. 叶轮

叶轮是把原动机的机械能转化成流体的压力能和动能的主要部件。轴流泵叶轮如图 2-2-21(a)所示。叶轮由叶片、轮毂和动叶头组成。它是由具有数个相同翼型叶片组成的一个环形叶栅,如图 2-2-21(b)所示。其叶片呈扭曲形状,一般为 4～6 片。动叶头的外形符合流线型,以减少水流的阻力。

叶片有固定式、半调节式及全调节式三种形式。全调节叶片的轴流泵,可在停泵或不停泵的情况下,根据负荷变化调节改变叶片的装置角,以提高运行效率。一般用于大型轴流泵。

2. 导叶(导向叶轮)

液体经过叶轮后的流动是螺旋形的前进运动。液体作旋绕运动时,摩擦损失会消耗掉这部分旋转运动的能量。为了把液体作旋绕运动的动能转变成压力能,装置了导向叶轮,如图2-2-22所示。导叶使通过叶轮前后的流体具有一定的流动方向,以减少阻力损失;装在

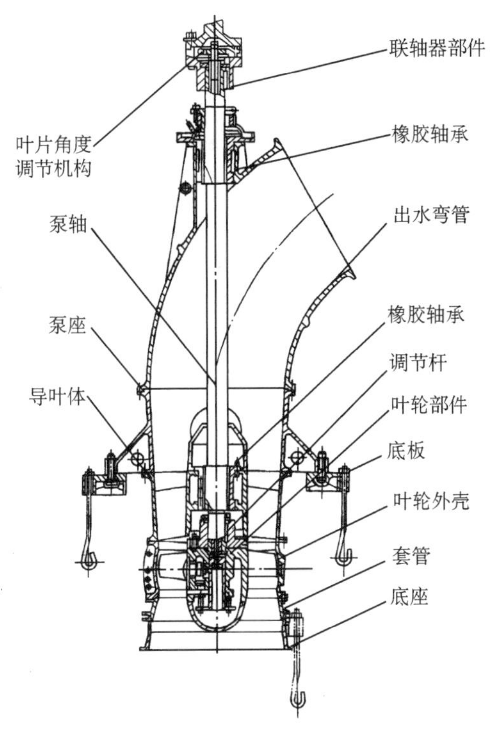

图 2-2-20 轴流泵结构图

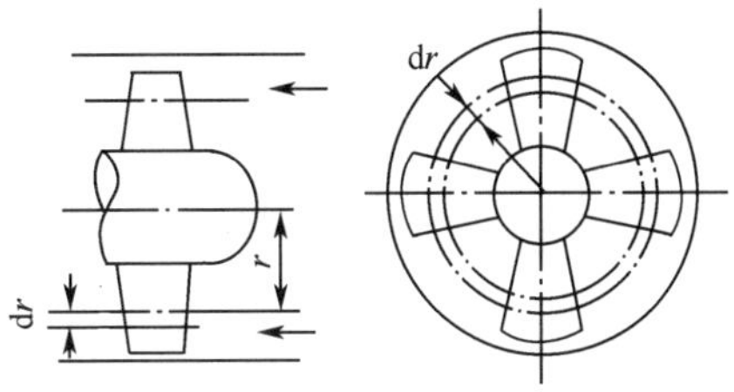

图 2-2-21(a) 轴流泵叶轮

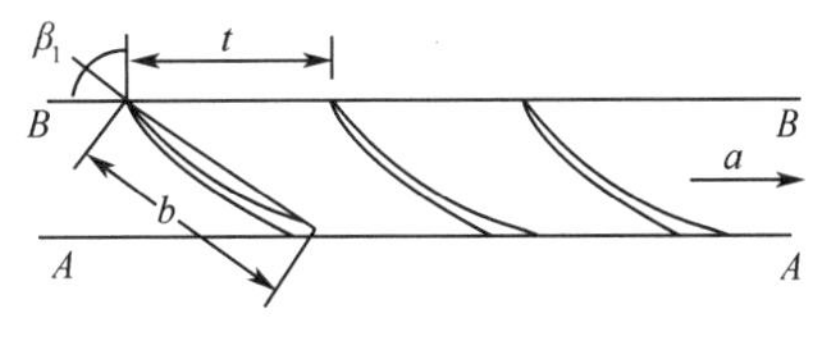

图 2-2-21(b) 轴流泵叶栅

叶轮进口前的叫前导叶，装在叶轮出口处的叫后导叶。后导叶除将流出叶轮的流体的旋转运动转变为轴向运动外，还可将旋转运动的部分动能转换成压力能。

3. 吸入室(图 2-2-23)

吸入室装在叶轮进口，其作用是在最小水力损失下，引导液体平稳地进入叶轮，并使流速尽可能均匀分布。中小型轴流泵多采用喇叭管形吸入室，大型轴流泵多采用肘形吸入室。

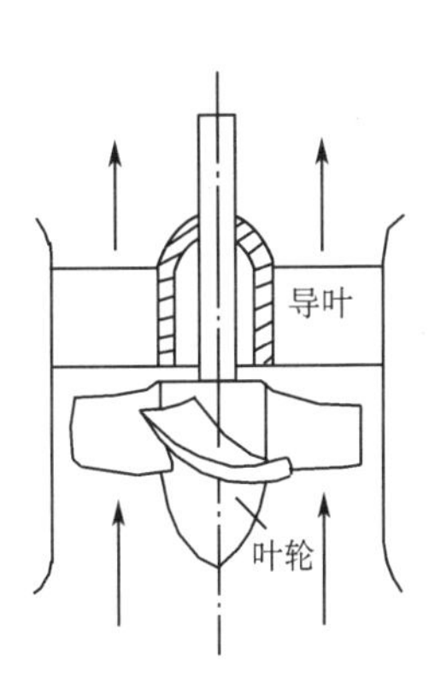

图 2-2-22 轴流泵

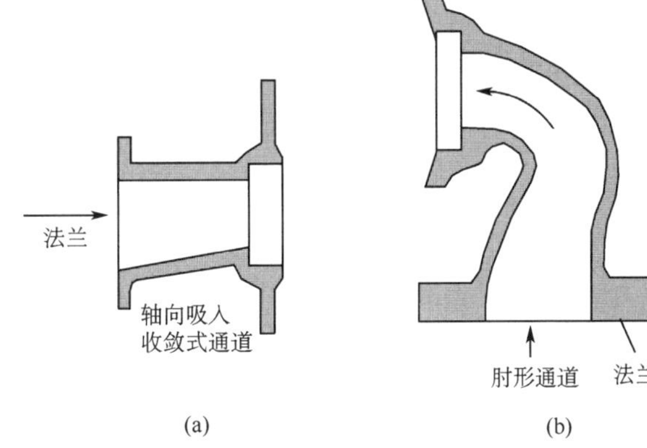

图 2-2-23 轴流泵吸入室

a—喇叭形吸入室；b—肘形吸入室

4. 扩散管

扩散管是一个液体流动横断面积逐渐扩大的喇叭形管，它的作用是将后导叶流出流体的动能部分转变为压力能。扩散管有圆筒形和锥形。锥形扩散管的扩散角影响水泵的效率，一般要求扩散管的扩散角不大于8°。

5. 泵轴与轴承

轴流泵的泵轴特点是细而长，其细长比 $L/D \gg (12 \sim 15)$，因此它是非刚性轴。设计和运行时主要关注轴的刚性与振动问题。由于泵轴转速低、水温低，故泵轴的材料一般采用30号、35号或45号钢制作，但对轴承的配置应合理考虑。

轴流泵一般多是立式布置，所以水泵转子的自身重量及叶轮上、下压差所产生的轴向推力完全由推力轴承来承受。

轴承的径向支撑由径向轴承承担，径向轴承的个数视泵轴的长度而定。

2.3 叶片泵的叶轮理论及特性

2.3.1 叶片泵的叶轮理论

2.3.1.1 离心泵的叶轮理论

(1) 流体在叶轮中的运动及速度三角形

离心泵工作时叶轮带动流体一起旋转，借离心力的作用使流体获得能量。而要知道单位重量的液体从旋转的叶轮获得多少能量以及影响获得能量的因素，我们就要研究叶轮与流体相互作用的能量转换关系，这就首先要了解流体在叶轮中的运动，由于液体在叶轮内的运动比较复杂，为便于分析，做以下两点假设：

a. 叶轮中叶片的数目为无限多，且无限薄，这样可认为液体质点的运动轨迹与叶片的外形曲线相重合；

b. 叶轮中的流体是理想液体，因此在叶轮内的流动阻力可以忽略。

当叶轮带动液体一起作旋转运动时，液体质点具有一个随叶轮旋转的圆周速度，用 u 表示。运动方向与液体质点所在处的圆周切线方向一致，大小与所在处的半径 R 及转速 n 有关，其表达式为：

$$u = \frac{2\pi Rn}{60} \tag{2-3-1}$$

式中：u——液体质点的圆周速度，m/s；

R——液体质点通过叶轮某固定点处的半径，m；

n——叶轮的转速，r/min。

与此同时，液体质点还在叶片间作相对于旋转叶轮的相对运动，其速度称为相对速度，用 w 表示。运动方向是液体质点所在处的叶片切线方向，大小与流量及流道的形状有关。流体质点相对于泵壳(固定于地面)的运动为绝对运动，其速度称为绝对速度，用 c 表示，等于圆周速度与相对速度的矢量和，即：

$$c = u + w \tag{2-3-2}$$

由上述三个速度所组成的矢量图，称为速度三角形，如图2-3-1所示。在速度三角形中，α 表示绝对速度与圆周速度两矢量之间的夹角，β 表示相对速度与圆周速度反方向延线的夹角，称为流动，α、β 的大小与叶轮的结构有关。

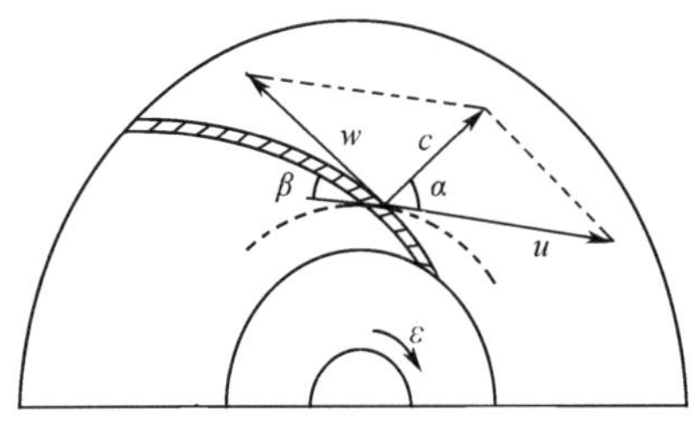

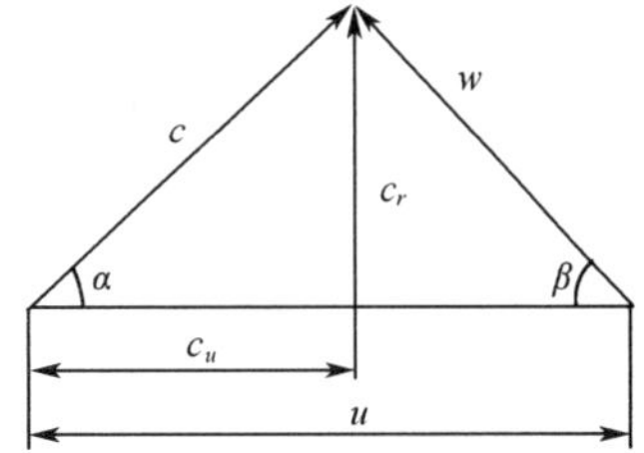

图 2-3-1　速度三角形

对叶轮流道内的任意点都可以作出速度三角形，根据速度三角形便可确定各速度间的数量关系。由余弦定律得知：

$$w^2 = c^2 + u^2 - 2cu\cos\alpha$$

在研究离心泵的能量转换关系时，只需知道进出口的运动状态，而不必知道叶轮流道内的运动情况。因此，只需作出进口和出口的速度三角形即可。

(2) 离心泵理论方程式

无限多叶片的离心泵对单位质量的理想液体所提供的能量称为泵的理论压头或理论扬程，以 $H_{T\infty}$ 表示，单位为 N·m/N=m。它由流体力学中的动量矩定律导出，所得方程即为泵的理论方程式(能量方程)。(图 2-3-2)

$$H_{T\infty} = \frac{u_2 c_2 \cos\alpha_2 - u_1 c_1 \cos\alpha_1}{g} \tag{2-3-3}$$

式中：$H_{T\infty}$——具有无限多叶片的离心泵对理想液体所提供的理论压头，单位为 M；

$u_1 = R_1\omega$——叶轮进口处的圆周速度，m/s；

$u_2 = R_2\omega$——叶轮出口处的圆周速度，m/s；

c_2——叶轮出口处的绝对速度，m/s；

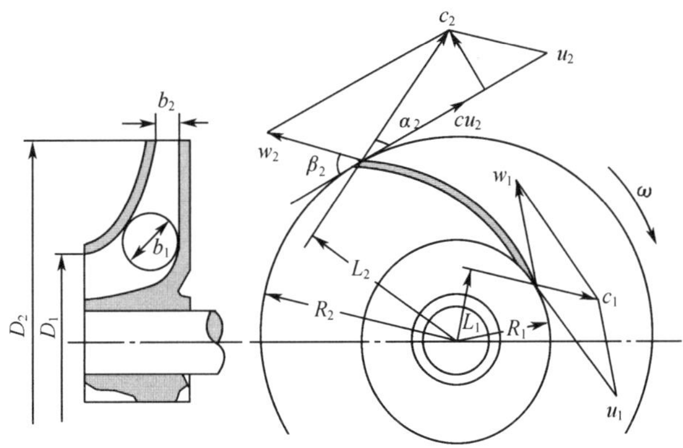

图 2-3-2　能量方程计算图

c_1——叶轮进口处的绝对速度，m/s。

（下标 T 表示理论，下标∞表示无穷大）

式(2-3-3)称为离心泵基本方程式。在离心泵的设计中，为了提高理论压头，一般使 $\alpha_1=90°$，则 $\cos\alpha_1=0$，故式(2-3-5)可简化为：

$$H_{T\infty}=\frac{u_2c_2\cos\alpha_2}{g} \tag{2-3-3a}$$

为了说明离心泵的工作原理，把式(2-3-3)作进一步的变换，得到如下方程式：

$$H_{T\infty}=\frac{u_2^2-u_1^2}{2g}+\frac{w_1^2-w_2^2}{2g}+\frac{c_2^2-c_1^2}{2g} \tag{2-3-3b}$$

式(2-3-3b)为离心泵基本方程式另一表达形式，说明离心泵的理论压头由两部分所组成：一部分是液体流经叶轮后所增加的静压头，简称为静压头，以 H_p 表示，即：

$$H_p=\frac{u_2^2-u_1^2}{2g}+\frac{w_1^2-w_2^2}{2g}$$

式中：等号右侧第一项是由于叶轮作旋转运动所增加的静压头，第二项是由于叶片间的流道截面积逐渐加大，致使液体的相对速度减小所增加的静压头。另一部分是液体流经叶轮后所增加的动压头，简称为动压头，以 H_c 表示，即：

$$H_c=\frac{c_2^2-c_1^2}{2g}$$

而 H_c 中将有一部分在蜗壳与导轮中转变为静压头。所以

$$H_{T\infty}=H_p+H_c$$

为了明显地看出影响离心泵理论压头的因素，参照图 2-3-2 左图，设叶轮的外径（简称为叶轮直径）为 D_2、叶轮出口处叶片的宽度为 b_2、叶片的厚度可忽略，则得：

$$H_{T\infty}=\frac{u_2^2}{g}-\frac{u_2\operatorname{ctg}\beta_2}{g\pi D_2b_2}Q_T \tag{2-3-3c}$$

式(2-3-3c)为离心泵基本方程式的又一表达形式，表示离心泵的理论压头与理论流量、叶轮的转速和直径、叶片的几何形状之间的关系。

(3) 离心泵叶轮形式的分析

1) 离心泵的理论压头与叶轮的转速和直径的关系，由式(2-3-1)与式(2-3-3c)可看出，当叶片几何尺寸(b_2、β_2)与理论流量一定时，离心泵的理论压头随叶轮的转速或直径的增加而加大。

2) 离心泵的理论压头与叶片几何形状的关系，根据式(2-3-3c)当叶轮的转速与直径、叶片的宽度、理论流量一定时，离心泵的理论压头随叶片的形状而改变。

$\beta_2<90°$，$\operatorname{ctg}\beta_2>0$，$H_{T\infty}<\frac{u_2^2}{g}$，如图 2-3-3(a)所示为后弯叶片。

$\beta_2=90°$，$\operatorname{ctg}\beta_2=0$，$H_{T\infty}=\frac{u_2^2}{g}$，如图 2-3-3(b)所示为径向叶片。

$\beta_2>90°$，$\operatorname{ctg}\beta_2<0$，$H_{T\infty}>\frac{u_2^2}{g}$，如图 2-3-3(c)所示为前弯叶片。

由以上分析可见，前弯叶片所产生的理论压头最大，似乎前弯叶片最有利。但实际并非如此。由式(2-3-3b)可知，液体从叶轮获得的能量包括静压头 H_P 与动压头 H_c 两部分，对于离心泵来说，希望获得的是静压头，而不是动压头。虽有一部分动压头可在蜗壳与导轮中

转换为静压头，但由于液体流速过大，转换过程中必然伴随有较大的能量损失。

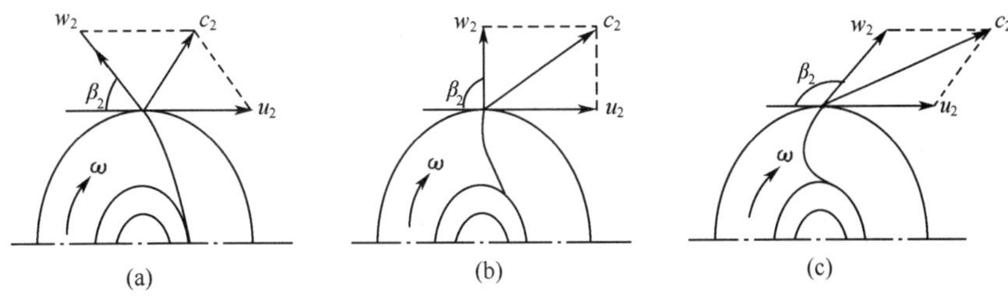

图 2-3-3　离心泵三种叶片

液体从叶轮获得的静压头与动压头的比例随流动角 β_2 而变，可通过图 2-3-4 所示的 $H_{T\infty}$、H_p、H_c 与 β_2 的关系曲线来说明。从图中可以看出，随 β_2 加大，$H_{T\infty}$ 也随之加大。H_p、H_c 与 β_2 的关系各是一条曲线。图中 β_2 从 20°开始，当 β_2 小于 90°时，H_p 在 $H_{T\infty}$ 中占有较大的比例；当 $\beta_2=90°$时，H_p 与 H_c 所占的比例大致相等；当 β_2 大于 90°时，H_p 所占的比例较小，大部分是 H_c；β_2 再加大到某一值时，$H_p=0$，此时 $H_{T\infty}=H_c$。

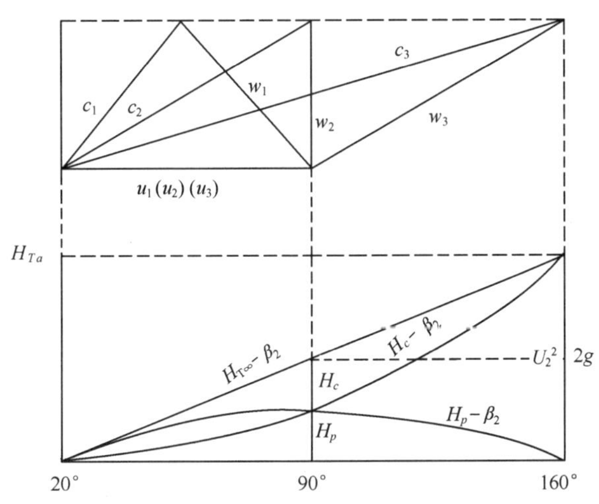

图 2-3-4　$H_{T\infty}$、H_P 与 β_2 的关系曲线

为提高泵的运转经济指标，采用后弯叶片即 $\beta_2<90°$有利。

3）离心泵的理论压头与理论流量的关系。

若离心泵的几何尺寸与转速一定时，则式(2-3-3c)中的 u_2、β_2、D_2、b_2 均为定值。令：

$$A=\frac{u_2^2}{g}\qquad B=\frac{u_2\,\mathrm{ctg}\beta_2}{g\pi D_2 b_2}$$

则式(2-3-3c)可简化为：

$$H_{T\infty}=A-BQ_T$$

上式是 $H_{T\infty}$ 随 Q_T 而变的直线方程，其斜率由 β_2 角来决定，即：

$\beta_2>90°$时，$B<0$，$H_{T\infty}$随Q_T的增加而加大，如图2-3-5中的线a所示。

$\beta_2=90°$时，$B=0$，即$H_{T\infty}$与Q_T无关，为一平行于横坐标的直线，如图2-3-5中b线所示。

$\beta_2<90°$时，$B>0$，$H_{T\infty}$随Q_T的增加而减小，如图2-3-5中的线c所示。

前面所讨论的是理想液体通过具有无限多叶片的叶轮时的$H_{T\infty}-Q_T$关系曲线，称为离心泵的理论特性曲线。实际上，叶轮的叶片都是有限的，液体在两叶片之间的流道内流动时，除紧靠叶片的液体沿叶片弯曲形状运动外，大量液体不能随叶片形状而运动，而是在流道中产生与叶轮旋转方向不一致的旋转运动。这种运动称为轴向涡流，它直接影响到速度三角形，从而导致泵的压头降低。所以有限叶片的理论压头小于无限多叶片的理论压头；而且泵输送的是实际液体，流过泵时必然伴随有各种能量损失，因此离心泵的实际压头H小于其理论压头；又由于泵内有各种泄漏现象，离心泵的实际流量Q小于理论流量。所以离心泵的实际压头与实际流量（以后简称为离心泵的压头与流量）的关系曲线应在$H_{T\infty}-Q_T$线的下方，如图2-3-6所示。离心泵实际的$H-Q$曲线需由实验测出。

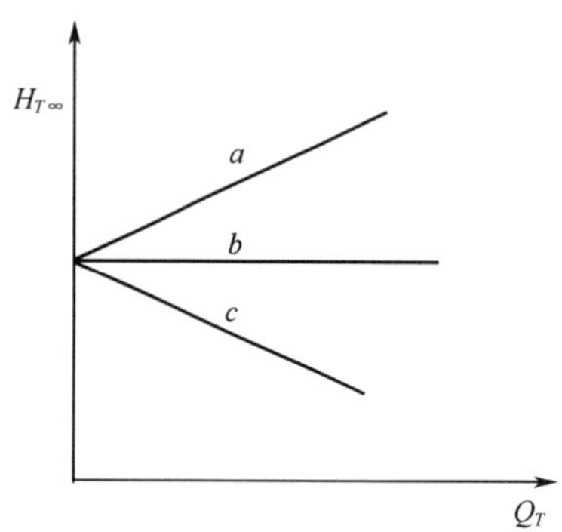

图2-3-5 理想Q_T与$H_{T\infty}$关系曲线

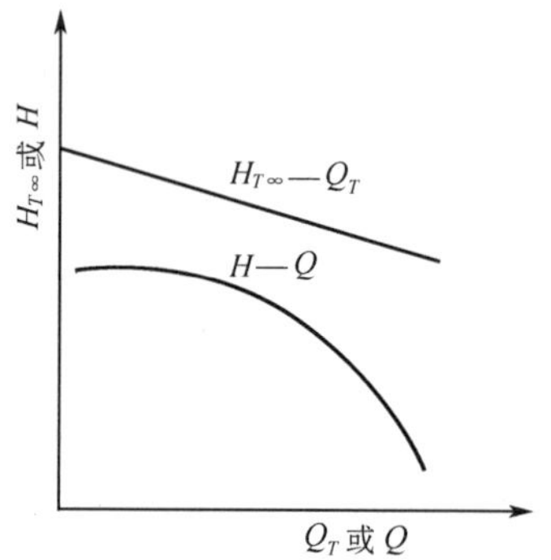

图2-3-6 $H-Q$关系曲线

2.3.1.2 轴流泵的叶轮理论

用动量矩定理导出的离心泵（或离心风机）的能量方程式也适用于轴流式泵与风机，所不同的是轴流式泵与风机叶轮进出口处圆周速度、轴向速度相等。由图2-3-7轴流泵叶栅进、出口速度三角形，按动量矩定理推导得到的轴流泵与风机的能量方程式为：

$$H_{T\infty}=\frac{v_2^2-v_1^2}{2g}+\frac{w_1^2-w_2^2}{2g} \tag{2-3-4}$$

式中：v_1，v_2——分别为叶片进出口处的绝对速度；

w_1，w_2——分别为叶片进出口处的相对速度。

该式说明：

① 轴流式叶轮由于流体沿相同半径的流面流

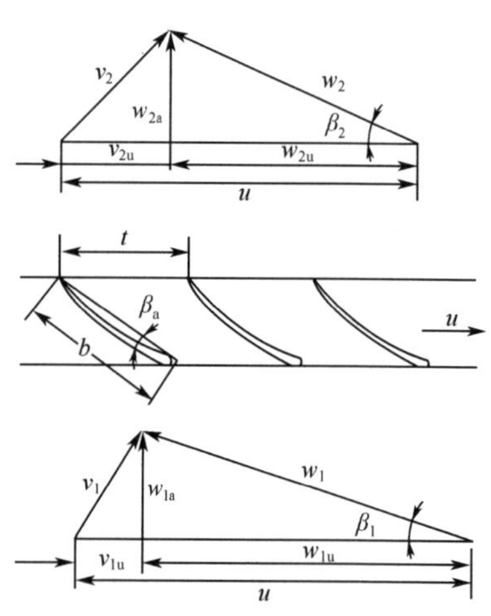

图2-3-7 叶栅进、出口速度三角形

动，因而流面进、出口处的圆周速度相等。所以，流体在轴流式叶轮中获得的能量远小于离心式；

② 当 $\beta_1=\beta_2$ 时，$H_T=0$，流体不能从叶轮获得能量。气流转折角越大，获得的能量越大。

③ 为了提高流体通过叶轮后获得的压力能，必须使 $w_1>w_2$，即入口相对速度大于出口相对速度。常用的方法是使叶轮入口断面小于出口断面。

2.3.2　叶片式泵的主要性能参数与特性曲线

2.3.2.1　离心泵的主要性能参数

要正确选择和使用离心泵，就需要了解泵的性能。离心泵的主要性能参数有流量 Q、压头 H、效率 η、轴功率 N 和汽蚀余量（Δh），这些参数都标注在泵的铭牌上。现将各项的意义分述于后。

（1）流量　离心泵的流量又称为泵的输液能力，是指离心泵在单位时间内排送到管路系统的液体体积，以 Q 表示，单位常为 L/s 或 m^3/h。离心泵的流量取决于泵的结构、尺寸（主要为叶轮的直径与叶片的宽度）和转速。

（2）压头　离心泵的压头又称为泵的扬程，是指泵对单位质量的液体所提供的有效能量，以 H 表示，单位为 N·m/N＝m。离心泵的压头取决于泵的结构（如叶轮的直径、叶片的弯曲情况等）、转速和流量。对于一定的泵，在指定的转速下，压头与流量之间具有一定的关系。

由于液体在泵内的流动情况比较复杂，目前尚不能从理论上对压头作精确的计算，一般用实验测定。

（3）效率　泵在运行过程中，有多种能量损失。按照与叶轮及所输送的流体流量的关系可分为机械损失、容积损失和水力损失三种。轴功率减去这三部分损失所得即为有效功率。通常用效率 η 来反映能量损失。

① 容积损失　容积损失是由于泵的泄漏所造成的。离心泵在运转过程中，部分获得能量的高压液体通过叶轮与泵壳之间的间隙漏回吸入口，或从填料函处漏至泵壳处，有时也可从平衡孔漏回低压区，如图 2-3-8 所示，致使泵排出管道的液体量小于吸入的液体量。容积损失与泵的结构、液体在泵进出口处的压差及流量有关。在容积损失中，叶轮入口处的密封环损失占主要份额。

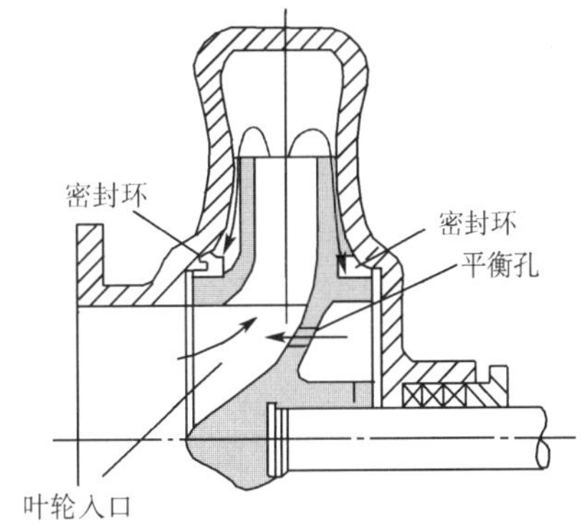

图 2-3-8　泵的容积损失

② 水力损失　这种损失发生在泵的吸入室、叶轮流道和压出室中，一般分为两种：一是由于黏性液体流过叶轮和泵壳时的流速和方向在改变，产生流动阻力而引起能量损失；另一种是由于输送流量与设计流量不一致时，液体在泵体内产生冲击而损失能量，这两部分损失总称为水力损失。

③ 机械损失　泵在运转时，泵轴与轴承之间、泵轴与填料之间、叶轮盖板外表面与液体

之间均产生摩擦，由此引起的能量损失称为机械损失。

泵的效率反映上述三项能量损失的总和，故又称为总效率，它等于有效功率与轴功率之比。离心泵的效率与泵的大小、类型、制造精度和所输送液体的性质有关。

一般离心泵的效率为60%～90%，离心风机约在70%～90%；轴流泵的效率约为70%～89%，大型轴流风机可达90%以上。

(4) 轴功率　离心泵的轴功率是泵轴所需的功率。当泵直接由电动机带动时，也就是电动机传给泵轴的功率，以 N 表示，单位为J/s、W或kW。有效功率是排送到管道的液体从叶轮所获得的功率，以 N_e 表示。由于有容积损失、水力损失与机械损失，所以泵的轴功率大于有效功率，即：

$$N=\frac{N_e}{\eta} \tag{2-3-5}$$

而有效功率可写成：

$$N_e=QH\rho g \tag{2-3-6}$$

式中：Q——泵的流量，m^3/s；

H——泵的压头，m；

ρ——被输送液体的密度，kg/m^3；

g——重力加速度，m/s^2。

若式(2-3-8)中 N_e 用kW来计量，则：

$$N_e=QH\rho g=\frac{QH\rho\times 9.81}{1\,000}=\frac{QH\rho}{102} \tag{2-3-6a}$$

泵的轴功率为：

$$N=\frac{QH\rho}{102\eta} \tag{2-3-6b}$$

式中：N——泵的轴功率，kW。

(5) 转速

离心泵的转速是指叶轮的旋转速度，用 n 表示。转速不同所对应的 Q、H、η、N 也不同。

(6) 必需汽蚀余量NPSHr(Δhr)：

为保证泵运行时不发生汽蚀，泵进口处的液体所必须具有的超过汽化压头的静压水头。

$$\Delta hr=\lambda_1\frac{\nu_0^2}{2g}+\lambda\frac{\omega_0^2}{2g}$$

式中：ν_0——叶片进口稍前液体的绝对平均速度(m/s)；

ω_0——叶片进口稍前液体的相对平均速度(m/s)；

λ_1——绝对速度压降系数，取1.0～1.2；

λ——相对速度压降系数，取0.2～0.4。

2.3.2.2 离心泵的特性曲线

如上所述，离心泵的主要性能参数是流量 Q、压头 H、轴功率 N、效率 η 及转速 n，还有以后专门介绍的汽蚀余量NPSH。这些参数之间有一定的相互联系。而反映这些性能参数间变化关系的曲线称为性能曲线。性能曲线通常是在一定的转速下，以流量作为基本变量，其他各参数随流量而变化，由实验测出的一组关系曲线。离心泵的特性曲线由泵的制造厂出厂时提供，并附于泵样本或说明书中，供使用部门选泵和操作时参考。

图 2-3-9(a)为某型离心泵在 $n=2\ 900$ r/min 时的特性曲线，由 $H—Q$、$N—Q$ 及 $\eta—Q$ 三条曲线所组成。特性曲线随转速而变，故特性曲线图上一定要标出转速。各种型号的离心泵有其本身独自的特性曲线，但它们都具有以下的共同点：

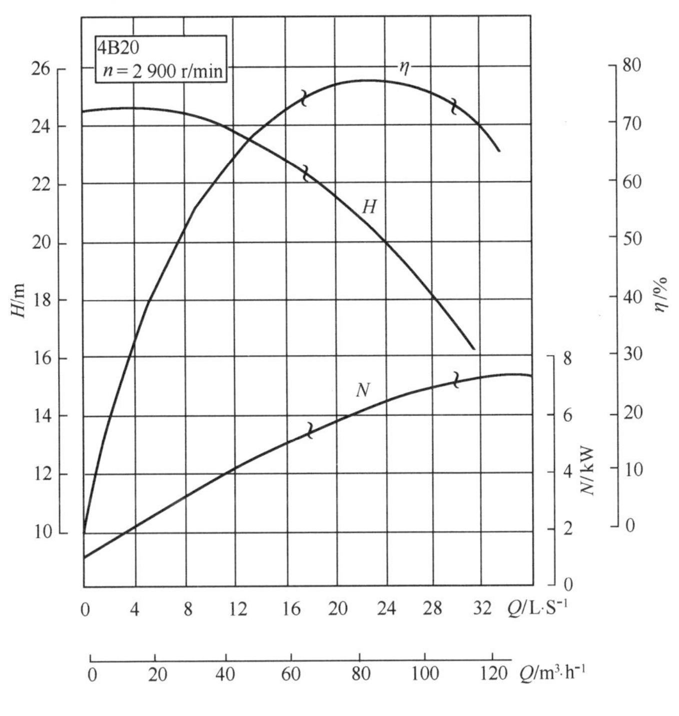

图 2-3-9(a) 离心泵特性曲线

(1) $H—Q$ 曲线 表示泵的压头与流量的关系。离心泵(多为后弯叶片)的压头普遍是随流量的增大而下降(在流量极小时可能有例外)。

(2) $N—Q$ 曲线 表示泵的轴功率与流量关系。离心泵的轴功率随流量的增大而上升，流量为零时轴功率最小。所以离心泵启动时，应关闭泵的出口阀门，小流量启动，则启动电流减少，以保护电机。

(3) $\eta—Q$ 曲线 表示泵的效率与流量的关系。从图示的特性曲线看出，当 $Q=0$ 时，$\eta=0$；随着流量的增大，泵的效率随之而上升并达到一最大值；以后流量再增，效率便下降说明离心泵在一定转速下有一最高效率点，称为设计点。泵在与最高效率相对应的流量及压头下工作最为经济，所以与最高效率点对应的 Q、H、N 值称为最佳工况参数。离心泵的铭牌上标出的性能参数就是指该泵在运行时效率最高点的状态参数。

实际工程上，离心泵往往不可能正好在最佳工况点下运转，因此一般只能规定一个工作范围，称为泵的高效率区，通常为最高效率的 92%左右，如图中波折号所示的范围。选用离心泵时，应尽可能使泵在此范围内工作。

图 2-3-9(b)的特性曲线中(NPSH)r 曲线为泵的必需汽蚀余量特性曲线，它是泵本身的汽蚀特性，说明泵在一定转速下，必需汽蚀余量随流量的增加而增加。

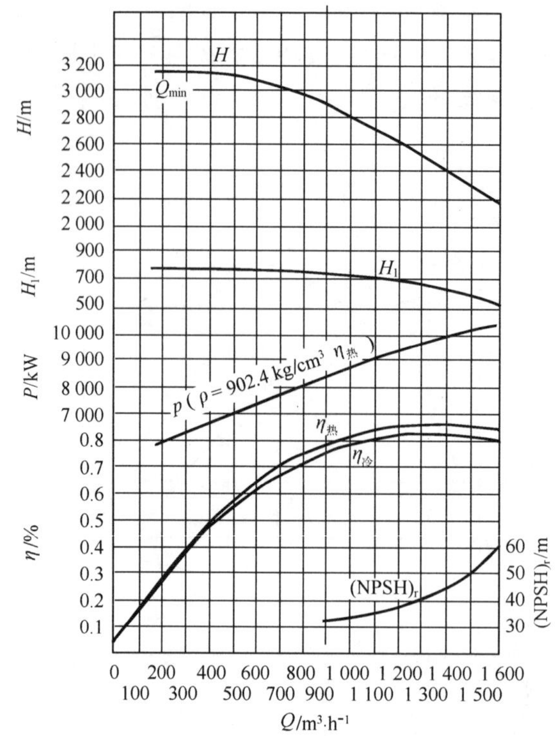

图 2-3-9(b) 离心泵特性曲线

2.3.2.3 轴流泵的性能和特性曲线

轴流泵的主要性能参数和离心泵一样，也有流量 Q、扬程 H、效率 η 和轴功率 N 等，这些参数的量纲和物理意义也和离心泵相同。而由上述参数测出的特性曲线却和离心泵有很大的差别。现介绍如下：

轴流泵在运行时，当转速为常数，叶片装置角为一定值时，可通过试验获得泵的特性曲线。图 2-3-10 所示为轴流泵特性曲线。

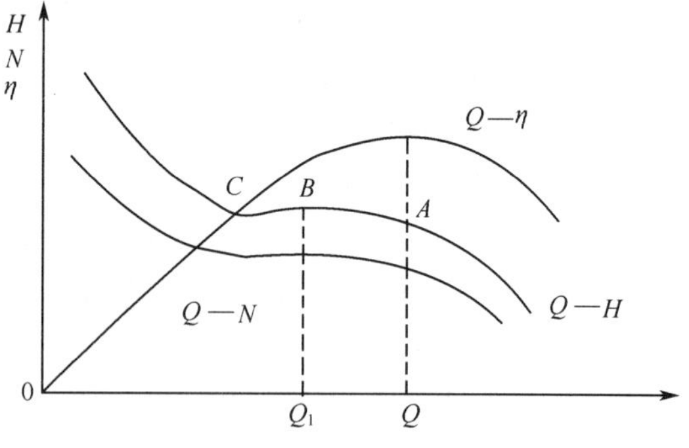

图 2-3-10 轴流泵特性曲线

当水泵在 A 点工作时，效率最高，称为最佳工况点。最佳工况点的流量为 Q。若减小轴流泵的流量，则泵的扬程增加。当流量减小到 Q_1 时，扬程升高到转折点 B。流量若继续减小，则扬程也随着下降，流量一直减小到第二个转折点 C。从 C 点开始若流量再减小，则扬程又迅速地增加，当流量 $Q=0$ 时，扬程 H 可达最佳工况时的扬程两倍左右。

轴流式泵和风机性能曲线归结起来有以下特点：

① 流量扬程($Q—H$)曲线，在小流量区域内出现驼峰形状，在C点的左边为不稳定工作区段，一般不允许泵与风机在此区域工作。

② 轴流泵的功率曲线也有类似的特点，当水泵的流量等于零时，其轴功率最大，约为最佳工况时的轴功率两倍或两倍以上。为避免原动机过载，轴流泵和风机要在出口阀门全开状态下启动。

③ 轴流泵和风机高效率区窄。但如果采用可调叶片，则可使其在很大的流量变化范围内保持高效率。

2.3.3 相似理论在叶轮泵中的应用

2.3.3.1 叶轮泵的相似条件

相似理论在泵与风机的产品设计、检验及运行中应用十分广泛。为保证流体流动相似，必须具有如下几个相似条件。

(1) 几何相似：即实际水泵和模型水泵对应的几何尺寸成比例，且比值相等，各对应角、叶片数相等；

(2) 运动相似：是指模型和原型各对应点的速度方向相同，大小成同一比值，对应角相等，即流体在各对应点的速度三角形相似；

(3) 动力相似：是指模型和原型中相对应点上各同名力(主要为惯性力和黏性力)的方向相同，大小成同一比值。

对于多数离心泵，介质的黏性很小，当雷诺数$R_e>10^5$的情况下，流动就处于自模化状态，因此动力相似可认为是自动满足的。

2.3.3.2 叶轮泵的相似定律

(1) 在相似工况下模型泵与原型泵性能参数间有流量相似关系，扬程相似关系和功率相似关系。

a. 流量相似关系：

$$\frac{q_{vp}}{q_{vp}}=\left(\frac{D_{2p}}{D_{2m}}\right)^3\frac{n_p\eta_{vp}}{n_m\eta_{vm}} \tag{2-3-7}$$

(2-3-7)式称为流量相似定律，即相似泵在相似工况下运行时，其流量之比与几何尺寸之比的三次方成正比，与转速比的一次方成正比，与容积效率比的一次方成正比。

b. 扬程相似关系：

$$\frac{H_p}{H_m}=\left(\frac{D_{2p}}{D_{2m}}\right)^2\left(\frac{n_p}{n_m}\right)^2\frac{\eta_{hp}}{\eta_{hm}} \tag{2-3-8}$$

(2-3-8)式称为扬程相似定律，即相似泵在相似工况下运行时，其扬程之比与几何尺寸比的平方成正比，与转速比的平方成正比，与流动效率比的一次方成正比。

c. 功率相似关系：

$$\frac{P_p}{P_m}=\frac{\rho_p}{\rho_m}\left(\frac{D_{2p}}{D_{2m}}\right)^5\left(\frac{n_p}{n_m}\right)^3\frac{\eta_{mm}}{\eta_{mp}} \tag{2-3-9}$$

(2-3-9)式称为功率相似定律，即相似泵在相似工况下运行时，其功率之比与几何尺寸比的五次方成正比，与转速比的三次方成正比，与密度比的一次方成正比。与机械效率比的一次方成正比。

（2）相似定律的特例

把相似定律应用于以不同转速运行的同一台叶轮泵，就可以得到转速(n)的改变对泵性能的影响。

a. 离心泵转速的影响

离心泵的特性曲线都是在一定转速下测定的，但在实际使用时常遇到要改变转速的情况，这时速度三角形将发生变化，压头、流量、效率及轴功率也随之改变。当液体的黏度不大且泵的效率不变时，泵的流量、压头、轴功率与转速的近似关系为：

$$\frac{Q_1}{Q_2}=\frac{n_1}{n_2} \qquad \frac{H_1}{H_2}=\left(\frac{n_1}{n_2}\right)^2 \qquad \frac{N_1}{N_2}=\left(\frac{n_1}{n_2}\right)^3 \tag{2-3-10}$$

式中：Q_1、H_1、N_1—— 转速为 n_1 时泵的性能；

Q_2、H_2、N_2—— 转速为 n_2 时泵的性能。

上式为相似定律的特例，称为比例定律。表示同一台泵（或风机）只改变转速时，流量与转速比呈线性关系，扬程与转速比成平方关系，功率与转速比成三次方的比例关系。当转速变化小于 20％时，可以认为效率不变，用上式进行计算误差不大。

b. 叶轮直径的影响

由离心泵基本方程式得知，当泵的转速一定时，其压头、流量与叶轮直径有关。对同一型号的泵，若叶轮外径切割或加长后，与原叶轮在几何形状上已不相似，但当改变量不大时，可近似认为切割或加长后叶片出口角 β_2 仍保持不变，流动状态近乎相似，因而可借用相似定律的关系对切割或加长前后的参数进行计算。对中、高比转速的泵（或风机），当转速不变时，叶轮直径与流量、压头、功率之间的近似关系为：

$$\frac{Q_1}{Q_2}=\left(\frac{D_1}{D_2}\right) \qquad \frac{H_1}{H_2}=\left(\frac{D_1}{D_2}\right)^2 \qquad \frac{N_1}{N_2}=\left(\frac{D_1}{D_2}\right)^3 \tag{2-3-11}$$

式中：Q_1、H_1、N_1—— 叶轮直径为 D_1 时泵的性能；

Q_2、H_2、N_2—— 叶轮直径为 D_2 时泵的性能。

对低比转速的泵（或风机），因叶轮外径变化使出口宽度变化不大，叶轮直径与流量、压头、功率之间的变化关系为（非相似条件）：流量之比与叶轮直径之比成正比，扬程之比与叶轮直径之比的平方成正比；而功率之比与叶轮直径之比的三次方成正比。式(2-3-11)称为切割定律。

（3）泵在相似工况下运行时各参数变化比例，列于表 2-3-1。

表 2-3-1　泵在相似工况下各参数变化比例关系

参数	转速 n 改变	几何尺寸改变	密度 ρ 改变	nod，ρ 均改变
流量 q_v	$q_{vp}=q_{vm}\frac{n_p}{n_m}$	$q_{vp}=q_{vm}\left(\frac{D_{2p}}{d_{2m}}\right)^3$	$q_{vp}=q_{vm}$	$q_{vp}=q_{vm}\left(\frac{D_{2p}}{d_{2m}}\right)^3\frac{n_p}{n_m}$
扬程 H	$H_p=H_m\left(\frac{n_p}{n_m}\right)^2$	$H_p=H_m\left(\frac{D_{2p}}{D_{2m}}\right)^2$	$H_p=H_m$	$H_p=H_m\left(\frac{D_{2p}}{D_{2m}}\right)^2\left(\frac{n_p}{n_m}\right)^2$
全压 p	$P_p=p_m\left(\frac{n_p}{n_m}\right)^2$	$p_p=p_m\left(\frac{D_{2p}}{D_{2m}}\right)^2$	$p_p=p_m\frac{\rho_p}{\rho_m}$	$p_p=p_m\left(\frac{D_{2p}}{D_{2m}}\right)^2\left(\frac{n_p}{n_m}\right)^2\frac{\rho_p}{\rho_m}$
功率 P	$P_p=P_m\left(\frac{n_p}{n_m}\right)^3$	$P_p=P_m\left(\frac{D_{2p}}{D_{2m}}\right)^5$	$P_p=P_m\frac{\rho_p}{\rho_m}$	$P_p=P_m\left(\frac{D_{2p}}{D_{2m}}\right)^5\left(\frac{n_p}{n_m}\right)^3\frac{\rho_p}{\rho_m}$

2.3.3.3 叶轮泵的比转速

(1) 比转速

离心泵、混流泵、轴流泵等均为叶轮泵，它们的共同点都是在离心力作用下输送液体，它们都符合以速度三角形和动量矩定理为基础推导出的离心泵基本方程式，但是它们的结构形式是多种多样的，形状、尺寸也各不相同，流量、扬程变化范围也很大，在进行新产品选型、设计和制造时，特别是大型水泵的设计时，需进行各种设计方案的比较，并通过模型实验来确定其性能。为减少实验规模和费用，我们可以在相似理论的基础上引入一个表征水泵在效率最高工况下对应的流量 Q、扬程 H 和转速 n 的特征参数 —— 比转速(n_s)。

n_s 是一个判别叶轮泵水力特性的相似准则数。它是指一台假想的标准模型水泵(效率最高)的转速。这台标准泵的过流部分尺寸与所研究的实型泵几何相似，当它在最高效率下，$H=1\ \text{m}$，$Q=0.075\ \text{m}^3/\text{s}$，有效功率为 $N=1$ 马力(0.75 kW)，介质为水，$\rho=1\,000\ \text{kg/m}^3$ 时，该泵的转速被称为所研究的实型泵的比转速(n_s)。

即某一水泵的 n_s 是以效率最高工况为标准求出的。

新设计的水泵或新选用的水泵的比转速是按照相似理论和标准模型水泵对比，而推出的公式来计算的。

(2) 比转速计算

现标准模型水泵为：$H_M=1\ \text{m}$，$Q_M=0.075\ \text{m}^3/\text{s}$，$N_M=0.75\ \text{kW}$，$n_M=n_s$

单级离心泵比转速计算公式为：

$$n_s = 3.65\,\frac{n\sqrt{Q}}{H^{3/4}} \tag{2-3-12}$$

式中：n_s—— 为新设计或选用新水泵的比转速；

Q—— 设计流量，m^3/s；

H—— 设计扬程，m；

n—— 设计转速，rpm。

上式所计算新水泵的参数是在 $\rho=1\,000\ \text{kg/m}^3$ 即水介质条件下得出的。

双吸泵比转速计算公式：双吸泵等于两台泵并联工作，其比转速：

$$n_s = \frac{3.65n\sqrt{Q/2}}{H^{3/4}} \tag{2-3-13}$$

多级泵比转速计算公式：它等于几个泵串联工作，其比转速

$$n_s = \frac{3.65n\sqrt{Q}}{(H/i)^{3/4}} \tag{2-3-14}$$

式中：i——水泵级数。

(3) 比转速的应用

比转速是一个重要的相似准则数(又叫判别数)，它的用处有：

① 利用比转速 n_s 对叶轮进行分类

比转速的大小与叶轮形状和泵性能曲线形状有密切关系，所以，不同的比转速代表了不同类型泵的结构与性能特点。参见表 2-3-2。

从比转速的公式中可以看出，n_s 越小，则 Q 越小，H 越大。如果流量 Q 不变，转速 n 不变，泵的吸入口尺寸大致相等，此时，由于 n_s 的不同，将出现下述两种情况：

a. n_s 越小，H 就越大。为了达到这样高的扬程，必须有足够大的叶轮外径 D_2，因此，n_s 小时，D_2 增大，出口宽度 b_2 减小。这样叶轮流道相对地越细长，D_2/D_0 的值越大，性能曲线比较平坦。比转速不同，性能曲线的形状也不一样。

b. n_s 越大，则 H 越小，叶轮外径 D_2 也越小。随着 n_s 的加大，叶轮流道的宽度增加，直径比 $\frac{D_2}{D_0}$ 值逐渐减小。为了保持流线的均匀，不致在流道中引起涡流。当 n_s 大到一定数值，$\frac{D_2}{D_0}$ 值小到一定程度时，就需要使叶轮出口边倾斜。这样，流体的方向由径向转变为斜向。从离心式过渡到混流式，性能曲线出现“S”形曲线。如果比转速 n_s 继续增大，出口直径 D_2 继续减小，则水泵叶轮就从混流式过渡到轴流式。此时的性能曲线“S”形曲线陡得越严重。

② 比转速是离心泵设计计算的基础

比转速 n_s 决定了水泵叶轮形状的特征，根据 n_s 的大小，将水泵叶轮的型式分为高压(或高速)型，低压(或低速)型。但彼此并不存在截然的界限。n_s 小者为高压型，适合流量小的水泵。随着 n_s 的增加，适合扬程低、流量大的水泵。

表 2-3-2　比转速与叶轮形状和性能曲线的关系

水泵类型	离心泵			混流泵	轴流泵
	低比转速	中比转速	高比转速		
比转速	$30<\eta_s<80$	$80<\eta_s<150$	$150<\eta_s<300$	$300<\eta_s<500$	$500<\eta_s<1\,000$
叶轮简图	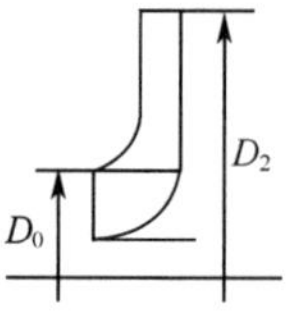 D_0 D_2	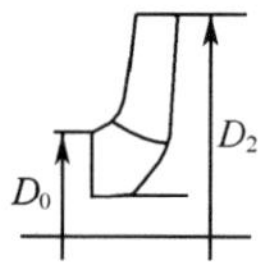 D_0 D_2	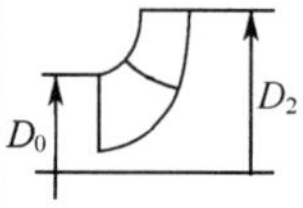 D_0 D_2	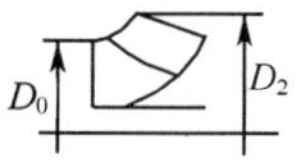 D_0 D_2	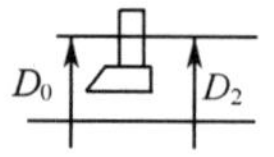 D_0 D_2
尺寸比 D_2/D_0	2.5	2.0	1.4~1.8	1.1~1.2	≈1
叶片形成	圆柱形叶片	进口处圆柱形 出口处圆柱形	扭曲形叶片	扭曲形叶片	扭曲形叶片
特性曲线	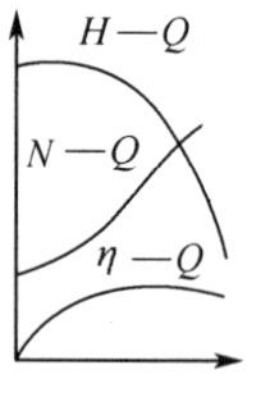 $H-Q$ $N-Q$ $\eta-Q$	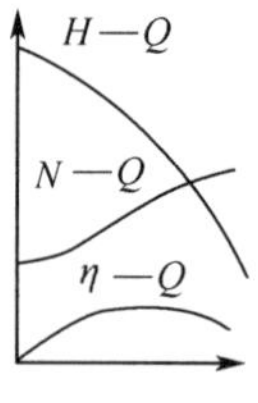 $H-Q$ $N-Q$ $\eta-Q$	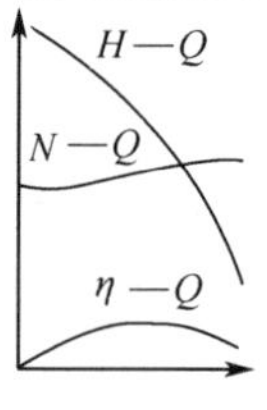 $H-Q$ $N-Q$ $\eta-Q$	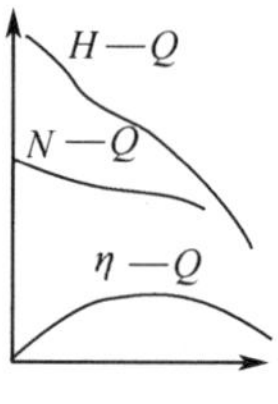 $H-Q$ $N-Q$ $\eta-Q$	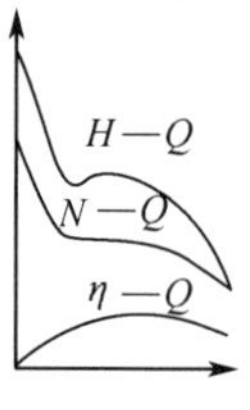 $H-Q$ $N-Q$ $\eta-Q$

2.4　其他叶轮泵简介

2.4.1　屏蔽泵

屏蔽泵是屏蔽密封的电机和叶轮式泵的组合体。是一种无轴封、无泄漏的叶轮泵。它在核动力(压水堆和重水堆)，石油化工，特种及贵重液体的输送方面得到较广泛的应用。

在核电厂中用屏蔽泵作主循环泵(主泵)是在20世纪50年代才开始的。1953年美国率先将其用于核潜艇,后推广到小型动力堆中。目前在舰艇核动力装置上使用很普遍。美国第三代核电站AP1000已打算将屏蔽泵作为压水堆一回路的主泵使用。现在我国也有这种产品,在通用产品中已有系列标准。在某些方面已接近和达到国际水平。表2-4-1列举了几种核电厂使用的屏蔽泵的基本参数。

表 2-4-1 屏蔽泵的基本参数

核电厂名称	堆电功率/MW	主泵台数	泵流量/(m^3/h)	扬程/m	吸入压力/MPa	吸入温度/℃	转速/(r/min)	电机功率/kW
印第安角-1	275	8	3 000	108	9.8	249	1 800	1 270
扬基罗	185	4	5 400	72	13.43	260	1 800	1 360
新沃罗涅日-1	196	6	5 250	50	9.8	250	1 460/360	1 530
新沃罗涅日-3	410	6	6 500	58	12.25	270	1 450	1 970
AP1000	3 400	4	17 886	111	15.5	321	1 800	5 224

2.4.1.1 屏蔽泵的基本结构及工作原理

图2-4-1是立式屏蔽泵的典型结构图,其主要部分为水力部件、电动机、承压壳体、热交换器和轴承。从图2-4-1看出,泵在下端,电机在上端。电机转子和泵的叶轮构成一个整体的转子,下端相当于一般工业用的悬臂式单级泵。叶轮上方设有起热屏障作用的隔热屏,以防载热剂(一回路冷却剂)的热量向电机方向传导。电机的定子、转子及叶轮全部封闭在高压壳体内。高压壳体外部盘绕蛇形管热交换器。蛇形管外部流通二次冷却水,蛇形管内部为一次冷却水。一次冷却水是与载热剂相连通的,所以蛇形管内的压力就是一回路的压力。一次冷却水是从泵的正上方进入辅助叶轮,从辅助叶轮流出后沿定子与转子的间隙向下流动,同时将转子与定子的热量带走,并润滑下部径向轴承及推力轴承,再流到蛇形管,沿蛇形管由下而上流回顶部,构成一次冷却水的循环。低压二次冷却水从入口向下流,冷却蛇形管后从下部出口流出,构成二次冷却水的循环,实现热交换。

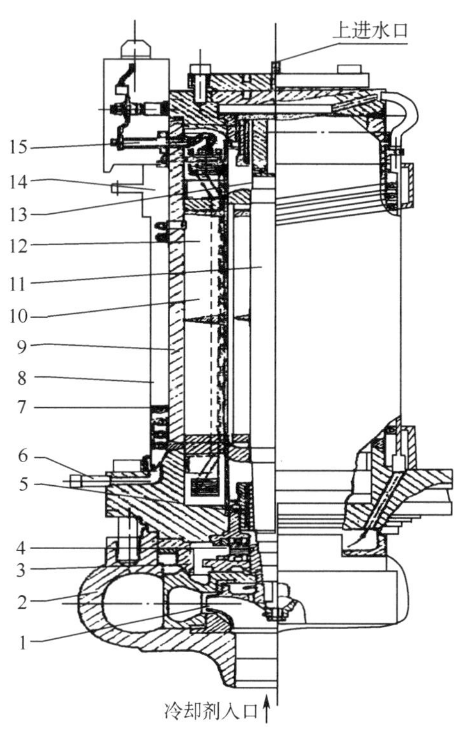

图 2-4-1 屏蔽泵

1—叶轮;2—泵壳;3—隔热屏;4—推力轴承;5—径向轴承;6—冷却水出口;7—蛇形冷却管;8—冷却套;9—承压壳体;10—定子和转子屏蔽套;11—电机转子;12—电机定子;13—辅助叶轮;14—冷却水进口;15—电缆管

屏蔽泵的轴承，推力盘均由 18－8 不锈钢制造，表面堆焊耐腐蚀的硬质合金转定子的屏蔽套材料，过去用 18－8 不锈钢，现代用哈斯特洛依牌号的镍钼基合金材料制成，它的厚度不到 1 mm，国外已用到 0.127 mm。屏蔽套耗功较多，它的厚度越薄电机效率越高。屏蔽套上、下两端再与电机的定子焊接，它不能承压，只能起屏蔽和密封作用。屏蔽电机的结构与一般电机不同，这种电机细而长，因为水力摩擦耗功，直径大耗功大。功率与直径的三次方成正比。

国产立式屏蔽泵主要用于化工、易燃、易爆、有毒或贵重等液体的输送。卧式屏蔽泵的结构与立式屏蔽泵的基本结构一样，也是由电动机和水泵构成一体的，所以也称为电泵。它的主要结构部件有定子、定子屏蔽套(定子筒)、转子、转子屏蔽套(转子筒)、叶轮、泵体、热屏和端盖等。

国产卧式屏蔽泵的使用范围与立式屏蔽泵相同。近年来，在核工业中输送中、低水平的放射液体时也有不少采用了国产屏蔽泵的，目的是避免放射性物质的外泄漏。

2.4.1.2 AP1000 屏蔽泵简介

一回路主冷却系统冷却剂泵是核蒸汽供应系统除控制棒驱动机构外唯一的能动部件。第二代和二代加核电厂均采用立式混流叶轮泵；而第三代 AP1000 采用屏蔽泵(Canned Motor Pump)，即屏蔽电机(Canned Motor)＋无轴封的混流叶轮泵(Seamless Pump)。

AP1000 一回路主冷却系统冷却剂泵——屏蔽泵的结构如图 2-4-2 所示。

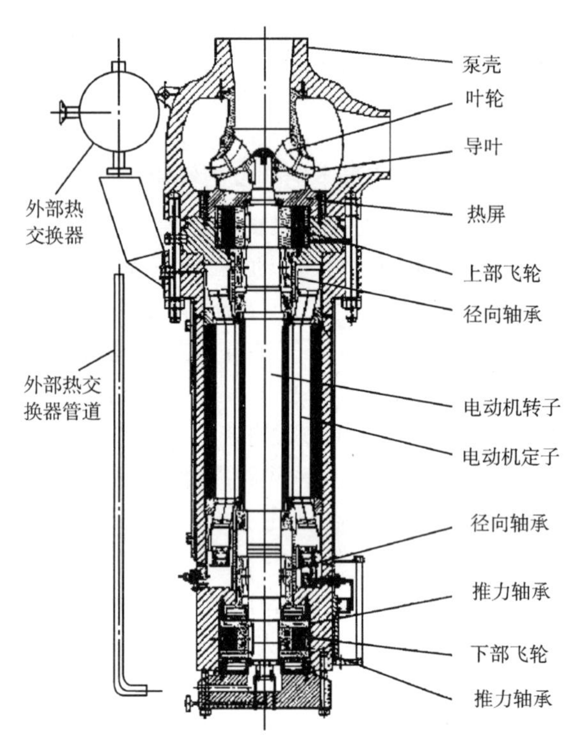

图 2-4-2 AP1000 反应堆一回路主循环泵——屏蔽泵

泵的水力部件主要由泵壳，叶轮，导叶等组成，该泵为混流式泵。泵的电机为专用单绕组三相、四级屏蔽套式感应电机。电机功率 5 500 kW，额定转速1 800 r/min；变频调控。泵和电机之间由热屏蔽隔离冷却剂的高温。该泵屏蔽电机专设有上下两个飞轮，可提高惰转时间；但飞轮带来的能量损耗约 1 000 kW，这样屏蔽电机的温度控制和冷却是关键。

AP1000 屏蔽电机主要部件：

(1) 轴承：两个径向轴承和一个双向推力轴承。

液体(水)润滑；(轴系质量：12 700 kg)。通过冷却系统保持轴承冷却剂温度在 80 ℃以下。

(2) 屏蔽套：由定子屏蔽套和转子屏蔽套组成。

屏蔽套材料：Hostelry C276 合金(耐蚀，非磁性)；

两套之间的间隙为:4.83 mm;套厚:0.39mm。

屏蔽套只承担密封功能。

(3) 飞轮

功能:提高转子转动惯量,以增加泵的惰转时间。

由上飞轮和下飞轮组成。

(4) 定子绕组及冷却:由两个冷却回路来实现冷却

① 外置热交换器冷却回路;

② 通过流经定子冷却外套的设备冷却水来冷却定子绕组发出的热量。

将屏蔽泵大胆应用于现代核电站,主要基于它的高可靠性、大转动惯量、维护保养简单优势。它的主要技术特点是:

(1) 支承方式独特:两台泵直接与蒸汽发生器下封头连接(参见图 2-4-3);

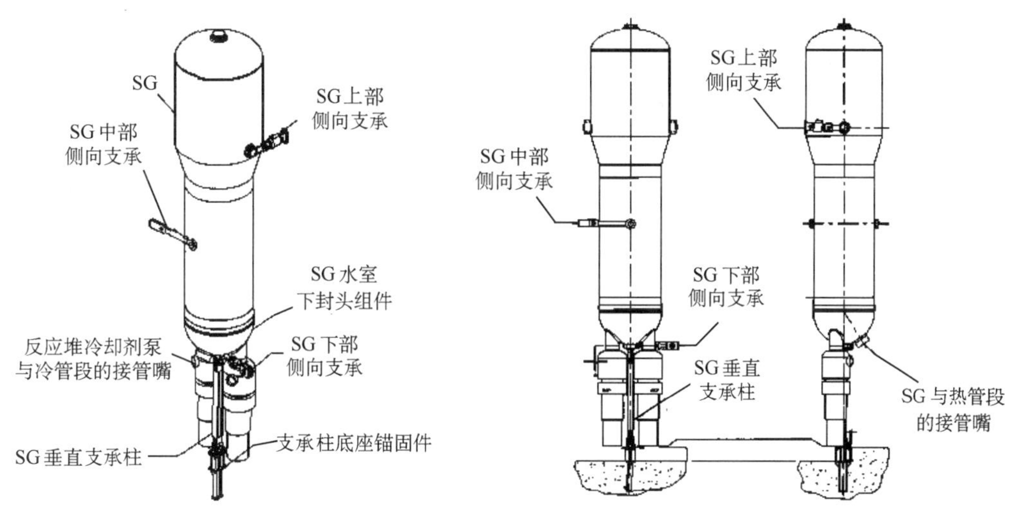

图 2-4-3 AP1000 屏蔽主泵、蒸汽发生器连接及支撑

(2) 无轴封无泄漏:没有轴密封装置,因而消除了因轴封失效导致的泄漏或失水事故;

(3) 转动惯量大:电机设置上下两个重钨合金飞轮,以提高泵的转动惯量;

(4) 维修简便,可靠性高(可实现 60 年免维修):泵在电机一侧装有 3 个轴承:两个径向轴承和一个双向推力轴承,均采用水润滑方式。但能否实现 60 年免修尚待时间检验;

(5) 整体占用空间小:泵启动时采用变频调速控制,启动电流小,电机尺寸缩小;

(6) 水力模型优秀:水泵有较高的水力效率和较好的抗汽蚀性能;

(7) 辅助系统简化:无上充、泄漏系统和停车密封系统;连锁保护要求及监测点相对减少,整体结构简单、紧凑。

主要缺点:

屏蔽电机效率比普通电机低。

大型 AP1000 屏蔽泵目前尚无实际制造、使用经验,还需验证(具体参数如表 2-4-2 所示)。

表 2-4-2 AP1000 屏蔽泵主要参数

参数名称		单 位	数 值
设计压力 (温度)		MPa(℃)	17.1(343)
总高度		m	6.69
设备冷却水流量(入口温度)		m^3/h	136.3(35.0)
泵(和电机)总质量		kg	83 687.8
泵	设计流量	m^3/h	17 866
	扬程	m	111.3
	泵出(入)口管嘴内径	cm	55.9(66.0)
	转速	r/min	1 800
电机	类型		三相鼠笼感应电机
	电压和电源频率	9(Hz)	6 900(60)
	启动和冷态电流	A	可变
	最小转动惯量	$kg\cdot m^2$	668.3

2.4.2 旋涡泵

旋涡泵是一种特殊类型的离心泵，由泵壳和叶轮组成。叶轮是一个圆盘，四周铣有凹槽的叶片成辐射状排列。如图 2-4-4(a)所示。叶片数目可多达几十片。泵内结构情况如图 2-4-4(b)所示，叶轮(1)上有叶片(2)，在泵壳(3)内旋转，壳内有引水道(4)，吸入口和排出口间有间壁(5)，间壁与叶轮只有很小的缝隙，使吸入腔和排出腔得以分隔开。泵内液体随叶轮旋转的同时，又在引水道与各叶片间反复作旋转运动，因而被叶片拍击多次，获得较多的能量。由于液体混合时产生较大的撞击损失，所以旋涡泵的效率较低。

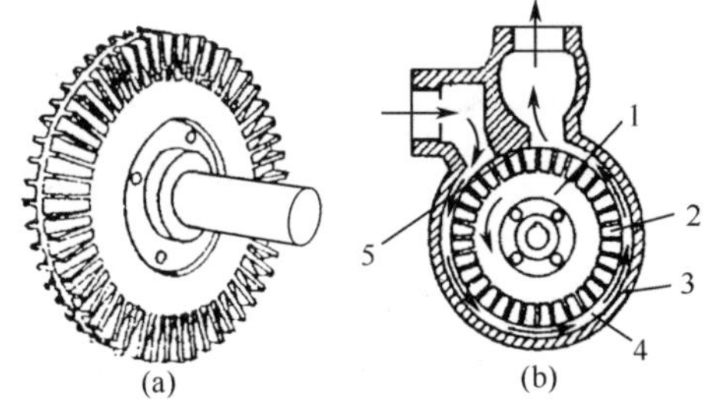

图 2-4-4 旋涡泵

1—叶轮；2—叶片；3—泵体；4—引水道；5—间壁

旋涡泵有开式泵和闭式泵两种结构类型。开式泵为开式叶轮，其叶片较长；闭式泵为闭式叶轮，叶片较短。旋涡泵的结构有单级悬臂式旋涡泵、离心旋涡泵和多级自吸旋涡泵等。图 2-4-6(a)为单级悬臂式旋涡泵；图 2-4-6(b)为离心旋涡泵结构示例图。

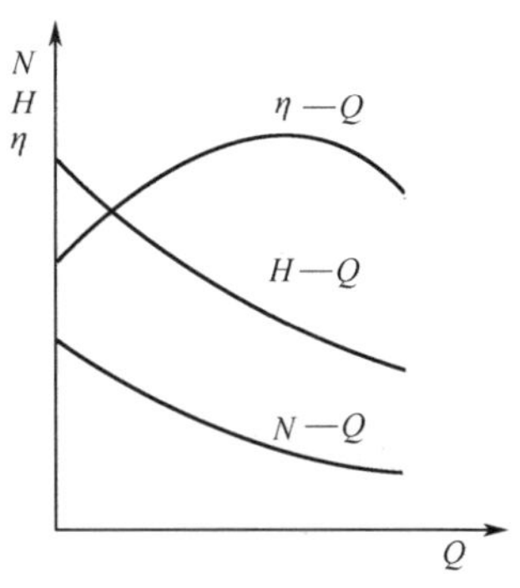

图 2-4-5 旋涡泵特性曲线

旋涡泵特性曲线如图 2-4-5 所示。旋涡泵有如下特点：

(1) 在相同的叶轮直径和转速下，其扬程比离心泵高 2～4 倍；在比转速 $n_s=10\sim40$ 范围内，采用旋

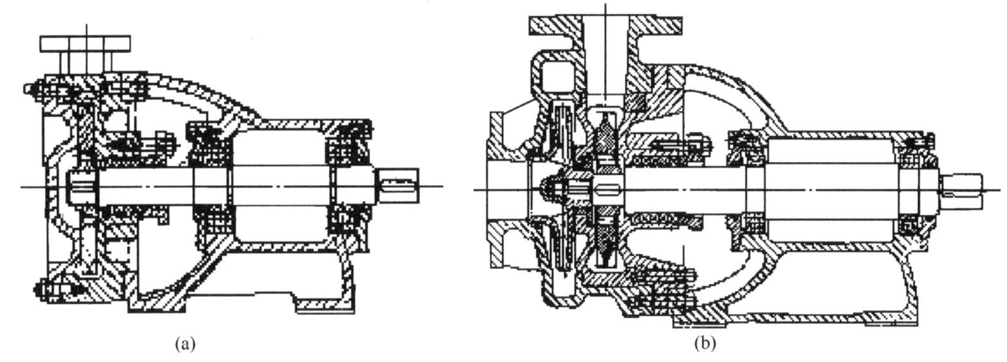

图 2-4-6(a) 单级悬臂式旋涡泵　　图 2-4-6(b) 离心旋涡泵

涡泵比较合适。

(2) 扬程和功率曲线下降较陡,须在出口阀开启的情况下启动。

(3) 开式旋涡泵能自吸,可输送液气混合物和易挥发液体;旋涡泵在开动前也要灌满液体。

(4) 结构简单。

2.5 离心泵的运行

离心泵在运行中有汽蚀问题、轴向力问题、管路特性和泵工作点问题、泵流量调节问题、泵并联串联运行选择问题及泵的启动和暖泵问题等。

2.5.1 离心泵的汽蚀现象及防治措施

2.5.1.1 离心泵的汽蚀现象

大家知道,水和汽在一定的温度压力条件下是可以相互转化的。如果水在流动过程中,某一局部区域的压力等于或低于该水温相对应的汽化压力,水就会在该区域发生汽化。

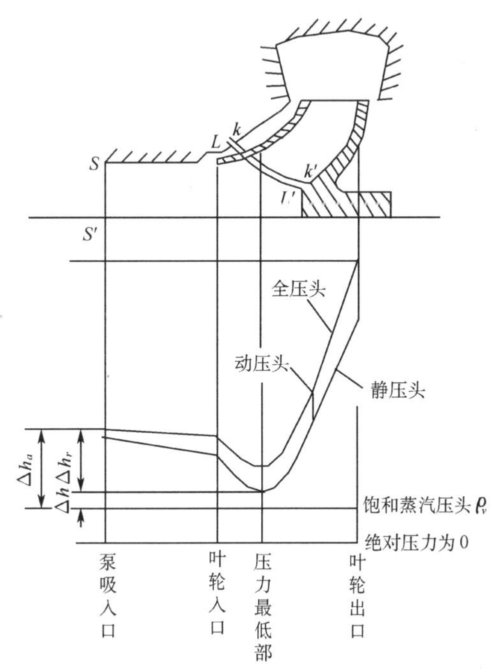

图 2-5-1 液体在泵内压力变化

离心泵运转时,液体在泵内压强的变化如图 2-5-1 所示。液体的压强随着从泵吸入口向叶轮入口而下降,叶片入口附近的压强为最低,此后,由于叶轮对液体做功,压强很快又上升。当叶片入口附近的最低压强等于或小于输送温度下液体的饱和蒸汽压时，液体就在该处发生汽化并产生气泡，随同液体从低压区流向高压区，气泡在高压的作用下，迅速凝结或破裂，瞬间内周围的液体即以极高的速度冲向原气泡所占据的空间，在冲击点处形成高达几万 kPa 的压强，冲击频率可高达每秒几万次之多。这种现象称为汽蚀现象。为了使泵正常运转，叶片入口附近的最低压强必须维持在某一临界值以上，通常是取输送温度下液体的饱和蒸汽压 pv 作为这种临界压强。

汽蚀发生时，产生噪音和震动；叶轮局部地方在巨大冲击力的反复作用下，材料表面疲劳，从开始点蚀到形成严重的蜂窝状空洞，使叶片受到损坏；此外，汽蚀严重时，由于产生大量气泡，占据了液体流道的一部分空间，导致泵的流量、压头与效率显著下降，即泵的性能下降。

泵内产生汽蚀的原因归根结底是吸入压力过低。所以，为保证离心泵能正常运转，一般应使泵叶片入口附近的最低压强大于输送温度下液体的饱和蒸汽压，以避免泵在运行中产生汽蚀现象。

在实际工程中，不易测出最低压强的位置，而往往以泵入口处的压强，并考虑一安全余量，作为泵入口处允许的最低绝对压强，以 p_s 表示，单位为 MPa。习惯上常以输送液体的液柱高度为计量单位，称为允许吸上真空高度，以 H'_s 表示。H'_s 是指压强为 p_s 处可允许达到的最高真空高度，其表达式为：

$$H'_s = \frac{pa - p_s}{\rho g} \tag{2-5-1}$$

式中：H'_s—— 离心泵的允许吸上真空高度，m 液柱；为泵样本中的一项性能指标。

pa—— 大气压强，atm。

ρ—— 被输送液体的密度，kg/m^3。

2.5.1.2 离心泵的允许几何安装高度 H_g

离心泵的允许几何安装高度，是指泵的吸入口与吸入贮槽液面间可允许达到的最大垂直距离，以符号 H_g 表示。

在图 2-5-2 中，假定泵在可允许的最高位置上操作，于贮槽液面 0-0′与泵入口处 s-s′两截面间列柏努利方程式，可得：

$$H_g = \frac{p_0 - p_s}{\rho g} - \frac{u_s^2}{2g} - H_w \tag{2-5-2}$$

式中：H_w——液体流经吸入管路的全部压头损失，m。

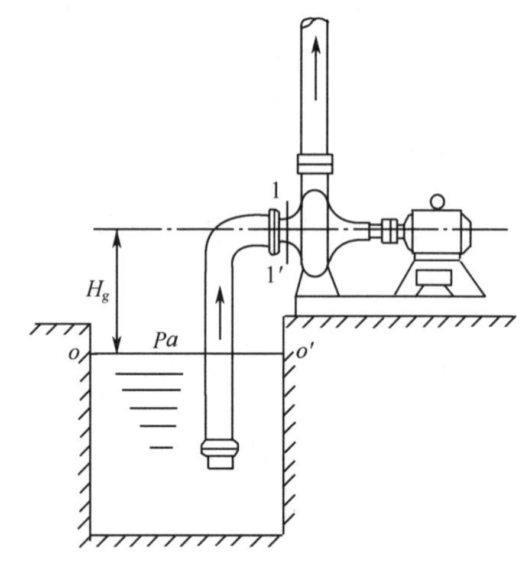

图 2-5-2 离心泵吸液图

由于贮槽是敞口的，则 p_0 为大气压强 pa，上式可写为：

$$H_g = \frac{pa - p_s}{\rho g} - \frac{u_s^2}{2g} - H_w$$

式中：静压头差$\frac{pa-p_s}{\rho g}$与 H'_s 在数值上相等，因此以式 2-5-1 代入上式得：

$$H_g = H'_s - \frac{u_s^2}{2g} - H_w \tag{2-5-2a}$$

上式为离心泵允许几何安装高度的计算式，应用时必须已知允许吸上真空度 H'_s 的数值。而 H'_s 与被输送液体的物理性质、当地大气压强、泵的结构、流量等因素有关，由制造厂用实验测定。实验是在标准状态(大气压为 0.101 3 MPa)下，介质为 20 ℃的清水测得的最大吸上真空高度并减去 0.3 m 的安全裕量而得到的，称为允许吸上真空度，用 H_s 表示，其值列在泵样本或说明书的性能表上，有时在一些泵的特性曲线上也画出了 H_s—Q 曲线，表示离心泵的汽蚀性能。

由以上关系式可得出如下结论：

(1) 泵的允许几何安装高度 H_g 应低于泵样本中所给出的允许吸上真空高度 H'_s。一般情况下，H'_s 随流量的增加而降低。泵的允许几何安装高度 H_g 的确定应按样本中最大流量所对应的 H'_s 来计算。

(2) 为了提高泵的允许几何安装高度 H_g，应尽量减小 $\frac{u_s^2}{2g}$ 和 H_w。为此，可选用直径较大的吸入管或采用双吸式入口；且吸入管段应尽可能短。

如泵的使用条件与常态不同时，应将样本上给出的 H'_s 值换算为使用条件下的允许吸上真空高度 H'_s。

2.5.1.3　汽蚀余量 NPSH(Δh)

为防止发生汽蚀，泵的吸入压力不能过低，究竟最低不可低于多少，应留多少富余量，每台泵有各自的指标，即汽蚀余量。汽蚀余量的定义是：为保证泵不发生汽蚀，在泵进口处液体所必须具有的超过汽化压头的静压水头。用符号 Δh 表示，或用 NPSH(Net Positive Suction Head)净正吸上水头表示。

在实际工作中，会遇到这种情况，即同一台水泵，在某种吸入装置条件下运行时会发生汽蚀，当改变吸入装置条件后，就可能不发生汽蚀。这说明在运行中是否发生汽蚀与泵的吸入装置条件有关。按泵的吸入装置条件确定的汽蚀余量称为有效汽蚀余量，用 Δh_a 表示。参见图 2-5-1。

另一种情况是，在完全相同的使用条件下，某台泵在运行中发生了汽蚀，而换了另一种型号的泵，就可能不发生汽蚀。这说明泵在运行中是否发生汽蚀和泵本身的汽蚀性能也有关。由泵本身的汽蚀性能确定的汽蚀余量称为必需汽蚀余量。用 Δh_r 表示。参见图 2-5-1。

所以，汽蚀余量分为有效汽蚀余量 Δh_a 和必需汽蚀余量 Δh_r 两种。现分别分析如下：

(1) 有效汽蚀余量 Δh_a

有效汽蚀余量 Δh_a 是指泵在吸入口处的总能量(静压能和动能之和)，具有超过输送温度下液体汽化压力的富余能力。即避免泵发生汽化的能力。有效汽蚀余量由吸入系统的装置条件决定与泵本身无关。

根据有效汽蚀余量 Δh_a 的定义，得

$$\Delta h_a = \frac{P_s}{\rho g} + \frac{u_s^2}{2g} - \frac{P_v}{\rho g} \tag{2-5-3}$$

式中：P_s —— 泵吸入口处的压力；

u_s—— 泵吸入口处的流速；

P_v—— 液体饱和蒸汽压。

经转换后得：

$$\Delta h_a = \frac{P_0}{\rho g} - \frac{P_v}{\rho g} - H_g - H_w \tag{2-5-4}$$

上式整理得

$$H_g = \frac{P_0}{\rho g} - \frac{P_v}{\rho g} - \Delta h_a - H_w \tag{2-5-2b}$$

式(2-5-2b)是离心泵允许安装高度的又一种计算式。

采用式(2-5-2b)计算泵的几何安装高度，不需要进行换算，特别是核电厂的给水泵和凝结水泵，吸入液面都不是大气压力的情况下，尤为方便。

(2) 必需汽蚀余量 Δh_r

必需汽蚀余量 Δh_r 是指泵吸入口处（$S-S$ 截面）至泵内压力最低点（$K-K$ 截面）处的压力降（见图 2-5-1）。它是由泵本身结构的汽蚀性能所决定，与泵吸入系统的装置无关。

根据必需汽蚀余量 Δh_r 的定义，得

$$\Delta h_r = \frac{P_s}{\rho g} + \frac{u_s^2}{2g} - \frac{P_k}{\rho g} \tag{2-5-5}$$

参照图 2-5-1 在截面 $S-S'$ 至 $L—L'$ 之间和截面 $L-L'$ 至 $K-K'$ 之间列柏努利方程，整理后可得必需汽蚀余量 Δh_r 的表达式：

$$\Delta h_r = \lambda_1 \frac{c_1^2}{2g} + \lambda_2 \frac{w_1^2}{2g} \tag{2-5-6}$$

式中：P_k—— 泵内压力最低点处的压力；

c_1、w_1—— 叶轮入口处的绝对速度和相对速度；

λ_1、λ_2—— 压降系数；$\lambda_1 = 1 \sim 1.2$；$\lambda_2 = 0.2 \sim 0.3$。

(3) 有效汽蚀余量 Δh_a 与必需汽蚀余量 Δh_r 的关系及临界汽蚀余量 Δh_c

有效汽蚀余量 Δh_a 是吸入系统提供的泵吸入口处大于饱和蒸汽压力的富余能力。Δh_a 越大，表示泵抗汽蚀性能越好。而必需汽蚀余量 Δh_r 是液体从吸入口至 k 点的压力降，Δh_r 越小，则表示泵抗汽蚀性能越好。由式(2-5-4)和(2-5-6)可以看出，Δh_a 随流量的增加而变小，而 Δh_r 随流量的增加而变大，如图 2-5-3 所示。

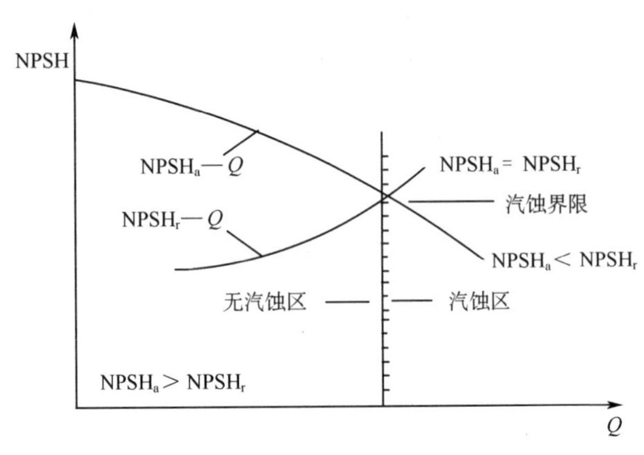

图 2-5-3 临界汽蚀余量

临界汽蚀余量(Δh_c)是指有效汽蚀余量随流量变化的曲线与必需汽蚀余量随流量变化曲线的交点 C 所对应的汽蚀余量。C 点为汽蚀临界点。在该点，临界汽蚀余量、有效汽蚀余量 Δh_a 与必需汽蚀余量 Δh_r 相等，即：

$\Delta h_c = \Delta h_a = \Delta h_r$，泵可以运行；

$\Delta h_a > \Delta h_r$ 时，泵正常运行；

$\Delta h_a < \Delta h_r$ 时，泵不应运行。

C 点对应的流量称为临界汽蚀流量，用 Q_c 表示。

当 $Q < Q_c$ 时，为安全区；

当 $Q > Q_c$ 时，为汽蚀区。

2.5.1.4　提高泵抗汽蚀性能的主要措施

综上所述，泵是否发生汽蚀主要由泵本身的汽蚀性能和吸入系统的装置条件来决定的。因此，提高泵抗汽蚀性能应从两方面采取措施。

(1) 提高泵本身的抗汽蚀性能，减小必需汽蚀余量 Δh_r（必需汽蚀余量越小越好）

从汽蚀方程式可知：

$$\Delta h_r = \lambda_1 \frac{C_1^2}{2g} + \lambda_2 \frac{w_1^2}{2g}$$

可采取如下措施减小 Δh_r：

1) 采用双吸叶轮，降低叶轮入口速度；

2) 增加叶轮前盖板转弯处的曲率半径，以减小局部阻力损失；

3) 增大叶轮进口直径及叶片进口宽度，降低入口速度；

4) 首级叶轮采用抗汽蚀性能好的材料，如镍铬不锈钢、铝青铜等。

(2) 提高泵吸入系统装置的有效汽蚀余量 Δh_a（有效汽蚀余量越大越好）

根据 Δh_a 计算式：

$$\Delta h_a = \frac{p_a}{g\rho} - \frac{p_v}{g\rho} - H_g - H_w$$

可采取如下改善措施来提高泵的有效汽蚀余量 Δh_a。

1) 减小安装高度 H_g，或尽可能加大灌注水头，提高有效汽蚀余量；

2) 加大吸水管径、减少管路附件或减小流量，以减小阻力 H_w，提高有效汽蚀余量；

3) 主叶轮前装诱导轮（参图 2-5-4a），使液体经诱导轮升压后流入主叶轮，因而提高了主叶轮的有效汽蚀余量；

4) 采用由前置叶轮和后置离心叶轮组成的双重翼叶轮，在不降低泵性能的前提下，大大改善泵的汽蚀性能。如图 2-5-4b 所示；

5) 设置前置泵，使泵前升压，提高泵的有效汽蚀余量。

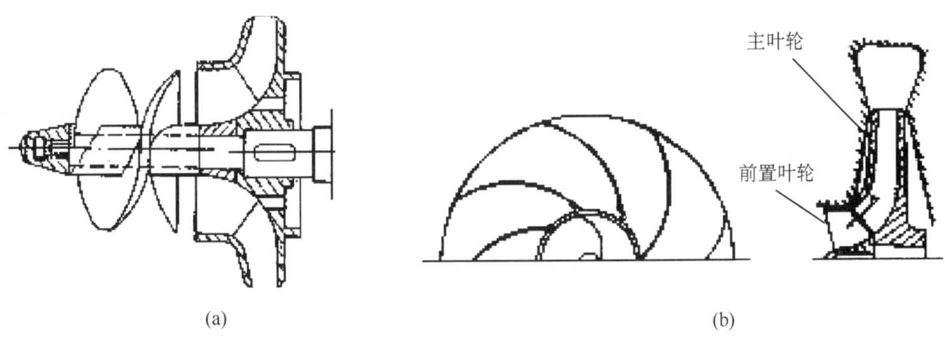

图 2-5-4　带诱导轮离心泵(a)和双重翼叶轮(b)

2.5.2 泵轴向力及其平衡

2.5.2.1 轴向力的来源

离心泵在运行时，由于作用在叶轮前后两侧的压力不等，如叶轮前后盖板压力分布不对称（如图 2-5-5 所示）；进入叶轮的液体流动方向改变，引起动量改变而产生轴向力；液体作用在轴台、轴端所引起的附加轴向力等（参见图 2-5-6）。

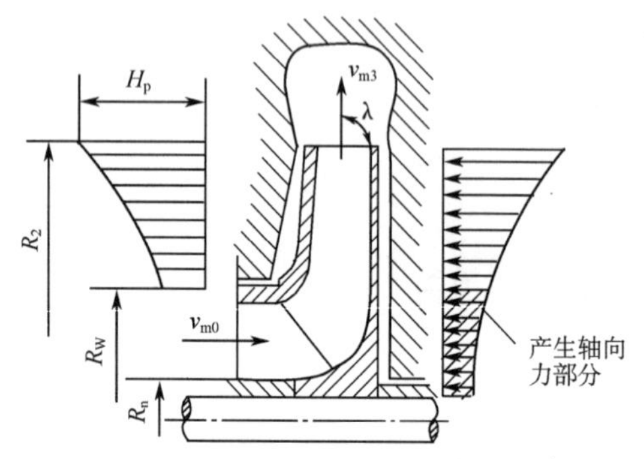

图 2-5-5 叶轮前后盖板上的轴向力分布

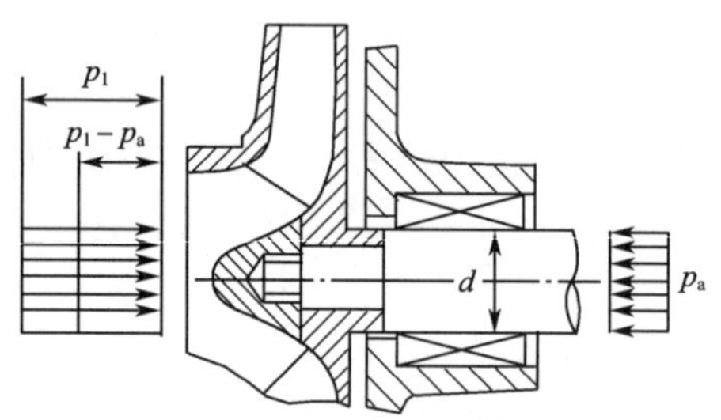

图 2-5-6 悬臂式叶轮的附加轴向力

2.5.2.2 轴向力的平衡方法

（1）采用双吸叶轮或多级泵叶轮对称排列的方式：

① 单级泵可采用双吸叶轮，如图 2-5-7 所示。因双吸叶轮是对称的，叶轮两侧作用力互相抵消。

② 多级泵采用叶轮对称排列，如图 2-5-8 所示。

（2）在叶轮上开平衡孔或平衡管来平衡轴向力。如图 2-5-9 所示。

（3）采用平衡盘（图 2-5-10）、平衡鼓（图 2-5-11）或平衡盘、平衡鼓联合使用的方法（图 2-5-12）来平衡轴向力。

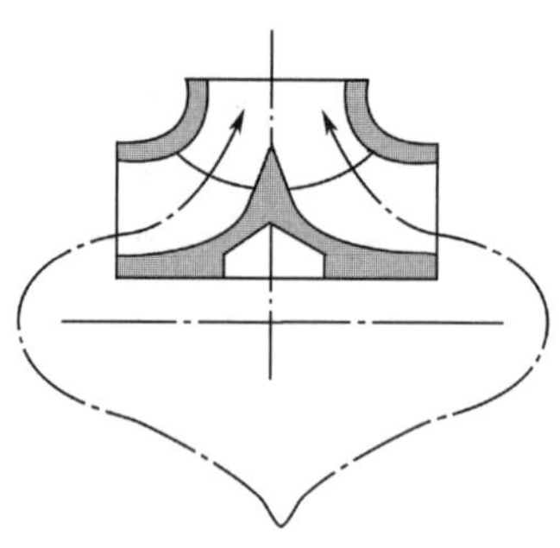

图 2-5-7 双吸叶轮

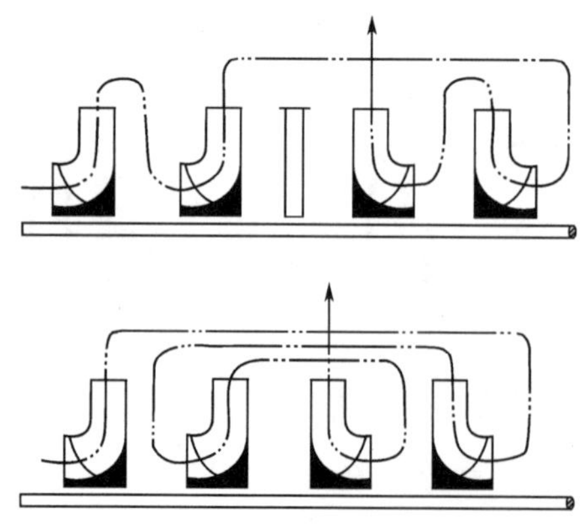

图 2-5-8 多级泵叶轮对称排列

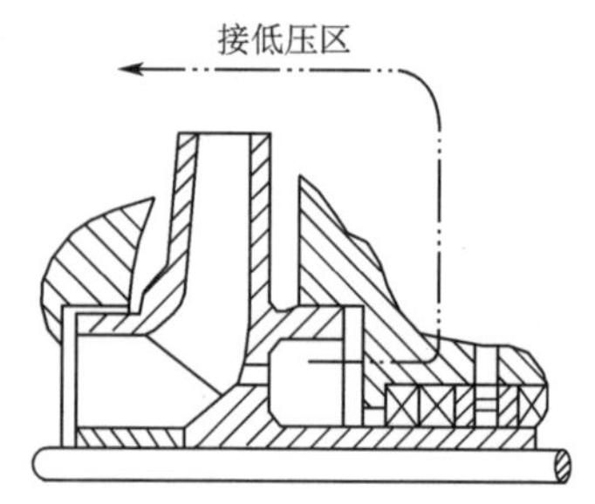

图 2-5-9 叶轮上开平衡孔

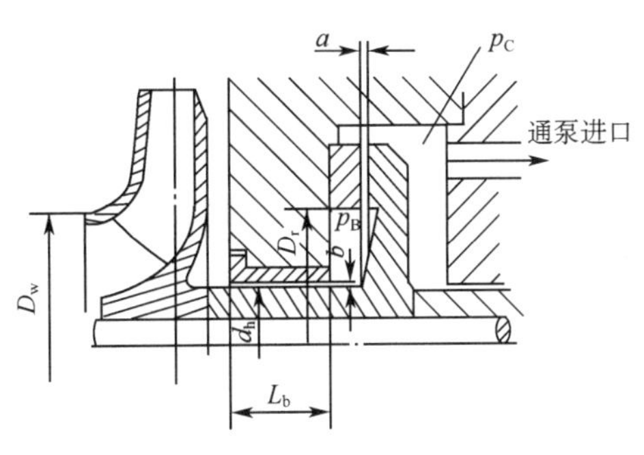

图 2-5-10　加平衡盘

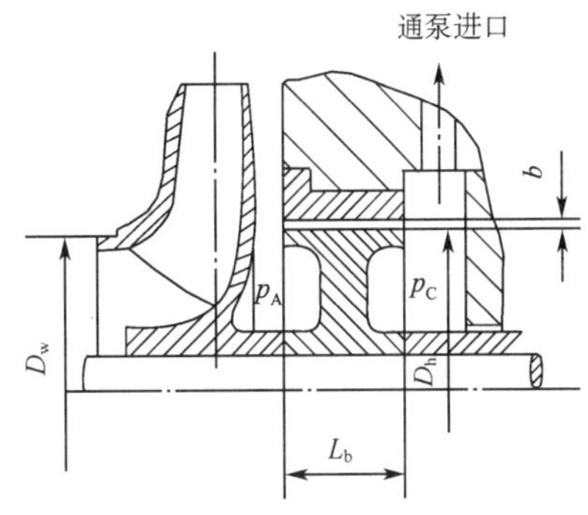

图 2-5-11　加平衡鼓

无论是单级泵还是多级泵，除去平衡盘外，其他平衡措施都不可能完全平衡轴向力，而且随着运行工况的改变、密封环和平衡鼓的磨损，残余不平衡力是变化的，因此，泵结构中必须设置承受残余不平衡力的轴承。

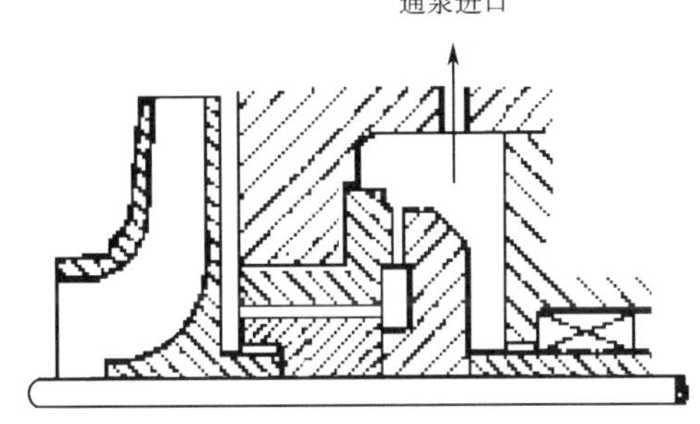

图 2-5-12　平衡盘与平衡鼓联合使用

2.5.3　管路特性曲线与泵的工作点

前面讲的泵的性能曲线只是泵本身的性能。当离心泵安装在特定的管路系统中运行时，其运行特性不仅取决于泵本身的性能，还与管路的特性有关。

2.5.3.1　管路特性曲线

图 2-5-13 所示为泵装置特性和泵运转特性图。泵装置是泵及其附件、吸入管路、排出管路、吸液罐、排液罐的总称。

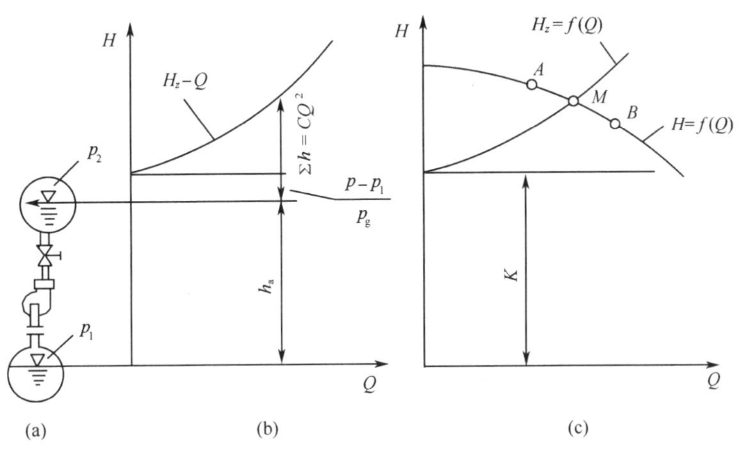

图 2-5-13　泵运转特性

a—泵装置；b—装置特性曲线；c—泵运转工况点

管路特性曲线是指管路吸入及排出液面的压力、输液高度、管路长度、管径、管件数目与尺寸以及阀门开度等都已确定的情况下，单位重量液体流经该装置时需由外界给予的能量（即装置扬程 Hz）与流量 Q 之间的关系曲线。

管路特性曲线方程为

$$Hz = K + CQ^2 \tag{2-5-7}$$

式中：Hz—— 管路系统为输送液体所需要的总扬程(M)；

K—— 静扬程(位能和压能之和) $K = h_a + \frac{p_2 - p_1}{\rho g}$；

C—— 管道阻力系数，对某一特定泵而言，为常数；

Q—— 管路系统的输送流量，m^3/h。

式(2-5-7)就是泵的所在管路系统的特性曲线方程。图中曲线是一条二次抛物线。当流量发生变化时，装置扬程 Hz 也随之发生变化。

2.5.3.2 泵的工作点

离心泵安装在特定管路系统上工作，它所提供的压头与流量应与管路所需的压头与流量相一致。

若将离心泵的特性曲线 $H—Q$ 与其所在管路的特性曲线 $Hz—Q$ 绘于同一坐标图上，如图 2-5-13 所示，两线交点 M 称为泵在该管路上的工作点。该点所对应的流量和压头既能满足管路系统的要求，又为离心泵所能提供。如果泵偏离 M 点(如 A，B)，泵最后都要回到 M 点稳定下来。换言之，对所选定的离心泵，以一定转速在此特定管路系统运转时，只能在这一点工作。

2.5.4 离心泵的流量调节

离心泵在指定的管路上工作时，由于外界负荷发生变化而要求改变其运行工况，使泵运行在新的工作点。这种用人为的方法改变泵工作点的位置称为流量调节。实质上流量调节就是改变泵的工作点。由于泵的工作点为管路特性和泵的特性所决定，因此，采用改变泵的特性曲线；改变管路系统的特性曲线；或者同时改变两条特性曲线这三种方法都能达到调节流量的目的。

2.5.4.1 改变阀门开度的节流调节

改变离心泵出口管线上的阀门开度，实质是改变管路特性曲线。当阀门关小时，管路的局部阻力加大，管路特性曲线变陡，如图 2-5-14 中曲线 1 所示，工作点由 M 移至 M_1，流量由 Q_M 减小到 Q_{M1}。当阀门开大时，管路局部的阻力减小，管路特性曲线变得平坦一些，如图中曲线 2 所示，工作点移至 M_2，流量加大到 Q_{M2}。

用阀门调节流量迅速方便，且流量可以连续变化，适合一般工业连续生产的需要，所以应用十分广泛。

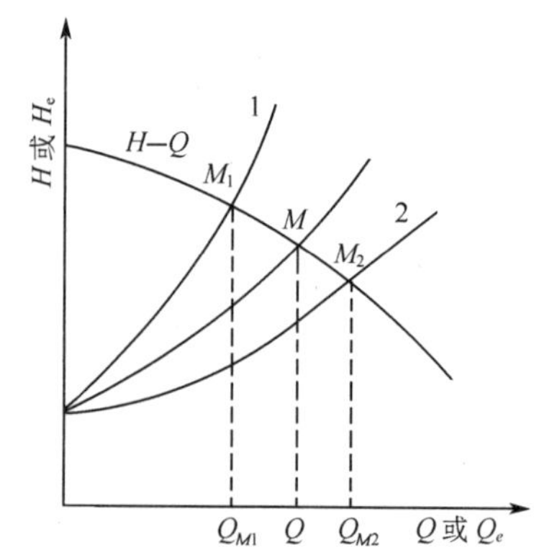

图 2-5-14 调节阀门开度

2.5.4.2 改变泵的转速

改变离心泵的转速，实质上是改变泵的特性曲线。如图 2-5-15 所示，泵原来的转速为 n，工作点为 M，若把泵的转速提高到 n_1，泵的特性曲线 $H—Q$ 向上移，如图中上曲线所示，工作点由 M 移至 M_1。流量由 Q_M 加大到 Q_{M1}。若把泵的转速降至 n_2，$H—Q$ 曲线便向下移，如图中下曲线所示，工作点移至 M_2，流量减小至 Q_{M2}。

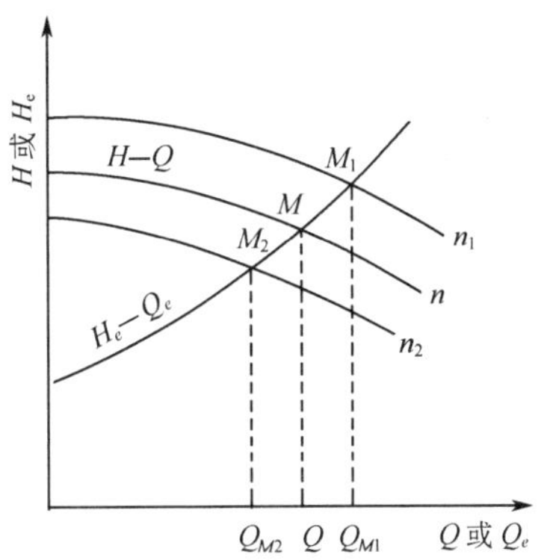

图 2-5-15 改变泵的转速

这种调节方法是保持管路特性曲线不变的情况下，流量随泵转速下调而减小，动力消耗也相应降低，从动力消耗来看是比较合理的。但需要较贵的变速调节装置或变频调速装置。

2.5.5 离心泵的小流量管线与阀门

小流量管线与阀门工作系统有时称为无流量阀门，如图 2-5-16 所示。如果把调节阀全部关闭参见图 2-5-16，泵便没有了流量，水压升高，最后达到其最大值 H_m。泵输入的功率不是零。泵中的水不再进出了，而是受叶轮的搅拌，水在叶轮内表面的摩擦功变成热能耗散，产生的热量传送到水中及泵的内部部件上，其结果：

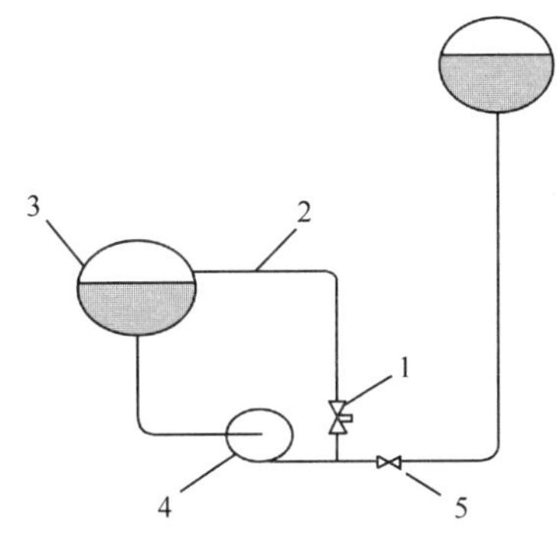

图 2-5-16 小流量管线与阀门

1—小流量阀门；2—小流量管线；3—容器；4—水泵；5—调节阀

1. 水温升高，可以达到与压力相符的沸点。在这种情况下，水就会蒸发，形成蒸汽，导致泵内出现汽蚀现象，形成噪声、震动、叶轮腐蚀，渐渐地使泵损坏。

2. 泵的内部部件温度上升，引起运动部件异常膨胀，使泵无法工作。这样，当不需要泵送液体时，就要关闭阀门停止泵的工作。为了避免这种情况，应在泵的出口处安装一个所谓的“小流量”阀门。当泵的出口处的压力接近最大值 H_m 时，该阀门就自动打开。水就流过这个阀门，然后由“小流量”管系反回送到吸水容器内。这样就能确保水泵能连续工作。

2.5.6 泵与风机的联合工作特性

当采用一台泵或风机不能满足流量或扬程要求时，往往要用两台或两台以上的泵与风机联合工作。联合工作分为并联和串联两种。

（一）泵与风机的并联工作

并联工作的主要目的是在保证扬程相同时增加系统的流量。多在下列情况下采用：

① 扩建机组时，需要增大流量，而原有泵仍可使用；

② 为适应外界负荷变化较大而又要发挥泵与风机的经济性能，往往采用两台或数台并联工作，以增减运行台数来适应外界负荷变化的要求。

并联工作分为两种情况：

(1) 同性能泵并联工作

图 2-5-17 为两台泵并联工作的性能曲线。图中曲线Ⅰ、Ⅱ为两台相同性能泵的性能曲线；Ⅲ为管路特性曲线，并联工作时的特性曲线为：Ⅰ＋Ⅱ。

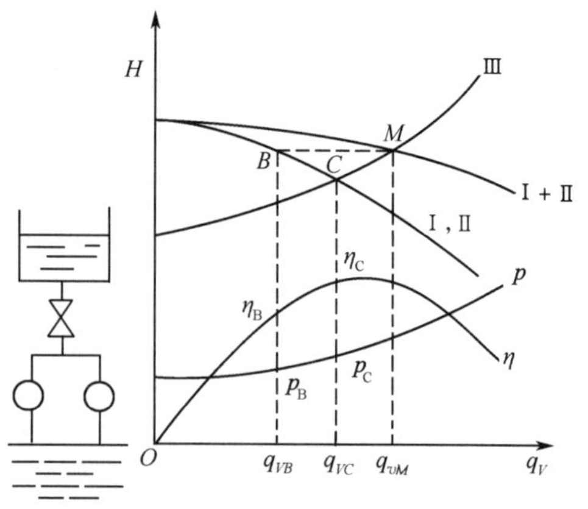

图 2-5-17　同性能泵并联工作

图 2-5-17 中，M 点为两台并联后的工作点，B 点为并联后各单泵的工作点；C 点为未并联时单泵运行的工作点。可见两台泵并联后的流量等于各泵流量之和，即 $q_{vM}=2q_{VB}$，扬程彼此相等。但与各泵单独工作时相比，并联后的总流量小于各泵单独工作时流量的两倍；而并联后的扬程却比单泵工作时要高些。管路特性曲线越平坦，并联后的流量就越接近单独运行时的两倍，工作就越有利。如管路特性曲线很陡，并联几乎只起到一台泵（风机）的作用。从增加泵并联流量的目的看，管路特性曲线越平坦越有利，从并联的数量来看，台数愈多，并联后增加的流量越少，故并联台数过多不经济。

(2) 不同性能泵（风机）并联工作

图 2-5-18 为两台不同性能泵并联工作时的性能曲线。图中曲线Ⅰ、Ⅱ为两台不同性能泵的性能曲线；Ⅲ为管路特性曲线，Ⅰ＋Ⅱ为并联工作时的总特性曲线。总性能曲线与管路特性曲线Ⅲ相交于 M 点，该点即为泵并联的工作点。其流量为 q_{vM}，扬程为 H_M。

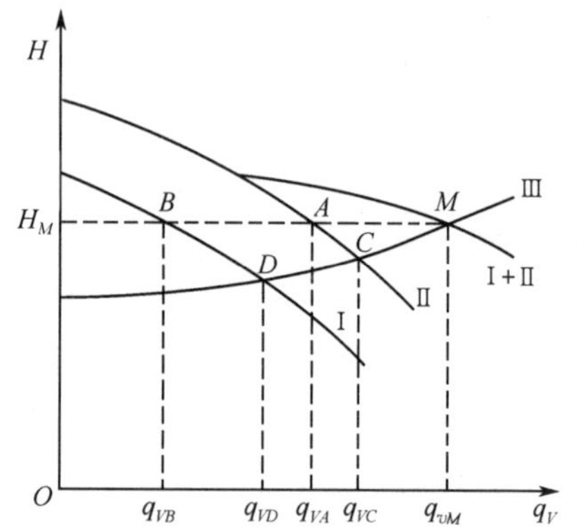

图 2-5-18　不同性能泵并联工作

由图 2-5-18 可知，当两台不同性能的泵并联工作时，扬程彼此相等，总流量仍为每台泵流量之和，但小于并联前各泵单独工作的流量之和。其减少的程度随台数的增多和管路特性曲线越陡而增大。如管路阻力较大时，并联后的流量反而小于其中一台的流量，说明这种并联不仅不增加流量，反而阻碍泵的工作。加上这种并联操作复杂，实际很少采用。

(二) 泵与风机的串联工作

串联是指前一台泵或风机的出口向另一台泵或风机的入口输送流体的工作方式。这种方式常用于下列情况：

① 设计制造一台新的高压泵比较困难，而现有的泵或风机的容量已足够，只是扬程不够时；

② 改建或扩建后的管路阻力加大，要求提高扬程或风压以输出较多流量时。

串联工作的目的是为了提高泵或风机的扬程或风压。串联也分两种情况：

(1) 同性能泵串联工作

如图 2-5-19 所示，曲线Ⅰ、Ⅱ为两台相同性能泵的性能曲线；Ⅲ为管路特性曲线，Ⅰ＋

Ⅱ为两台串联工作时的总特性曲线。

两台串联工作时与管道特性曲线相交于 M 点(工作点)。B 点为两台泵串联工作后的工作点。串联后的总扬程 H_M，流量为 q_{VM}。串联工作的特点是流量彼此相等，总扬程为每台泵扬程之和。即 $H_M = 2H_B$。总扬程大于泵单独工作时的扬程，但小于泵单独工作时扬程的两倍。串联后的流量也比泵单独工作时的流量有所增大。

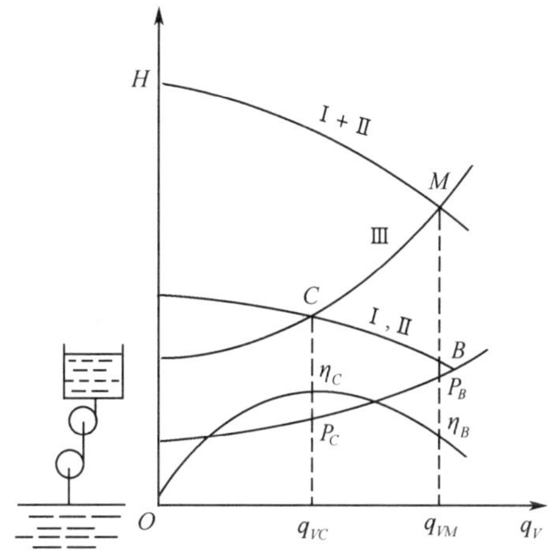

图 2-5-19　相同性能泵串联工作

在阻力较大的管路系统工作时，能获得较大的压力增值，而在阻力较小的管路系统工作时，压力的增值很小，几乎接近一台泵(通风机)的扬程(压力)。由此可见，两台泵或风机串联后，其扬程或压力永远不能提高到一台泵或通风机单独工作扬程或压力的二倍。

(2) 两台不同性能泵或风机串联工作

图 2-5-20 示出了两台不同性能泵或风机串联工作在三种管路系统(1、2、3)中的情况。从图 2-5-20 可见，在阻力大的管路系统 1 工作时，工作点为 M_1，串联后的总扬程和流量是增加的。在阻力较大的管路系统 2 中工作时，工作点为 M_2，这时的流量和扬程与只用一台泵或风机的情况一样，即串联的结果 Ⅱ 号泵或风机不起任何作用，只消耗功率；在阻力较小的管路系统 3 工作时，工作点为 M_3，这时的流量和扬程反而小于Ⅰ号泵或风机单独工作时的扬程和流量，说明 Ⅱ 号泵或风机参与串联工作的结果，增加了阻力，阻碍了Ⅰ号泵或风机的性能发挥，表明这种串联工作是有害的。

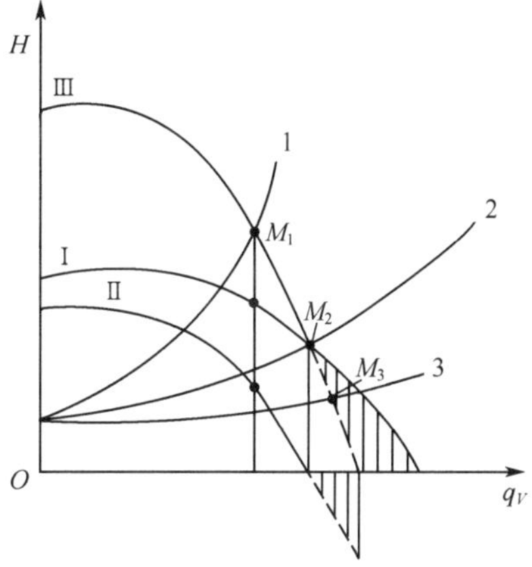

图 2-5-20　不同性能泵串联工作

(三) 泵与风机联合工作方式的选择

从前面的分析可以看出，在实际工程中，应尽量避免泵和风机的并联或串联工作，当工程需要采取联合工作方式来增加流量或扬场时，应遵循如下选择原则：

(1) 应当选择同性能的泵或风机联合工作；

(2) 当采用两台相同性能的泵或风机以并联方式来增加流量或以串联方式来增加扬程(或风压)时，并联适合于在管路阻力较小的情况下工作；串联适合于管路阻力较大的情况下工作。如图 2-5-21 所示。

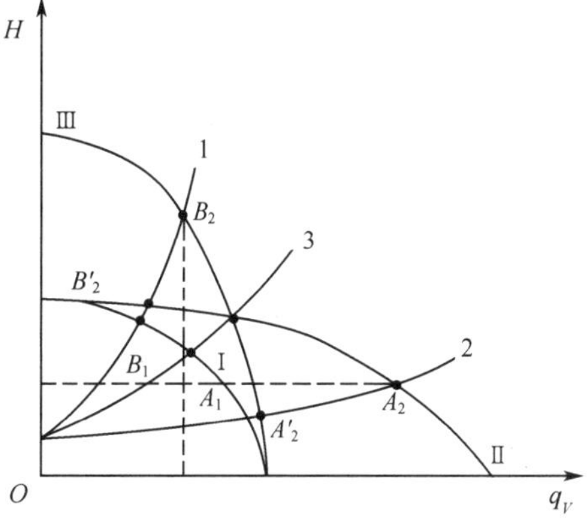

图 2-5-21　相同性能泵并联或串联工作

2.6 核电厂常用叶轮泵结构简介(供学习参考)

核电厂常用叶轮泵有离心泵、混流泵和轴流泵三类。按泵的结构形式可分为单级单吸离心泵、单级双吸离心泵、单吸多级泵、立式多级离心泵、前置增压泵、三级立式沉箱型凝结水泵等。

1. 单级单吸离心泵(图 2-6-1)

它是设备冷却水系统(RRI)泵，主要性能参数如下：

额定流量　　$Q=2\ 670\ m^3/h$

额定扬程　　$H=63\ m$

转　　速　　$n=1\ 485\ r/min$

功　　率　　$N=630\ kW$

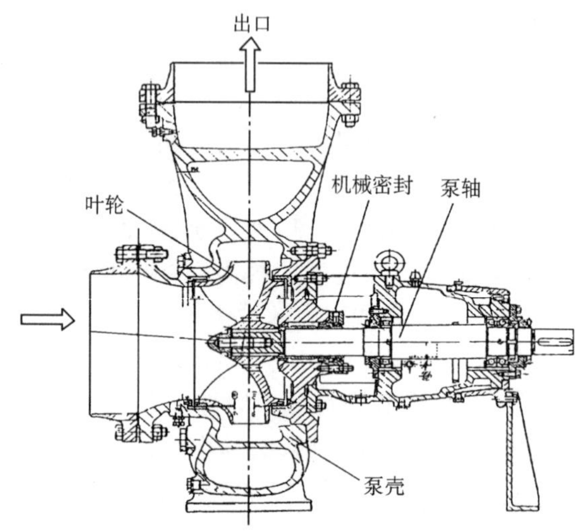

图 2-6-1　单级单吸离心泵

2. 单级双吸泵

图 2-6-2 S 型离心泵是一种双吸单级水平中开式离心泵，双吸叶轮。

3. 单吸多级泵

核电站卧式单吸多级泵有两种结构形式：

(1) 辅助给水泵如图 2-6-3 所示，为卧式单吸多级泵。它是蒸汽发生器

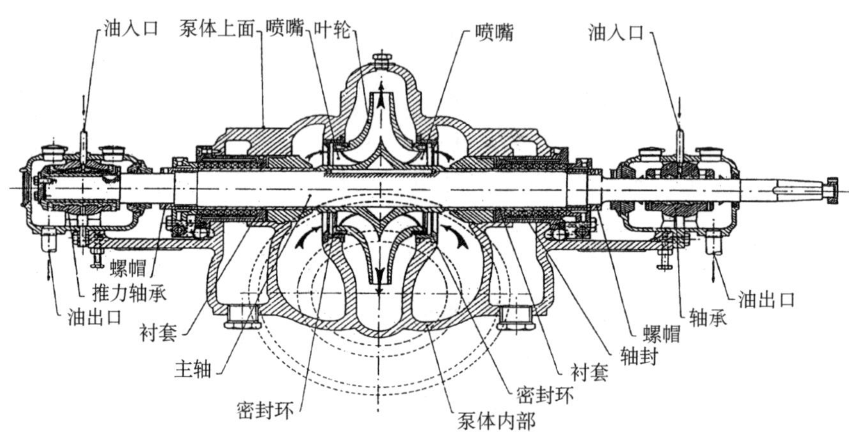

图 2-6-2　单吸双级卧式离心泵

的辅助给水系统的给水泵。其水泵进、出口在泵体两端的上方。共有 3 台，一台由主蒸汽驱动的汽机驱动，另外两台由电动机驱动。它们的主要参数如下

汽动辅助给水泵主要性能参数：

额定流量　　$Q=200\ m^3/h$

总扬程 H=1 100 m

净正吸入压头(NPSH) 15 m(额定流量时)

转速 n=5 968~2 200 r/min

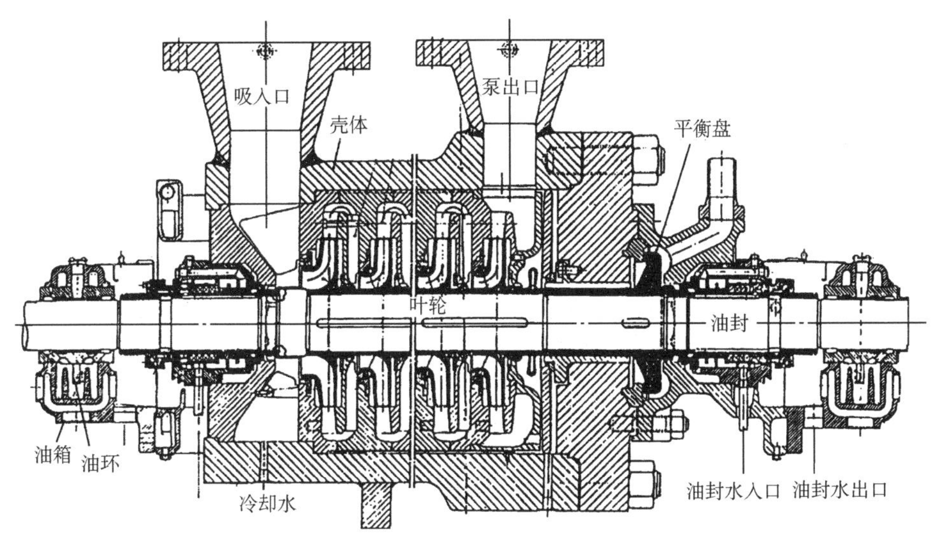

图 2-6-3 卧式单吸多级离心泵

电动给水泵由电机通过齿轮增速器增速后带动其旋转。主要性能参数:

额定流量 Q=100 m^3/h

总 扬 程 H=1 100 m 水柱

额定电压 6 600 V

额定功率 N=500 kW

(2) 立式单吸多级泵,如图 2-6-4 所示上充泵。该泵主要性能参数如下:

额定流量 Q=34 m^3/h

扬 程 H=1 767 m

转 速 n=2 980 r/min

4. 立式多级离心泵

其结构如图 2-6-5 所示。它是核岛安全壳喷淋(EAS)泵。安装在燃料厂房地下竖坑中。泵设有最小流量循环管线。泵定期试验时利用试验管线将泵排出的液体送回换料水贮存箱。

主要性能参数如下:(再循环喷淋)

额定流量 Q=1 050 m^3/h

转 速 n=1 485 r/min

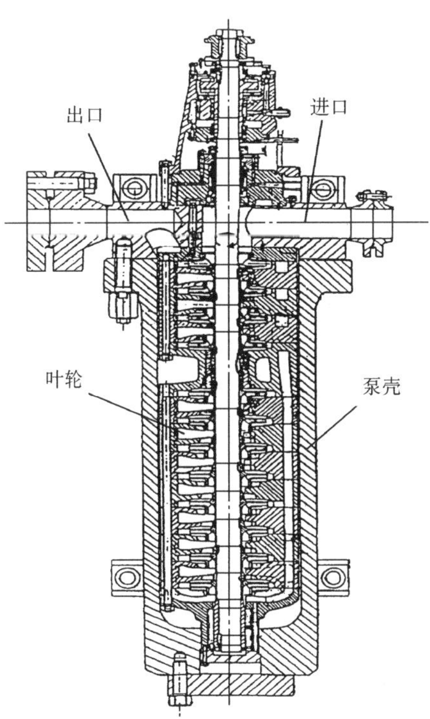

图 2-6-4 立式多级上充泵

最大耗用功率　$N=490\ \mathrm{kW}$

额 定 扬 程　$H=115\ \mathrm{m}$

汽 蚀 余 量　$\Delta h=0.5\ \mathrm{m}$

5. 前置泵

目前，对大容量、高参数机组，为防止给水泵发生汽蚀，在给水泵入口前设置低速前置泵，使给水经前置泵升压后再进入给水泵，从而提高给水泵的入口压力，提高泵的有效汽蚀余量。这样，除氧器的安装高度也可大为降低，这是防止给水泵产生汽蚀最简单可靠的一种方法，如图 2-6-6 所示。该泵为单级双吸式离心泵。

6. 混流式泵

混流泵的性能和基本结构与轴流泵很相似，均为高比转数泵。由于轴流泵的流量很大扬程较低，应用的范围受到限制。而混流泵却具有流量大，扬程比轴流泵高，汽蚀性能比轴流泵好的特点，因此，混流泵被广泛地应用。在核电厂中混流泵主要用做循环水泵，如反应堆回路（一回路）主循环泵和循环冷却水回路循环冷却水泵等。

下面分别介绍目前核电站用的混流式一回路主循环泵和冷凝器循环冷却水泵两种类型的混流泵。

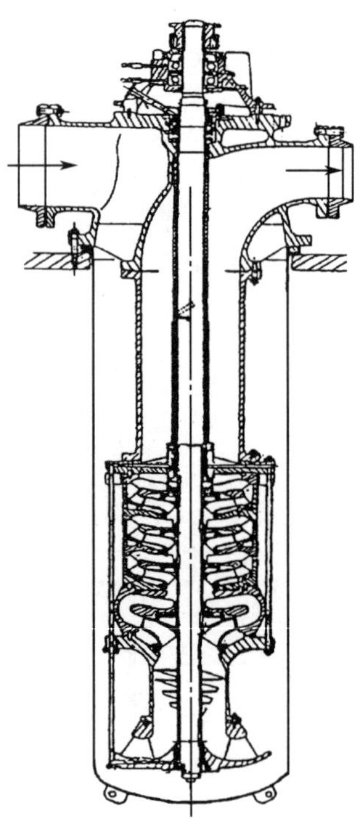

图 2-6-5　立式多级离心泵

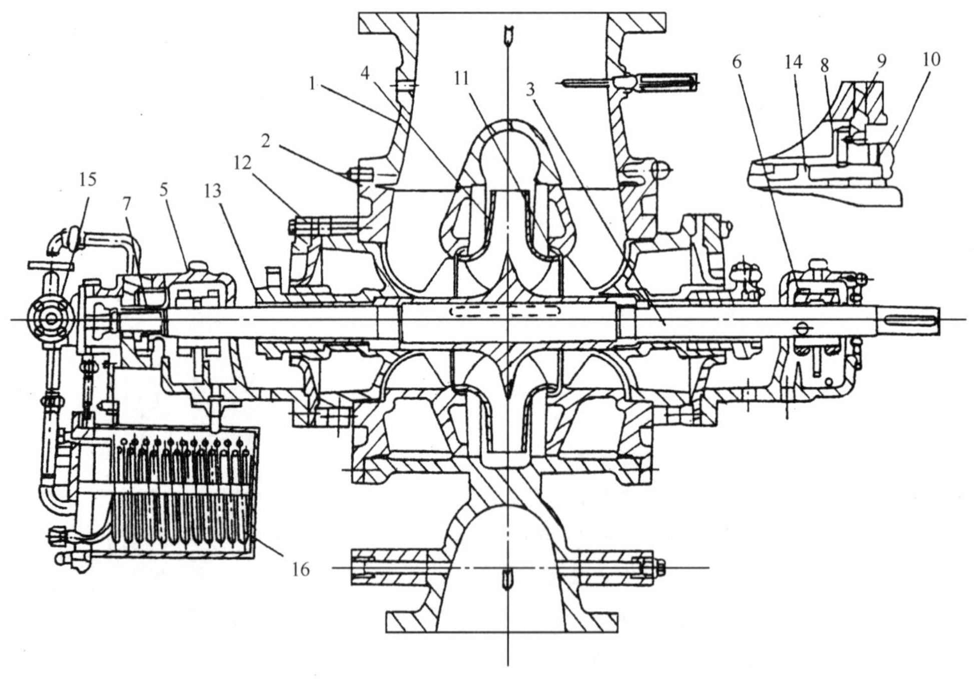

图 2-6-6　QG 型前置泵结构

1—泵体；2—泵盖；3—泵轴；4—叶轮；5—轴承体；6—轴瓦；7—推力轴承；8—机械密封；9—密封体；10—密封压盖；11—密封环；12—填料函体；13—轴套；14—机械密封轴套；15—轴承油泵；16—轴承箱冷却器

（一）混流式主循环泵

图 2-6-7 所示的混流泵为现代核电站反应堆回路主泵结构图。其主要参数如下：

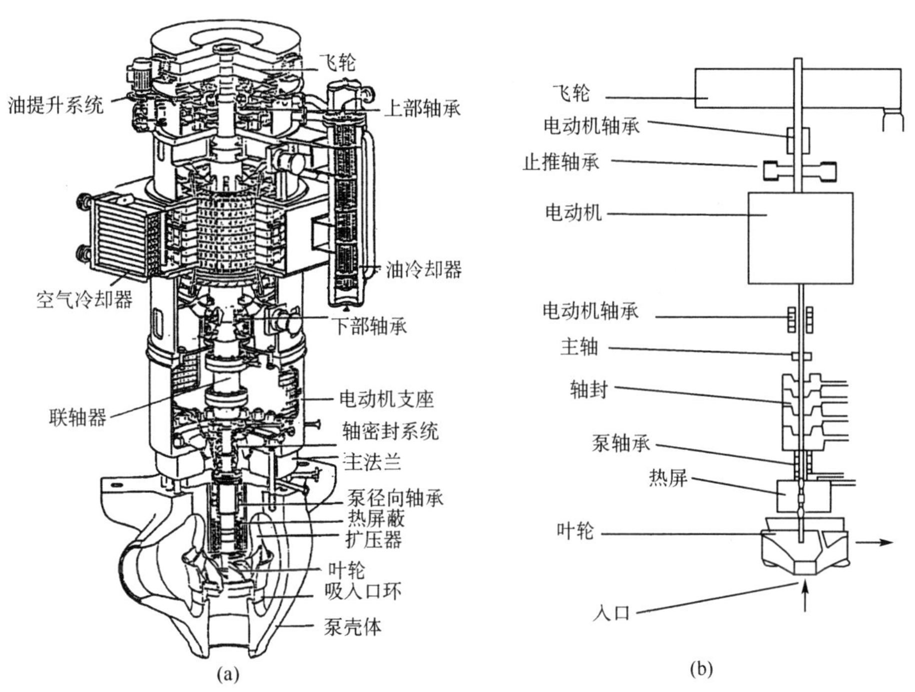

图 2-6-7 核电厂主循环（混流）泵

流量：$Q=23\ 790\ m^3/h$，扬程：$H=97.2\ m$，转速：$n=1\ 485\ r/min$，功率：$N=6\ 500\ kW$（6.6 kV）。入口压力：15.5 MPa（最低 2.4 MPa）；净质量：75 t；总高度为 8 m。

基本结构部件介绍如下：

（1）泵壳

泵壳为椭球形，冷却剂从泵壳底部沿叶轮轴线吸入，由径向水平接管排出。进口导流管为圆筒形，它使冷却剂向上至叶轮入口；进口导流管固定在泵壳内，它的上端与导叶下端同心。

（2）叶轮和导叶

叶轮上有 7 个螺旋形叶片，导叶由 12 个螺旋形叶片组成，它汇集叶轮流来的冷却剂。

（3）隔热屏

隔热屏由两部分组成，一是安装在导叶内侧的隔热套，二是安装在叶轮和泵轴承之间由 12 层不锈钢扁平盘管组成的扁平状热交换器，轴密封位于泵轴承之上。由化学和容积控制系统（RCV）来的高压冷却水注入泵径向轴承和轴密封之间，作为轴密封的密封液流和泵径向轴承的润滑剂。

核岛设备冷却水（RRI）在隔热屏冷却盘管内循环，正常运行时，隔热屏使反应堆冷却剂向泵轴承和轴密封的传热量减到最小。当 RCV 注入水失效时，隔热屏可以冷却沿轴向上流的润滑泵轴承和轴密封的反应堆冷却剂流。

(4) 轴密封组件(轴封)

主泵的轴封要求比较严格,为防止泄漏,由安装在泵轴上的三级串联机械密封来完成。轴封安装在泵的径向轴承上。

(5) 轴承及联轴节

主泵机组装有三个径向轴承和一个止推轴承;其中两个径向轴承和一个止推轴承用来支承电动机,另一个径向轴承为泵轴承。泵轴承浸没在水中且位于隔热屏和轴密封之间,它是水润滑轴承,由斯太立合金堆焊的不锈钢轴颈和石墨环构成的套筒组成。此轴承安装在一球形座内,能补偿泵——电动机机组轴线对中的小偏差。

泵轴与电动机轴之间采用联轴节连接,联轴节能使得在拆卸轴密封组件时不必拆卸电动机。主泵静止时,重力向下,靠止推轴承平衡;主泵运转时,轴向推力向上,除抵消重力外尚有余,也靠此双止推轴承平衡。

(6) 电动机

驱动主泵的电动机为立式、鼠笼、单速三相感应式交流电机,空气冷却。空气由两台热交换器采用设备冷却水(RRI)来进行冷却。额定功率 6 500 kW,电压 6.6 kV,同步转速 1 500 r/min。

(7) 飞轮

飞轮装在电动机轴的顶端,以增加主泵机组的转动惯量,使它有足够的惰转时间,以保证驱动主泵的电动机在断电后仍能为堆芯提供冷却剂。

第三代核电站 AP1000 的改进方案是考虑到现有混流泵轴密封结构复杂,维修难度较大;而屏蔽泵无轴封、无泄漏,且基本不需维修的优点,拟用屏蔽泵取代上述混流泵作为反应堆回路的主循环泵(参见 2.4.1.2 节)。

(二) 循环冷却水泵

核电站循环水系统为凝汽器和辅助冷却水系统提供冷却水的循环水泵为垂直布置混流式水泥蜗壳型水泵,其结构如图 2-6-8 所示。该泵为英国 NEI Allem 公司的产品。它的流量 $Q=22.482\ m^3/s$(8 万 m^3/h),扬程 $H=16.0$ m 水柱,转速 $n=161.2$ r/min,效率 $\eta=92\%$,电机电压 6.6 kV;轴功率 $N=4\ 500$ kW。

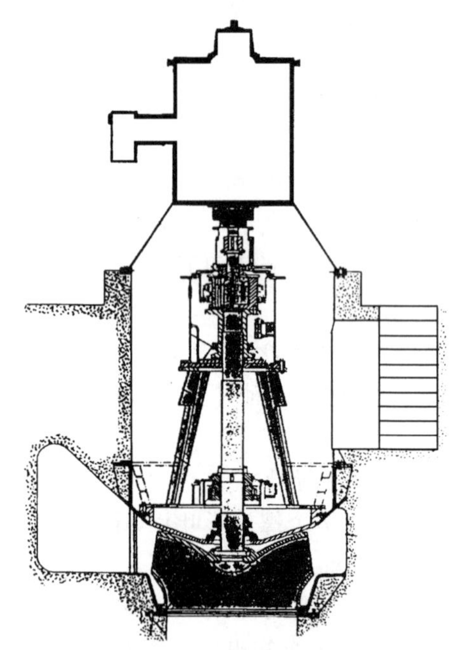
图 2-6-8 循环水泵

其基本结构简介如下:

(1) 泵壳及进水通道

泵壳为立式水泥蜗壳,进水通道也为混凝土浇制。从鼓形旋转滤网出口到水泵叶轮进口处形成进水通道,它的形状和尺寸是根据水力特性通过水工模拟试验后确定的。通道的断面由方形收缩变为圆形,形成收敛形混凝土弯头。此种结构可消除滞流区及旋涡,可避免带入空气造成的振动及海生物的沉积和污染。

(2) 叶轮和导叶

叶轮上装有螺旋形叶片，固定在泵轴下端。导叶不转动，固定在泵壳上。叶轮和导叶的作用与混流式主泵的叶轮和导叶的作用相同。

(3) 轴封

轴封采用接触式机械密封，位于泵顶盖的外侧。来自除盐水系统的澄清过滤水通往机械密封，用来防止海水泄漏。机械密封检修时，用两个充气橡皮圈密封，将其与海水隔离。

(4) 减速齿轮箱

减速齿轮箱位于泵轴的上端。减速齿轮箱内有减速齿轮(744/161.2 r/min)、水泵的推力轴承和径向轴承。减速齿轮箱内部及电机轴承由循环水泵润滑系统进行润滑和冷却。

(5) 驱动电机

驱动电机为感应式电动机，电压6.6 kV，转速750 r/min，功率4 500 kW。电动机为空气冷却密封循环，空气在冷却器内冷却，冷却水来自常规岛闭路冷却水系统的除盐水。

7. 三级立式沉箱型凝结水泵

核电站冷凝水泵(凝结水泵)是三级立式沉箱型结构。如图2-6-9所示。

该泵主要由吸入喇叭口，第一级蜗壳和第一级叶轮，泵的第二、第三级叶轮，支承管及排水弯头，机械密封(轴封)，轴承和电动机组成。

泵转速为1 482 r/min，扬程为215 m水柱，流量为552.67 kg/s(约2 000 m^3/h)。

凝结水由喇叭口吸入，进入第一级叶轮，获得能量后由叶轮周缘排出，通过双蜗壳通道进入第二、第三级叶轮，再次获得能量后，从支承管及排水弯头中排出。

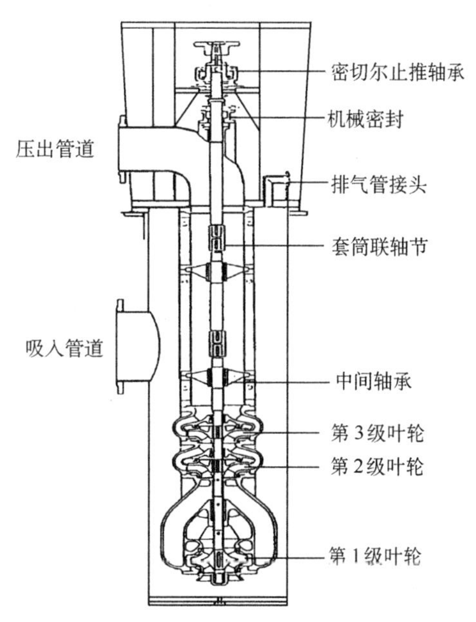

图2-6-9　三级立式沉箱型凝结水泵

2.7　容积式泵

容积式泵是利用工作室容积周期性变化来挤送流体的，有往复式(或称活塞式)和回转式两种类型。

2.7.1　往复式泵

往复泵又称活塞泵，是一种容积式泵，应用很广。它依靠在缸体内的活塞作往复运动使泵缸容积不断变化，使流体吸入和排出。常见的几种往复泵的工作原理如图2-7-1所示。

图2-7-2为单作用活塞泵装置简图。主要部件有泵缸(1)、活塞(2)、活塞杆(3)、吸入阀

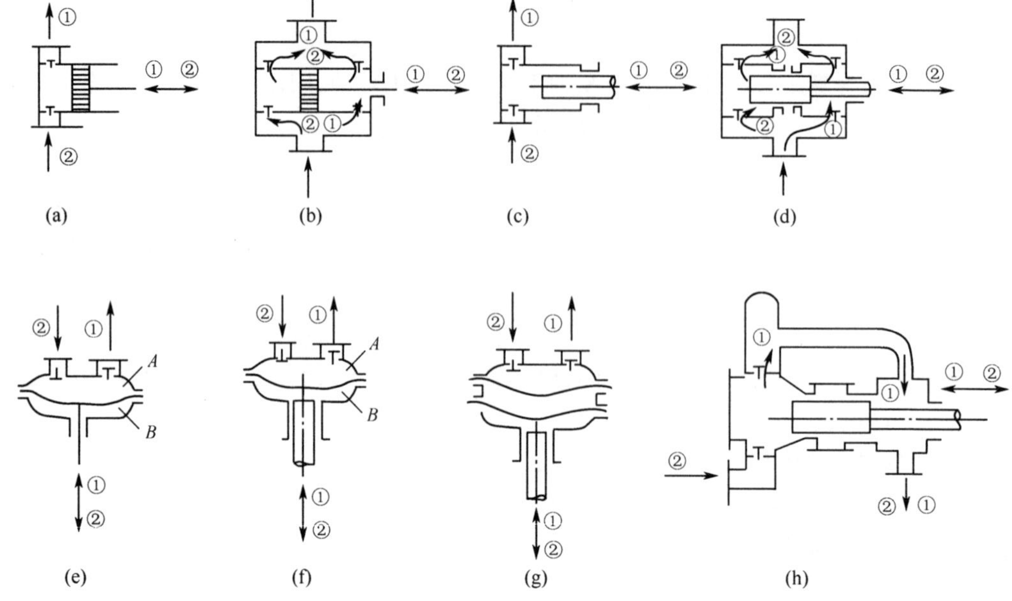

图 2-7-1　常见往复泵工作原理

a—单作用活塞泵；b—双作用活塞泵；c—单作用柱塞泵；d—双作用柱塞泵；
e—机械作用隔膜泵；f—液压作用隔膜泵；g—双隔膜泵；h—差动式柱塞泵；
①—排出过程；②—吸入过程

(4)和排出阀(5)。活塞杆与传动机构相连接而作往复运动。吸入阀和排出阀都是单向阀。泵缸内活塞与阀门间的空间叫做工作室。

当活塞自左向右移动时，工作室的容积增大，形成低压，便能将贮池内的液体经吸入阀吸入泵缸内。吸入液体时，排出阀受排出管内液体压力作用而关闭。当活塞移到右端时，工作室的容积最大，吸入的液体量也最大。此后，活塞便改为由右向左移动，泵缸内液体受挤压，压强增大，使吸入阀关闭而推开排出阀将液体排出。活塞移到左端时，排液完毕，完成了一个工作循环。此后活塞又向右移动，开始另一个工作循环。

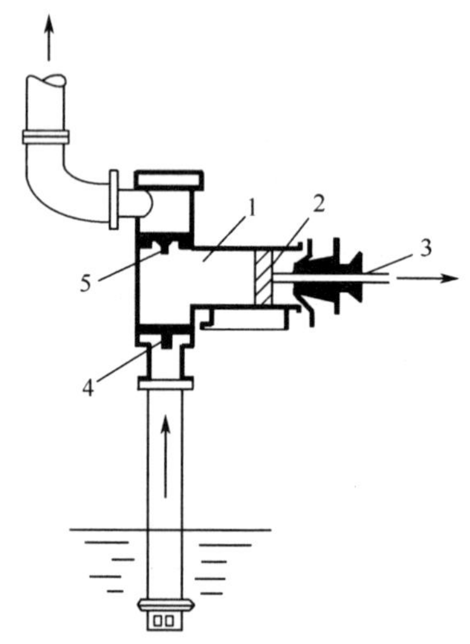

图 2-7-2　单作用活塞泵

由上述可见，单作用活塞泵就是靠活塞在泵缸的左右两端点间作往复运动完成吸入和压出液体的。活塞从左端点到右端点(或从右端点至左端点)的距离叫做行程或冲程。活塞在往复一次中，只吸入和排出液体各一次。由于单动泵的吸入阀和排出阀均装在活塞的一侧(如图 2-7-2 中的左侧)，吸液时就不能排液，因此排液不连续。加之活塞由连杆和曲轴带动，活塞在左右两端点之间的往复运动不是等速度，所以排液量也就随着活塞的移动有相应的起伏，其流量曲线如图 2-7-3(a)所示。

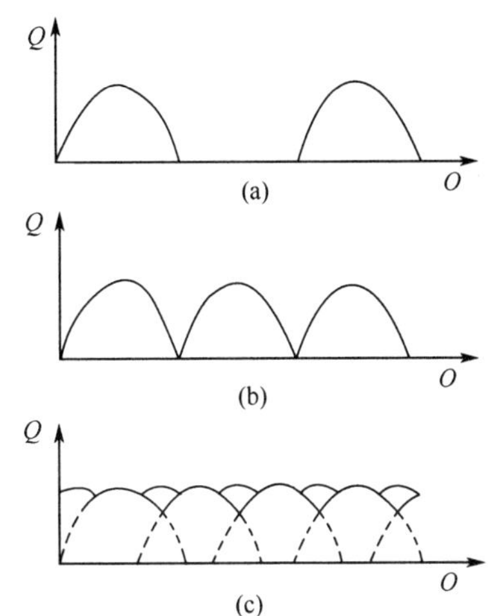

图 2-7-3　活塞泵的流量曲线

为了改善单动泵流量的不均匀性，多采用双动泵或三联泵。双动活塞泵的工作原理如图 2-7-1(b)所示，在活塞两侧的泵体内都装有吸入阀和排出阀，因此无论活塞向哪边运动，总有一个吸入阀和一个排出阀打开，即在活塞往复一次中，吸液和排液各两次，使吸入管路和排出管路总是有液体流过。所以送液连续，但流量曲线仍有起伏，如图 2-7-3(b)所示。三联泵实质上为三台单动泵并联构成，其流量曲线如图 2-7-3(c)所示，其排液量较均匀。

往复泵的共同特点是：

(1) 往复泵的流量只与泵本身的几何尺寸和活塞的往复次数有关，而与泵的压头无关，即无论在什么压头下工作，只要往复一次，泵就排出一定体积的液体，所以往复泵是一种典型的容积式泵。

往复泵的理论流量可按式(2-7-1)和式(2-7-2)计算：

单动泵
$$Q_T = ASn_r \tag{2-7-1}$$

式中：Q_T—— 往复泵的理论流量，m^3/min；

A—— 活塞的截面积，m^2；

S—— 活塞的冲程，m；

n_r—— 活塞每分钟的往复次数，1/min。

双动泵
$$Q_T = (2A - a)Sn_r \tag{2-7-2}$$

式中：a——活塞杆的截面积，m^2。

实际上，由于活塞填衬不严；吸入阀与排出阀启闭不及时；并随着压头的增高，液体漏损量加大等原因，往复泵的实际流量小于理论流量。

(2) 往复泵的排出压力高，且排出压力与泵的流量和几何尺寸无关。只要泵的机械强度及原动机的功率允许，输送系统要求多高的压头，往复泵就能提供多大的压头。实际上，由于活塞环、轴封、吸入和排出阀等处的泄漏，往往降低了往复泵可能达到的压头。

(3) 往复泵有自吸能力。往复泵内的低压，是靠工作室的扩张形成的，泵内无须灌水排除空气，它具有自吸能力。

(4) 往复泵排出流量不均匀。根据它的工作原理，泵的吸入和压出液体的过程是不连续的，因而流量不均匀。而且它的排出流量不能简单地用排出管路上的阀门来调节，一般采用回路调节装置。

基于以上特点，往复泵主要适用于小流量、高压强的场合，输送高黏度液体时的效果也比离心泵好。但不能输送腐蚀性液体和有固体粒的悬浮液。

2.7.2　回转式容积泵

回转泵是靠泵内一个或一个以上的转子的旋转来吸入与排出液体，又称转子泵。回转泵有齿轮泵、螺杆泵等类型。它们结构各异，但原理相同。现分别介绍如下。

2.7.2.1 齿轮泵

图 2-7-4 是齿轮泵的结构原理图。泵壳内有两个互相啮合的齿轮，主动轮旋转带动从动轮一起旋转。依靠相互啮合旋转的这一对齿轮在啮合过程中所引起的工作容积变化来输送液体。

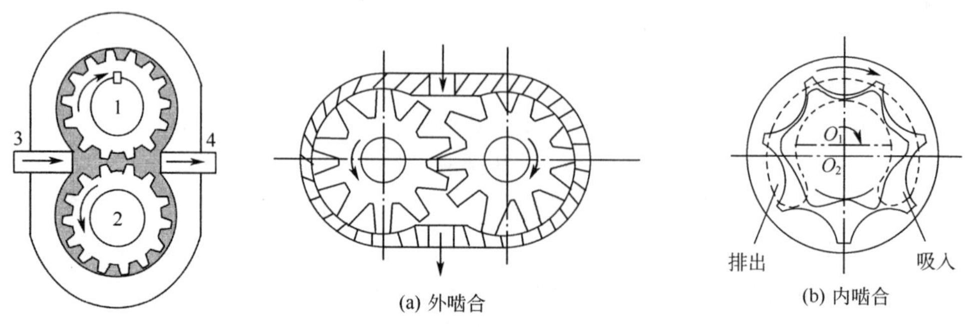

图 2-7-4 齿轮泵
1—主动轮；2—从动轮；
3—吸入管；4—排出管

图 2-7-5(a) 齿轮泵结构类型

当齿轮按图中所示的箭头方向转动时，流体经吸入管进入，并沿上下壳壁被两个齿轮分别挤压至压出管排出。

齿轮泵有外啮合和内啮合两种，如图 2-7-5(a)所示。外啮合齿轮泵有直齿、斜齿、人字齿等几种齿轮，一般采用渐开线齿形。内啮合齿轮泵采用圆弧—摆线齿形或渐开线齿形。

齿轮泵结构如图 2-7-5(b)所示。该泵为外啮合齿轮泵，两个齿轮啮合。它由泵体、齿轮、滚针轴承、传动轴及前后盖组成。

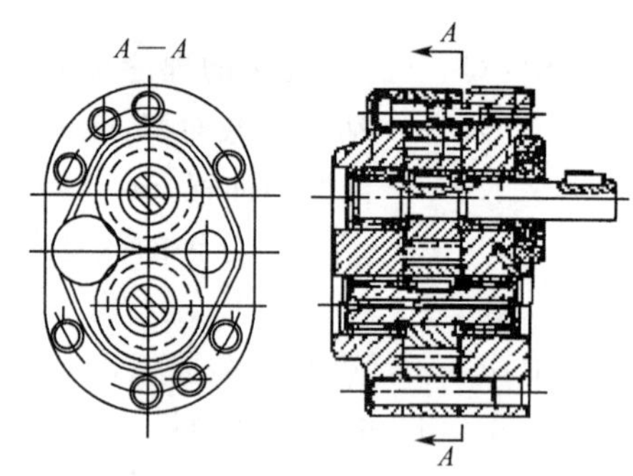

图 2-7-5(b) 齿轮泵结构

齿轮泵结构简单，制造容易，能自吸，工作可靠，维护方便，但输出流量和压力脉动且噪声较大。适用于输送不含固体颗粒的各种液体，可作滑油泵、燃油泵输液泵和液压传动装置的液压泵使用。

2.7.2.2 螺杆泵

螺杆泵依靠螺杆相互啮合空间的容积变化来输送液体。当螺杆转动时吸入腔一端的密封线连续地向排出腔一端作轴向移动，使吸入腔的容积增大，压力降低，液体在压差作用下沿吸入管进入吸入腔。随着螺杆的转动，密封腔内的液体连续而均匀地沿轴向移动到排出腔，由于排出腔一端的容积逐渐缩小，即将液体排出。如图 2-7-6 所示。

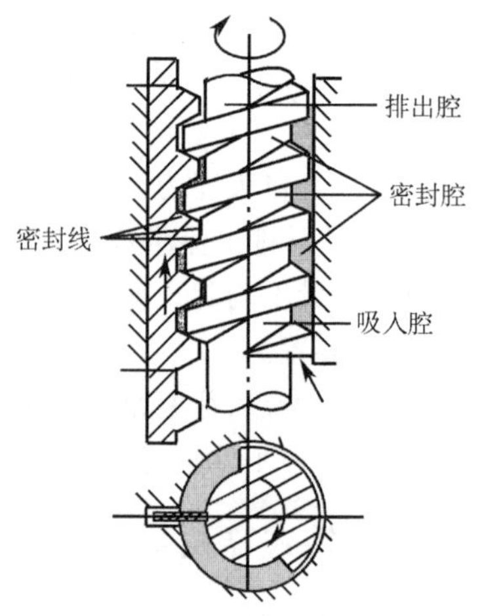

图 2-7-6 螺杆泵输液原理

螺杆泵的特点是流量和压力脉动很小，噪声小，寿命长，有自吸能力而且结构简单紧凑。

螺杆泵属于容积式泵，它的压力决定于与它连接的管路系统的总阻力。为防止某种原因（如排出阀未打开）使连接管路阻力突然增加，损坏泵或原动机，泵须配带安全阀。

螺杆泵有单螺杆泵、双螺杆泵、三螺杆泵和五螺杆泵几种结构类型。如图 2-7-7(a)(b)(c)所示。

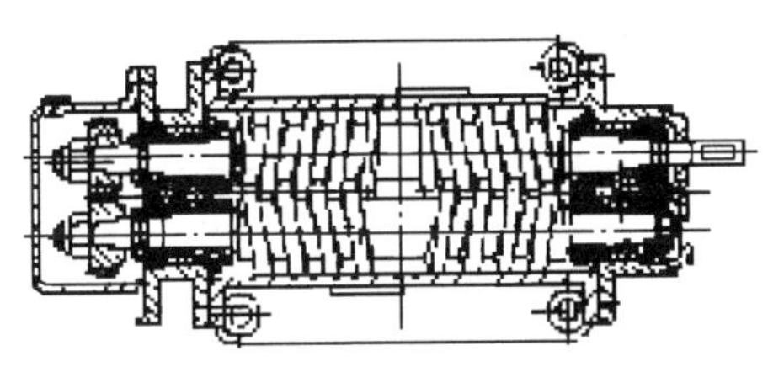

图 2-7-7(a)　双螺杆泵

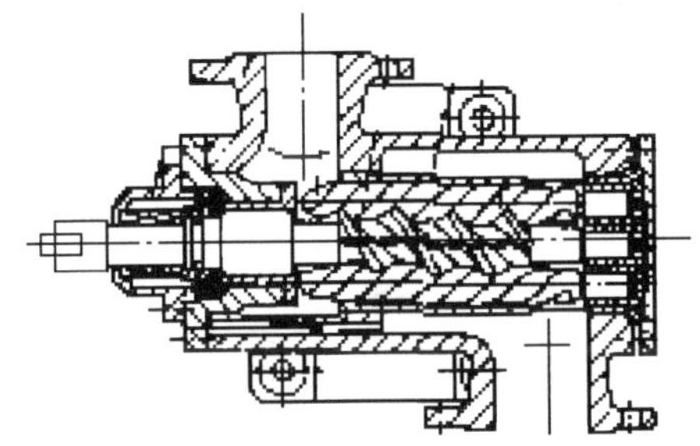

图 2-7-7(b)　三螺杆泵

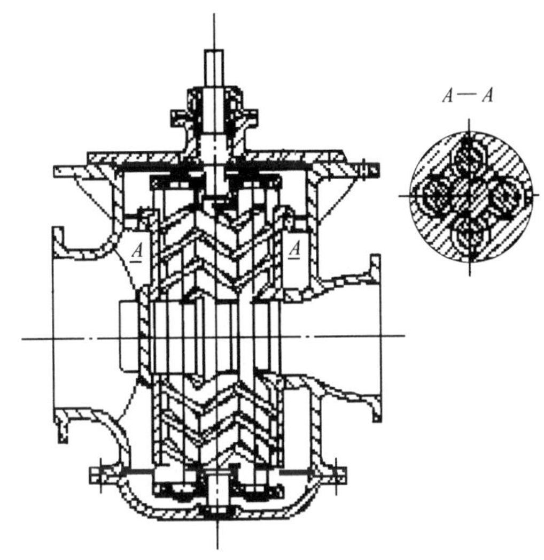

图 2-7-7(c)　五螺杆泵

2.8　其他类型的泵

2.8.1　射流泵

2.8.1.1　射流泵的工作原理

射流泵与前述的离心泵、轴流泵、往复泵、回转泵等不同，它不是借助机械能的转变来使所输送的液体获得能量，而是利用工作流体（气体、液体）的能量，使输送液体获得能量。

射流泵主要由喷嘴、扩散管吸入室和混合室组成。其工作原理如图 2-8-1 所示：它是利用高速射流的

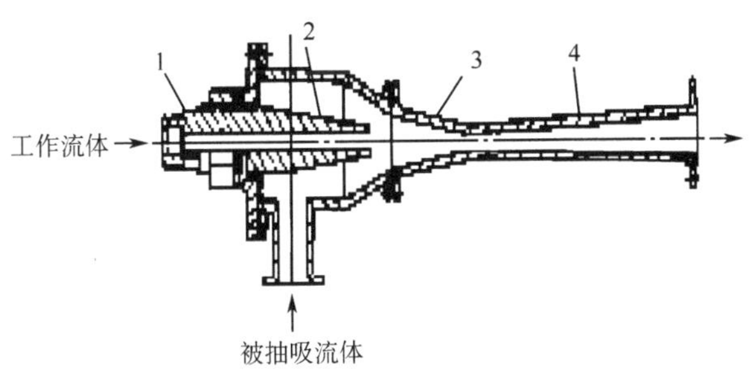

图 2-8-1　射流泵的工作原理

1—喷嘴；2—吸入室；3—混合室；4—扩散管

抽吸作用来输送流体。

压力较高的工作流体进入喷嘴(1),流体在喷嘴中将部分压力能转换为动能,从喷嘴射出,因高速射流将喷嘴周围的流体带走,于是在其附近形成真空,被抽吸流体便经吸入管进入吸入室(2),在混合室(3)中与工作流体混合后,经扩散管(4)进入排出管排出。由于工作流体连续喷射,吸入室继续保持真空,于是得以不断将流体吸入和排出。

射流泵的工作流体可以是蒸汽,也可以是水。被输送流体可以是水或空气。在电厂中,射流泵多用在抽出凝汽器内的空气,以维持凝汽器内的真空值。核电站及核工业相关部门也用蒸汽射流泵抽吸地坑中的低放射性废水。

2.8.1.2 射流泵的基本参数与性能曲线

(1) 基本参数

压力比:即喷射泵压力 Δp_c 与工作流体压力 Δp_0 之比:

$$h = \frac{\Delta p_c}{\Delta p_0}$$

式中:Δp_c——喷射泵压力(Pa);

Δp_0——工作流体压力(Pa)。

流量比 q:被吸流流量 q_{vs} 与工作流流量 q_{v0} 之比:

$$q = \frac{q_{vs}}{q_{v0}}$$

式中:q_{vs}——被吸流流量 (m^3/s);

q_{v0}——工作流流量 (m^3/s)。

面积比 m:即喉管断面面积 A_3 与喷嘴断面面积 A_1 之比:

$$m = \frac{A_3}{A_1}$$

式中:A_3——喉管断面面积,($\frac{\pi d_3^2}{4}$);

A_1——喷嘴断面面积,($\frac{\pi d_1^2}{4}$)。

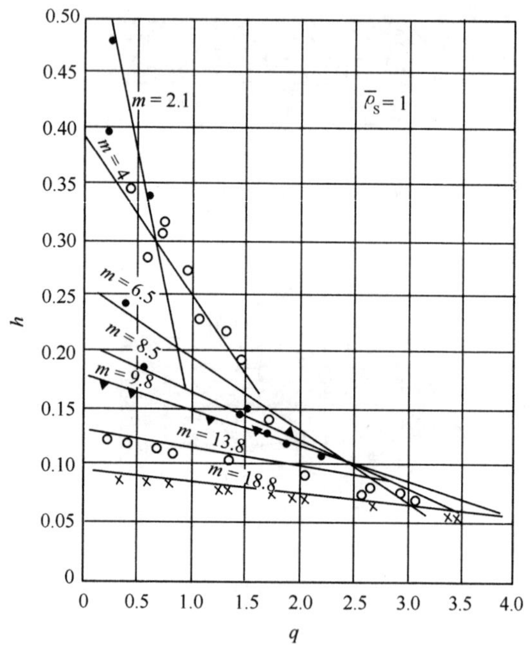

图 2-8-2 射流泵的性能曲线(q-h 曲线)

(2) 性能曲线

射流泵的性能曲线(q-h 曲线)与介质和面积比 m 有关。如右图 2-8-2 所示。液体抽送液体的射流泵性能曲线近似为直线。

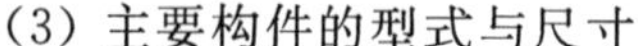

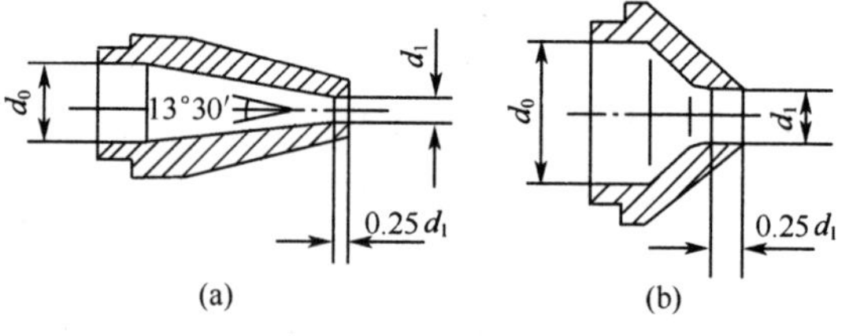

图 2-8-3 喷嘴形式

a—圆锥形喷嘴;b—流线形喷嘴

(3) 主要构件的型式与尺寸

① 喷嘴

采用圆锥形、流线形等形式,如图 2-8-3 所示。

② 吸入室

按工作流体和被吸流体的流向分成平行和斜交两种，如图 2-8-4 所示。

③ 扩散管

如图 2-8-5 所示。

它的作用是将喉管出口处流体的动能转换为压力能。

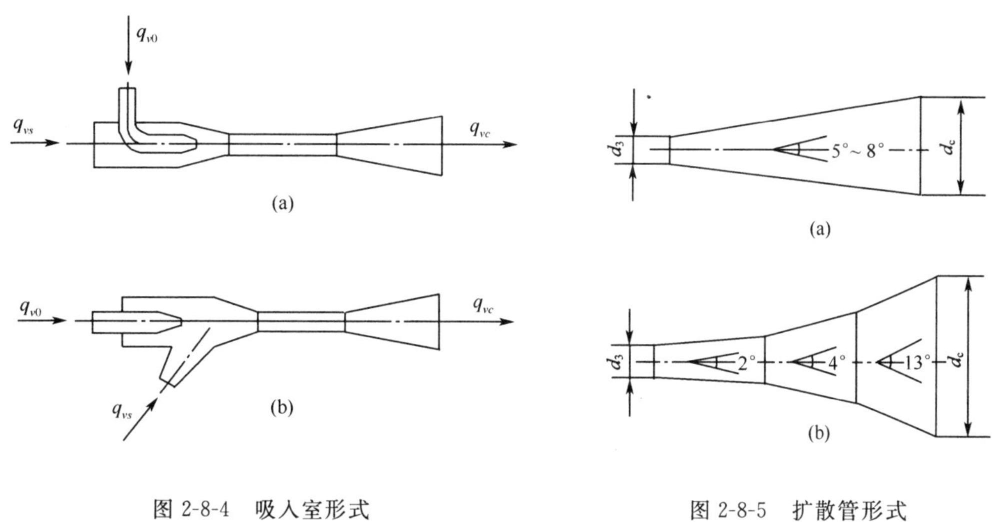

图 2-8-4 吸入室形式

图 2-8-5 扩散管形式

2.8.2 液环泵

2.8.2.1 液环泵工作原理

液环泵是一种输送气体的流体机械。它依靠叶轮的旋转把机械能传递给工作液体（旋转液环），又通过液环对气体压缩，把能量传递给气体，使气体压力升高，达到抽吸真空（作真空泵用）或压送气体（作压缩机用）的目的，两者统称为液环泵。

液环泵（图 2-8-6）的叶轮与泵体呈偏心位置，两端由侧盖封住，侧盖端面上开有吸气和排气窗口，分别与泵的进口和出口相通。当泵体内充有适量工作液体时，由于叶轮的旋转，液体向四周甩出，在泵体内壁与叶轮之间形成一个旋转的液环。液环内表面与叶轮轮毂表面及侧盖端面之间构成月牙形的工作空腔，叶轮叶片又将空腔分隔成若干个互不连同、容积不等的封闭小室（图 2-8-7）。在叶轮的前半转（吸入侧），小室容积逐渐增大，气体经吸气窗口被吸入到小室中；在叶轮的后半转（排出侧），小室容积逐渐减小，气体被压缩，压力升高，然后经排气窗口排出。

液环泵工作时必须从外部连续地向泵体内注入一定量的新鲜工作液体以补充随气体排出的液体。工作液体除起传递能量的媒介作用外，还起密封工作腔和冷却气体等作用，它必须是使被输送气体不溶解于它，也不与它发生化学反应的液体。最常用的是水，也用硫酸、油等。采用饱和蒸汽压低的工作液体可以提高液环真空泵的理论极限空间。

2.8.2.2 液环泵的基本结构型式

液环泵按吸排气方向分为轴向吸排气和径向吸排气两种；所谓轴向吸排气就是气体经

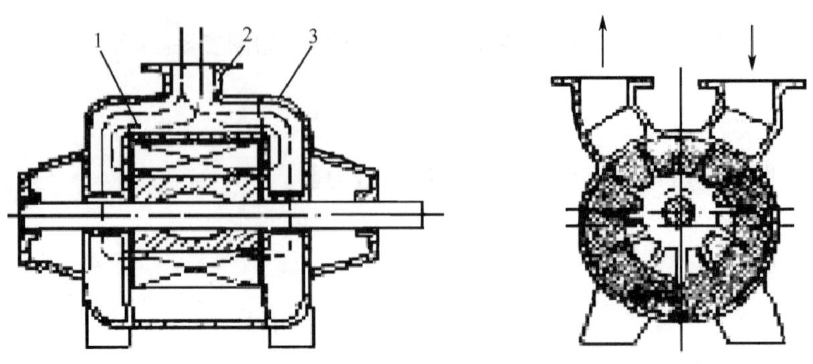

图 2-8-6 液环泵简图

1—叶轮;2—泵体;3—侧盖

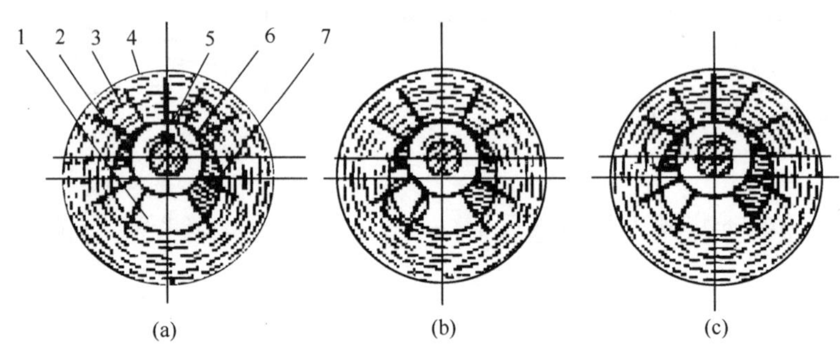

图 2-8-7 液环泵工作原理图

a—吸气;b—压缩;c—排气;

1—月牙形空腔;2—排气窗口;3—液环;4—泵体;

5—叶轮;6—叶片封闭小室;7—吸气窗口

由侧盖端面上的窗口沿轴向进入叶轮并由叶轮排出,吸排气方向与液环移动方向垂直。而径向吸排气是气体经由设在叶轮轮毂中的气体分配器表面上的窗口沿径向进入叶轮并由叶轮排出,吸排气方向与液环移动方向一致。

按作用方式分为单作用和双作用两种。所谓单作用就是叶轮与泵体呈单偏心,叶轮旋转一圈,进行一次吸排气。而双作用是叶轮与泵体呈双偏心,叶轮旋转一转,进行两次吸排气。

两种组合后的基本结构型式有轴向单作用、径向双作用和轴向双作用三种。如图 2-8-8 所示。

2.8.2.3 主要性能参数和特性曲线

(1) 气量 Q

液环真空泵的气量:是指泵出口为大气状态(760 mm Hg)时,单位时间内通过真空泵进口的吸入状态下的气体容积(m^3/min)。

液环压缩机的气量:是指压缩机进口为大气状态(760 mm Hg)时,单位时间内通过压缩机进口的气体容积(m^3/min)。

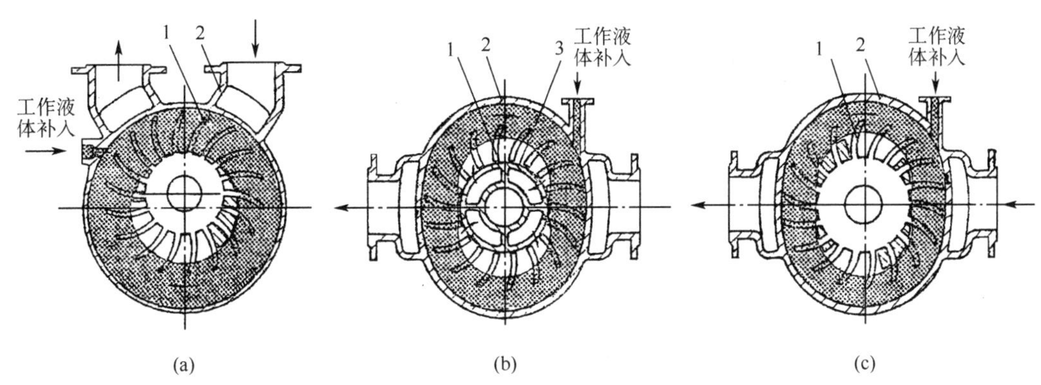

图 2-8-8　液环泵基本结构形式

a—轴向单作用；b—径向双作用；c—轴向双作用；1—叶轮；2—泵体；3—气体分配器

(2) 液环真空泵的极限真空

指液环真空泵的气量为零时的真空度。

(3) 液环压缩机的最大排出压力

指液环压缩机气量为零时排出压力(表压)。

液环真空泵的性能与所输送气体的状态、工作液体的性质及温度有关，通常只给出规定条件下的特性曲线，如图 2-8-9 所示。当实际条件与规定条件不符时，泵的性能应进行换算或修正。

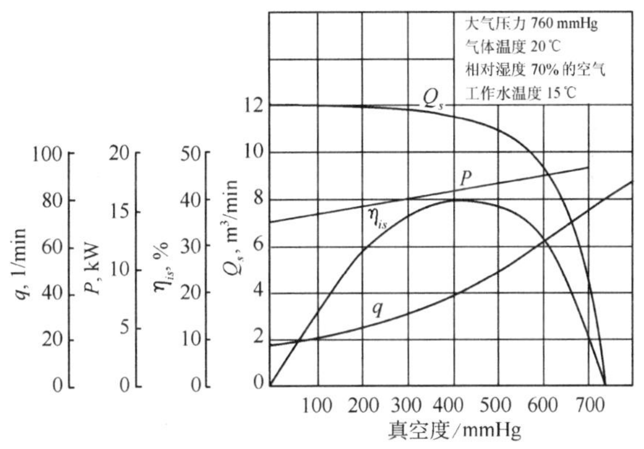

图 2-8-9　液环真空泵特性曲线

2.8.2.4　液环泵的优缺点及适用范围

(1) 液环泵的主要优点

1) 工作过程接近于等温压缩，泵内部没有互相摩擦的金属表面，因此，适合输送易燃易爆或遇温升易分解的气体；

2) 可以采用非油工作液体，使输送的气体不受油污染；

3) 可以输送含有蒸汽、水分或固体微粒的气体；

4) 结构简单，不需吸、排气阀，工作平稳可靠，气量均匀。

(2) 液环泵的缺点

效率较低，一般为 30%～50%，最高 55%。

(3) 适用范围

液环真空泵主要用于真空蒸发、干燥，水泵引水等。其最大气量目前已达 300 m^3/min。当工作水温为 15 ℃时单级泵的极限真空可达 30 mmHg，两级泵可达 15 mmHg。

液环压缩机主要用于压送煤气、乙烯、氧气等。其最大气量目前已达 400 m^3/min 以上，单级压缩机的排出压力可达 0.4 MPa，两级达 0.6 MPa，特殊的可达 2 MPa。

2.9 泵的启动要求及常见故障处理

2.9.1 泵的启动要求

2.9.1.1 泵的启动特性

对大型泵组的启动，因机组惯性大，阻力矩大，启动时会产生很大的冲击（启动）电流，不仅启动困难，对电网的正常运行也有很大的影响。因此，大型机组的启动应给以足够的重视。

离心泵的启动特性如图 2-9-1 所示。泵在启动瞬间静摩擦转矩为 M'_{Pe} 一旦启动，摩擦转矩（包括轴承、密封的摩擦力矩、水对叶轮的阻力矩）与转速的关系在关阀启动时沿 ABC 变化，直到 100% 转速的 C 点。这时打开出口闸阀，泵的转矩 M 将随流量 Q 的增大而沿曲线 CD 上升。当达额定流量 Q_e 时，泵的转矩也达到额定转矩 M_e。

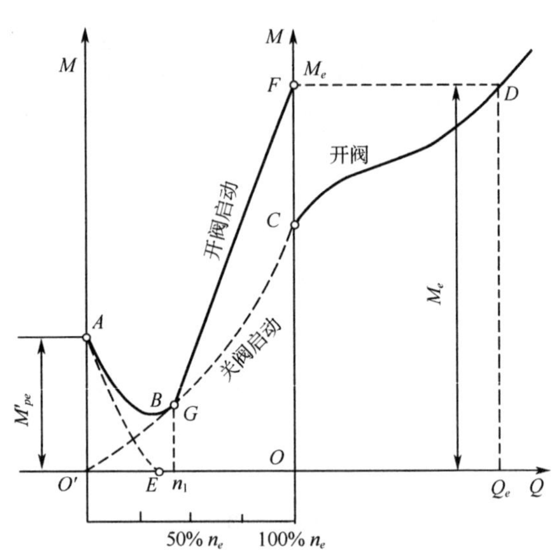

图 2-9-1 泵的启动特性

若开闸阀启动，泵阻力矩沿曲线 GF 急剧上升，可见离心泵开阀启动时的转矩较关阀启动的转矩大。

轴流泵流量等于零时的功率最大，与离心泵正好相反。

2.9.1.2 离心泵的启动要求

（1）启动前泵内必须充水排气。

（2）离心泵应在关闭出口阀的情况下启动，关闭出口阀意味着泵出口流量为零，此时，泵的轴功率最小，电机启动电流小，不易过载。但泵关闭出口阀工作的时间不得超过 2～3 min。否则泵内液体强制循环温升很快会对泵造成损坏。

（3）高压给水泵（或主给水泵）无论是冷态还是热态启动，启动前都必须进行暖泵，这已成为这类泵最重要的启动程序之一。暖泵就是使泵逐步升温且各部均温的加热过程。如果暖泵不充分，将由于热膨胀不均，会导致泵动静部分严重磨损和振动，缩短泵的使用寿命。

暖泵方式有正暖和倒暖两种。所谓正暖是指暖泵用水取自除氧器，并顺水流方向从泵入口管进入泵内，适用于机组试启动或检修后启动的情况；所谓倒暖是指暖泵用水取自水温较高的压力母管，逆原水流方向从泵的末级流向首级，最后从泵的进口流回除氧器，适用于热备用状态。

2.9.1.3 轴流泵的启动要求

中、小型轴流泵特别是卧式轴流泵或小型立式轴流泵，大都安装在高于水面的位置上，所以，它在启动以前，泵壳和吸入喇叭口也必须先充满水。同样，在有空气存在的情况下，泵内和吸入管就无法形成真空。因此,一般都另设一台到几台电动真空泵,利用它们将泵壳和吸入喇叭口内空气抽出形成真空,以达到充水的目的。

大型立式轴流泵,一般都安装在低于水面的位置上,故泵壳、叶轮和吸入喇叭口均沉浸在液体中,无需在启动前专门对它先排气充水,因此,不设抽气装置,便能迅速启动,这也是轴流泵特点之一,对于实现自动程序启动是个有利的条件。

轴流泵、混流泵及旋涡泵均采用出口阀开阀的状态启动(因关阀启动,消耗功率最大)。

对于可调叶片的轴流泵,可将叶片安装角调到最小时启动,待达到正常转速后再把叶片安装角调到合适的位置。

2.9.1.4 往复(活塞)泵的启动要求

往复泵和回转泵等容积式泵,必须采用出口阀打开的工况下启动,否则泵内压强会急剧升高,使泵体、管路和电机造成损坏。

2.9.2 泵常见故障及处理方法

核电厂90%以上的泵为离心泵,这里就以离心泵为例将泵常见机械故障及处理方法列于下表(表2-9-1),以供学习时参考。对实际泵的运行故障分析及处理应遵照核电厂运行和维修规程进行。

表 2-9-1 离心泵常见故障及处理方法

常见故障	处理方法
开启时发现扬程小	改变安装高度,或降低装置扬程或换泵
泵的转向反向	调整电机接线,改变转向
泵的转速太低	检查电压是否符合要求,传动部分是否正常
泵的流道堵塞	清理入口池的杂质,停泵拆开疏通,清除异物
入口管线或密封泄漏	检查入口管线,堵塞泄漏处,拧紧填料密封
叶轮口环磨损太大	查磨损原因,修理,更换备件
泵安装太高,产生汽蚀	降低安装高度,减小吸水阻力,消除汽蚀的原因
多级泵的平衡装置磨损严重	修理,更换
叶轮汽蚀严重	查汽蚀原因,采取相应措施,更换叶轮
泵轴弯曲,轴承磨损严重	矫直泵轴,更换轴承
填料密封太紧,轴发热	调整填料密封压紧程度
两半联轴器间隙太小,两轴相顶	调整两半联轴器间隙
流量太大,大大超出工艺要求	关小出口阀门,提高扬程,或降低转速,或换泵
泵入口真空度超出允许吸入真空度	降低泵的安装高度,减少吸水阻力损失
泵内旋转零件有磨损	检查原因,清理内部
吸水池内有旋涡,空气吸入泵内	增加泵入口的淹没深度
密封填料室与泵轴不同心	调整矫正,使其同心

复习思考题

1. 泵如何分类(按工作原理及输出压力大小)? 泵的功能是什么?

2. 简述离心泵、轴流泵的工作原理。

3. 离心泵、轴流泵有哪些主要部件? 各部件的功能是什么?

4. 根据理论方程分析离心泵的理论压头与流量的关系。

5. 离心泵有几种叶片形式? 各对性能有何影响? 为什么离心泵大多采用后弯叶片?

6. 离心泵有哪几个主要性能参数?

7. 离心泵、轴流泵的特性曲线有何特点?

8. 离心泵汽蚀产生的原因、现象及后果是什么?

9. 提高泵抗汽蚀能力的主要措施有哪些?

10. 什么是离心泵的工作点? 离心泵流量调节的方法有哪几种?

11. 什么是离心泵的“切割定律”和“比例定律”?

12. 离心泵密封装置分为哪两种? 轴封有几种结构类型?

13. 离心泵轴向推力平衡所采用的基本方式有哪几种?

14. 泵或风机联合工作(并联、串联)方式的选择原则是什么?

15. 离心泵、轴流泵对启动有什么要求?

16. AP1000 屏蔽泵的主要组成部件及主要技术特征是什么?

17. 往复泵的共同特点是什么?

18. 简述螺杆泵的输液原理及主要结构类型。

19. 简述喷射泵的工作原理、主要组成及特性参数。

20. 简述液环泵的工作原理及主要优缺点。

第三章 风 机

3.1 风机的分类

风机是将驱动机构的机械能传给被输送的气体，提高气体的压力和速度，用来压缩与输送气体的机械。核电厂中用得最多的是通风机，它为各厂房、各不同工作区域的通风、空调系统(约有 40 多个)提供空气输送和空气置换。其中核岛和核辅助厂房占一半以上。核通风、空调不仅要排热换气创造适宜的工作环境，还要保证工作人员身体健康，为工作场所提供符合辐射防护要求的洁净空气；有的核通风系统还与核安全直接有关。因此，了解和掌握通风机的基本构造、性能特征及运行要求，是保证核电厂安全运行的基本条件。

1. 风机按出口压力范围分为三大类，即通风机、鼓风机和压缩机

		出口压力范围(kPa)
(1) 通风机		$P_d \leqslant 15$
(2) 鼓风机		$15 < P_d \leqslant 200$
(3) 压缩机	(低压)	$200 < P_d \leqslant 1\,000$
	(中压)	$1\,000 < P_d \leqslant 10\,000$
	(高压)	$10\,000 < P_d \leqslant 100\,000$
	(超高压)	$P_d > 100\,000$ (100 MPa)

2. 按工作原理和结构不同分类

(1) 容积式——往复式风机(压缩机)：往复活塞式、隔膜式、斜盘式等

——回转式风机(罗茨鼓风机)：滑片式压缩机、螺杆压缩机

(2) 透平式——离心式、轴流式等

3. 通风机按气流运动方向分类

(1) 离心式通风机：气流轴向进入风机叶轮后主要沿径向流动，或称径流式通风机。

(2) 轴流式通风机：气流轴向进入风机叶轮后近似地在圆柱形表面上沿轴线方向流动。

(3) 混流式通风机：在风机的叶轮中气流处于轴流式和离心式之间，近似地沿锥面流动。

4. 通风机按出口压力分类

(1) 低压离心通风机：全压 $P \leqslant 1$ kPa

(2) 中压离心通风机：全压 $P = 1 \sim 3$ kPa

(3) 高压离心通风机：全压 $P = 3 \sim 15$ kPa

(4) 低压轴流通风机：全压 $P \leqslant 0.5$ kPa

(5) 高压轴流通风机：全压 $P = 0.5 \sim 15$ kPa

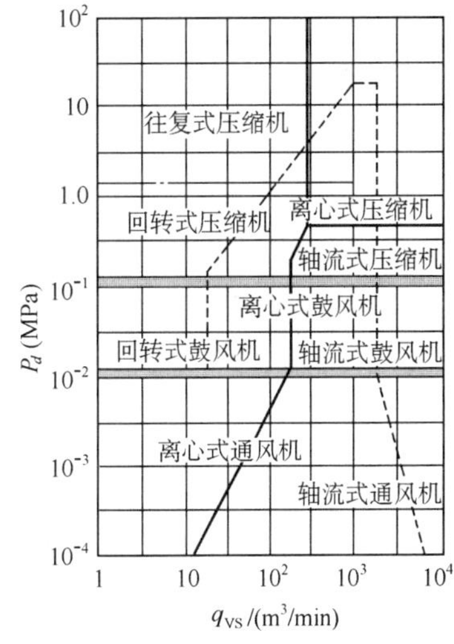

图 3-1-1 各种型式通风机、鼓风机、压缩机的压力和流量范围

通风机和鼓风机主要用于输送气体，压缩机主要用于提高气体压力。各种型式的通风机、鼓风机、压缩机所能达到的压力和气量范围见图 3-1-1。

本章主要介绍在核电厂中应用最广泛的通风机。

3.2 通风机的工作原理及主要部件

3.2.1 通风机的工作原理

(1) 离心通风机

离心通风机如图 3-2-1 所示。它由叶轮 2、机壳 3、集流器 1 等组成,它和离心泵一样也是利用旋转叶轮带动流体(空气)一起旋转,在离心力的作用下使气体的压能和动能增加,当获得的能量足以克服阻力时,即可将轴向进入叶轮的气体,沿径向输送出去。

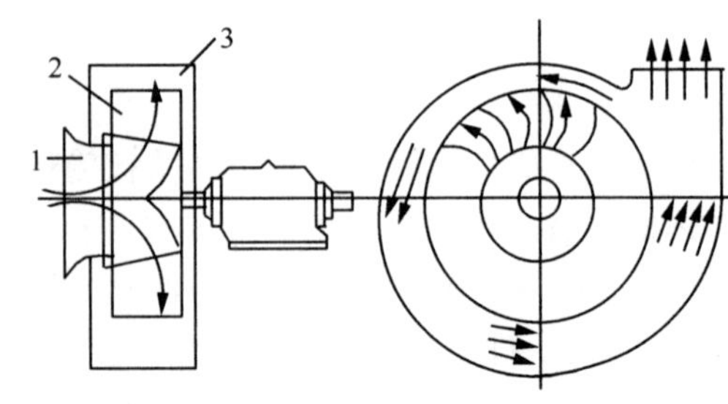

图 3-2-1 离心通风机

该类风机性能好,效率高,体积小,重量轻,能与高速原动机直连,因此工程上得到广泛应用。

(2) 轴流通风机

轴流通风机结构如图 3-2-2 所示。气体从集流器(进气箱)轴向进入,通过叶轮旋转使气体获得能量,然后进入导叶,导叶将一部分偏转气流动能转变为静压能,气体通过扩散器时又将一部分轴向气流动能转变为静压能,然后近似地在圆柱形表面上沿轴向输进管路。

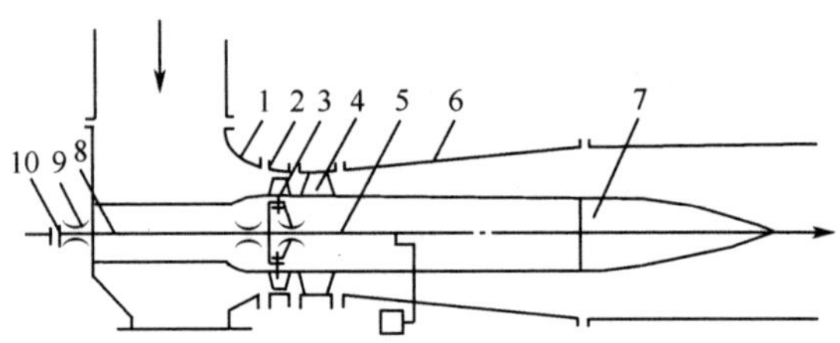

图 3-2-2 轴流通风机示意图

1—进气箱;2—外壳;3—动叶片;4—导叶;5—动叶调节机构;6—扩压筒;7—导流体;8—轴;9—轴承;10—联轴器

轴流通风机与离心风机相比,其流量大,压力小,故一般用于大流量、低扬程的场合。目前,大容量机组中的引送风机多采用轴流式风机。

3.2.2 通风机的主要部件

3.2.2.1 离心通风机的主要部件

离心通风机的主要部件有叶轮、蜗壳、集流器与进气箱、主轴等。

(1) 叶轮

叶轮是风机的主要部件。它的功能是将原动机的机械能传递给气体,使气体在叶轮通道中增加压能和动能。叶轮由前盘、后盘、叶片及轮毂组成。叶轮前盘结构型式如图 3-2-3 所示。

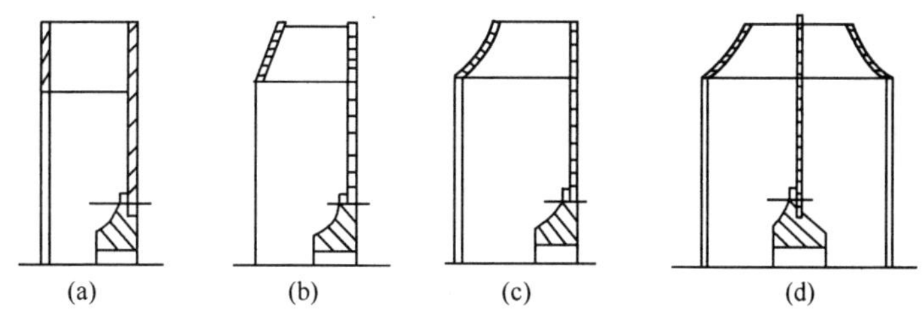

图 3-2-3 叶轮前盘形式

a—直前盘；b—锥形前盘；c—弧形单吸前盘；d—双吸叶轮

直前盘制造简单，但效率较低；弧形前盘制造复杂，但效率较高。锥形介于二者之间。

叶轮的叶片有前弯式、径向式、后弯式三种，如图 3-2-4 所示。

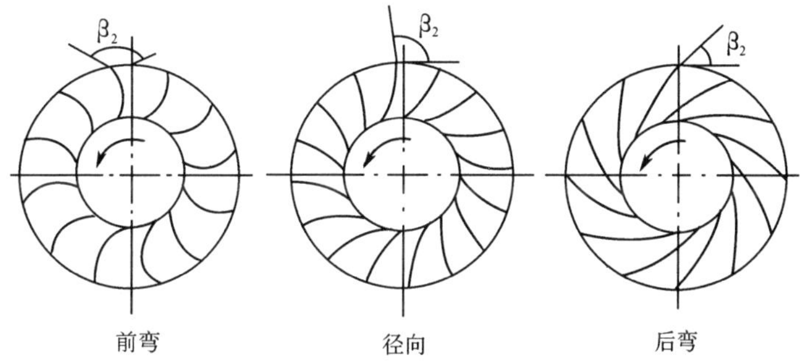

图 3-2-4 叶片形式(出口角)

后弯叶片有机翼形、直板形和圆弧形三种形式，如图 3-2-5 所示。

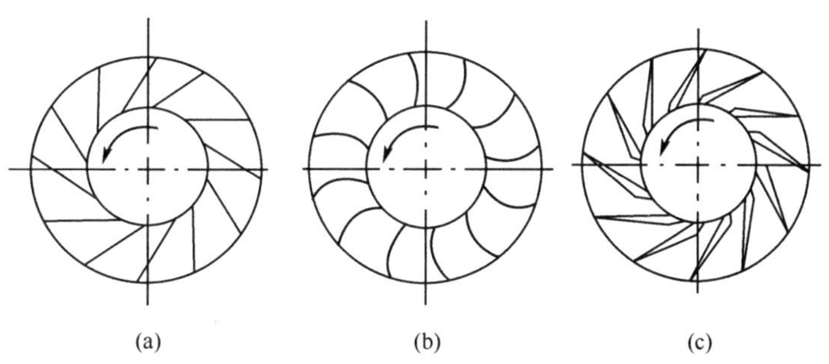

图 3-2-5 叶片形状

a—直板叶片；b—圆弧叶片；c—机翼叶片

机翼形叶片具有良好的空气动力特性，效率高，但输运烟气及含尘气体时，叶片易磨穿。

直板叶片制造简单，但效率低。圆弧形叶片若经优化设计，可具有良好的空气动力特性，效率接近机翼叶片，可用做锅炉引风机的叶片。

(2) 蜗壳

蜗壳的作用是汇集从叶轮流出的气体并引向风机出口，同时在蜗壳内将气体的部分动能转换为压能。蜗壳的外形一般为阿基米德螺旋线或对数螺旋线。为加工方便，也常作成近似阿基米德螺旋线。蜗壳轴面为矩形，且宽度不变，如图 3-2-6 所示。

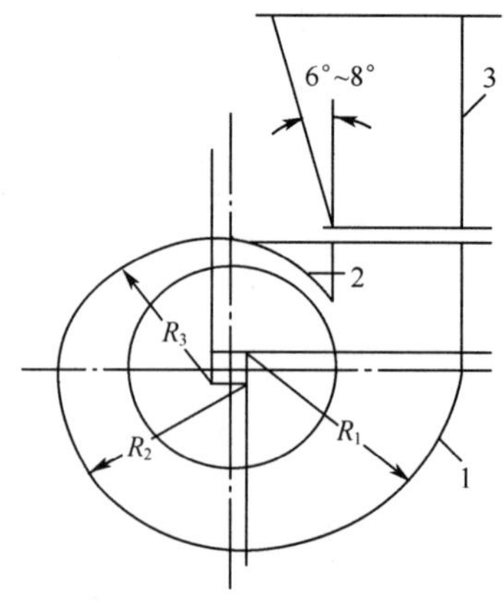

图 3-2-6　蜗壳

1—螺旋壳；2—蜗舌；3—扩压器

蜗壳出口附近有一"舌状"结构的蜗舌 2，用于防止部分气流在蜗壳内循环流动。

蜗壳出口断面的气流速度很大，为将这部分气体动能转换为压力能，在蜗壳出口设有扩压器，因气流从蜗壳流出时向叶轮旋转方向偏斜，因此扩压器作成如图所示的偏斜形状。

(3) 集流器与进气箱

集流器装在叶轮进口，其作用是以最小的阻力损失引导气流均匀地充满叶轮入口。集流器有圆筒形、圆锥形、圆弧形和双曲线形等形式，如图 3-2-7 所示。

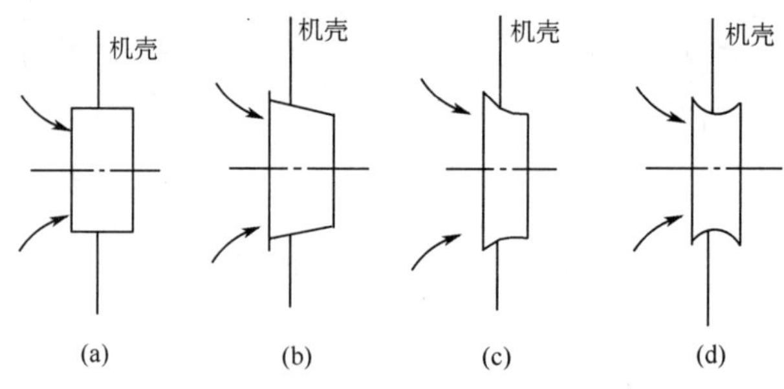

图 3-2-7　集流器形式

a—圆筒形；b—圆锥形；c—圆弧形；d—双曲线(喷嘴形)

双曲线形集流器最符合气流流动规律，它与圆柱形集流器相比，效率可提高 2%～3%，故在大型风机上得到广泛应用。

为改善气流的进气条件，减少气流分布不均而造成的阻力损失，在集流器前装有进气箱，如图 3-2-8 所示。如果进气箱结构不合理，造成的阻力损失可达风机全压的 15%～20%。

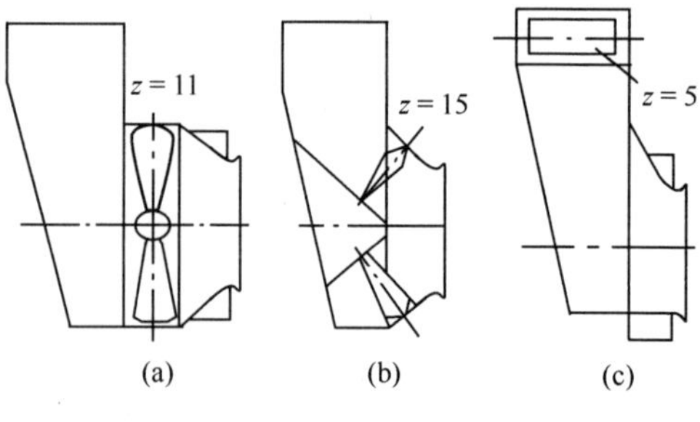

图 3-2-8　进气箱

3.2.2.2　轴流通风机的主要部件

轴流通风机的基本结构形式如图 3-2-9 所示。

一般轴流式通风机叶轮安装在圆筒形机壳中，且叶轮直接安装在电动机的轴上。如

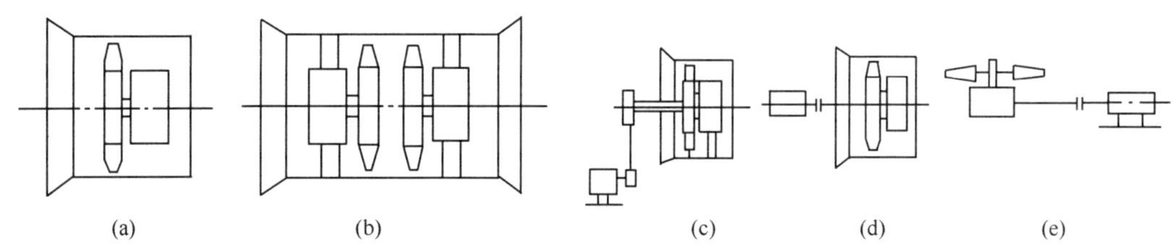

图 3-2-9 轴流通风机的基本结构形式

a—电机直连；b—对旋传动；c—皮带传动；d—连轴器传动；e—齿轮传动

图 3-2-10 所示。当叶轮旋转的时候，空气由集流器进入叶轮，在叶片的作用下，空气压力增加，并接近于沿轴向从排出口排出。轴流通风机典型结构如图 3-2-11 所示。

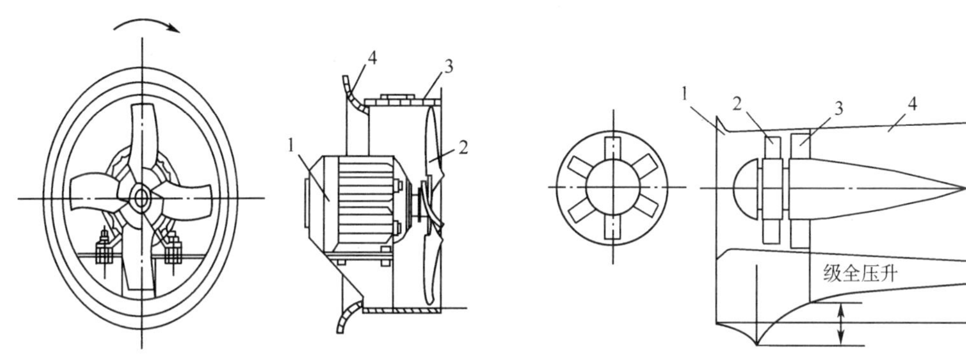

图 3-2-10 普通轴流通风机结构

1—电机；2—叶轮；3—机壳；4—集流器

图 3-2-11 轴流通风机

1—集流器；2—叶轮；3—导叶；4—扩散器

轴流通风机主要由集流器、叶轮、导叶、扩散器以及电机和前后整流罩等组成。现简要介绍如下。

(1) 叶轮

叶轮由叶片和轮毂组合而成。叶片一般为机翼型断面（图 3-2-12），由钢板制成中空机翼型或铸成机翼型。输送腐蚀性气体，叶片采用不锈钢或在普通钢材上喷涂树脂。输送含尘较多的气体，则应在叶片上堆焊碳化钨或其他耐磨材料。

轮毂用来安装叶片。叶轮有固定叶片、半调节叶片和全调节叶片三种。通过调节叶片的安装角可调节风机的性能曲线。

叶片数随轮毂比 $\nu=\dfrac{D_1}{D_2}$ 不同而不同（D_1、D_2 分别为叶轮内径和外径）。一般叶片数为 $4\sim12$ 个。由几个叶片组合成如图 3-2-13 所示的平面直列叶栅。

(2) 导叶

导叶有前导叶和后导叶，它们分别安装在动叶轮的前面和后面，为不旋转的定子组件。

前导叶的主要功能是使气流进入叶轮前产生负旋绕，且使在动叶出口处气流方向为轴向。为了在不同工况下改变叶轮前气流的旋绕，可将前叶片作成安装角可调整或带有调节

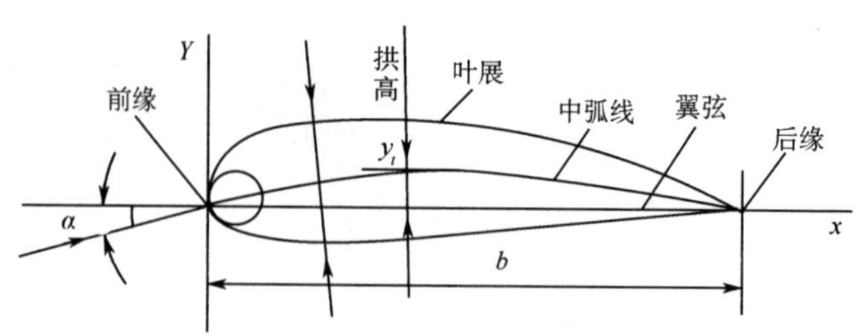

图 3-2-12 叶轮叶型(机翼型)

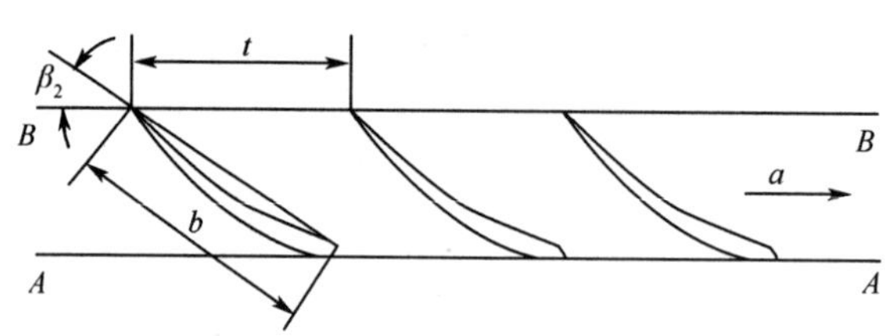

图 3-2-13 平面直列叶栅

机构的可转动叶片。前导叶的叶片数可略少于动叶片数。

后导叶的主要功能是把流出叶轮的偏转气流旋回轴向,同时将叶轮出口动能的一部分转变为压力能。装置后导叶的通风机,静压效果显著提高,后导叶可采用机翼型,也可采用等厚度的圆弧板翼型。后导叶叶片数一般取动叶片数的 1.5～2.0 倍,且两者数目应互为质数。

前导叶、叶轮、后导叶可组成如图 3-2-14 所示的三种组合叶栅。

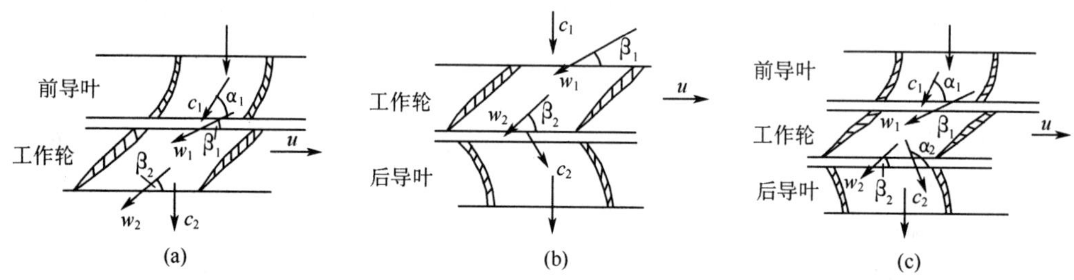

图 3-2-14 叶轮和前、后导叶组合叶栅

① 叶轮和前导叶组合叶栅(图 3-2-14a):压力较高,效率中等,常用于要求风机体积尽可能小的场合。

② 叶轮和后导叶组合叶栅(图 3-2-14b):压力、效率都较高,广泛应用。

③ 前导叶、叶轮和后导叶组合叶栅(图 3-2-14c):兼有上述两种组合叶栅的性能。主要用于多级风机中。

如果叶轮前、后都不装导叶,即单独叶轮的形式,因其结构简单,制造方便,虽效率较低仍得到广泛应用。

(3) 集流器

集流器的作用是使进气速度场均匀，提高风机效率。集流器外廓呈圆弧形，如图 3-2-11 所示。

(4) 整流罩和整流体

为了减小气流运动的阻力，常在叶轮前面设置一个流线型整流罩，并把电动机用流线罩罩起来，也可起到整流和降低风机噪声的作用，参见图 3-2-11。(图中未用引线表示)

(5) 扩散器

为了使流出后导叶气流的部分动压转化为静压，大型轴流通风机都装有扩散器。如图 3-2-11 之 4 所示。

3.3 通风机的基本理论和特性

3.3.1 通风机基本理论

第二章介绍的叶轮泵的速度三角形，以及由速度三角形为基础用动量矩定理推导出来的理论方程式完全适用于通风机。因此离心通风机也具有离心水泵的理论特性。轴流风机也符合轴流泵理论方程和特性。很多教材都把泵和通风机的基本理论方程合在一起讲解分析。学习时请参看第二章(2.3.1)节的内容。

3.3.2 通风机性能的相似换算(相似定律)

叶片泵和通风机都应用相似理论进行相似设计及性能的相似换算。所谓相似设计，即根据试验研究出来的性能良好、运行可靠的模型来设计与模型相似的新通风机；性能相似换算是两台相似的泵或风机，在相似工况下运行时，各参数变化的比例关系。也可将试验条件下的性能利用相似原理换算到设计条件下的性能。

压力换算公式

$$\frac{p}{p_M}=\frac{\rho}{\rho_M}\left(\frac{D}{D_M}\right)^2\left(\frac{n}{n_M}\right)^2 \tag{3-3-1}$$

流量换算公式

$$\frac{Q}{Q_M}=\left(\frac{D}{D_M}\right)^3\frac{n}{n_M} \tag{3-3-2}$$

功率换算公式

$$\frac{N}{N_M}=\frac{\rho}{\rho_M}\left(\frac{D}{D_M}\right)^5\left(\frac{n}{n_M}\right)^3 \tag{3-3-3}$$

上述关系式是考虑到设计精良的泵与风机流动效率与容积效率均趋于稳定，如果二者转速相差不大(比值在 1～2 以内)可认为其机械效率相等，所作出的简化。

3.3.3 通风机的比转速(n_s)

3.3.3.1 比转速 n_s

通风机比转速 n_s 推导的方法和离心泵比转速推导方法一样，但标准模型风机的条件和

离心泵不同,标准模型风机的条件为:

1. 气体为标准状态的空气;
2. 流量 $Q = 1\ m^3/s$;
3. 全压 $p = 1\ Pa(1/9.81\ mmH_2O)$;
4. 空气密度 $\rho = 1.2\ kg/m^3$。

换算出的比转速公式为:

$$n_s = 55.4\,\frac{n\sqrt{Q}}{p^{3/4}} \tag{3-3-4}$$

式中:p, Q,n 为所设计通风机的参数。

对于双吸风机,其比转速公式为:

$$n_s = 55.4\,\frac{n\sqrt{Q/2}}{p^{3/4}} \tag{3-3-5}$$

式中:p,Q,n 为所设计通风机的参数。

若所设计风机在非标准状态下工作时,其气体密度为 ρ,须进行密度换算,其比转速公式为:

$$n_s = 55.4\,\frac{n\sqrt{Q}}{\left(\frac{1.2}{\rho}\cdot p\right)^{3/4}} \tag{3-3-6}$$

式中符号同上式。

3.3.3.2 比转速的应用

(1) 用比转速 n_s 对通风机进行分类

比转速 n_s 与风量平方根成正比,与全压的 3/4 次方成反比,故比转速 n_s 大,风量 Q 大,全压 P 小;比转速 n_s 小,则 Q 小,P 大。比转速也反应叶轮的几何形状。所以可以用比转速对通风机进行分类,即:

1. 离心式通风机 $n_s = 11 \sim 90$
① 高压离心风机 $n_s = 11 \sim 30$
② 中压离心风机 $n_s = 30 \sim 60$
③ 低压离心风机 $n_s = 60 \sim 90$
2. 混流式通风机 $n_s = 90 \sim 110$
3. 轴流式通风机 $n_s = 110 \sim 500$

(2) 按比转速 n_s 选取满足工况需要的风机

目前我国生产的通风机是按比转速命名和确立型号的。如 4—72 型通风机,该风机型号中的 4 表示压力系数,72 表示该风机的比转速 n_s。因此可根据工况要求先算出比转速 n_s,就可以查到满足工况需要的风机。

(3) 比转速用于新风机的相似设计

根据两个相似的通风机,其比转速 n_s 必然相等的原理来进行新风机的相似设计。若已给定新风机的设计参数,如流量 Q,全压 p,工质 ρ,及转速 n 等,首先计算出比转速 n_s 的大小,然后在已有的经过试验或长期运行性能良好的通风机中,选择出一个比转速 n_s 相同或相近的通风机作为模型机,再将模型机按比例放大或缩小就可得到新设计风机的几何尺寸。

3.4　通风机的主要参数及性能曲线

3.4.1　通风机的主要参数及其测定

通风机和水泵一样主要参数有五项，即风量 Q，全压 P，功率 N，转速 n 及效率 η。

(1) 通风机的全压 p 及其测定

通风机全压 p 为通风机出口截面上气体的总压与进口截面上气体的总压之差，即

$$p = (p_{i2} + \rho_2 \frac{c_2^2}{2_d}) - (p_{i1} + \rho_1 \frac{c_1^2}{2}) \tag{3-4-1}$$

式中：p——通风机的全压(mm 水柱)；

p_i——通风机的静压(mm 水柱)；

p_d——通风机的动压(mm 水柱)(公式括号中的第二项)；

c_1，c_2——风机进出口截面上的气流速度(m/s)。

通风机的全压、静压和动压一般可采用皮托管和压力计进行测定。当通风机的压力 $p \geqslant 50$ mm水柱时，压力计可采用 U 型管液柱压力计；压力 $p < 50$ mm 水柱时，可采用倾斜式微压计。

皮托管是测气流全压和静压以确定气流速度的一种管状测量装置，有两个接头，一个为全压接头，一个为静压接头。把全压接头与压力计一端连接，压力计的读数即为该测点的全压值；把静压接头与压力计一端连接，压力计上的读数即为该测点的静压值。计算全压值与静压值之差，即为该测点的动压值。也可以把皮托管的两个接头分别连接在压力计的两端，此时，压力计上的读数即为该测点的动压值。

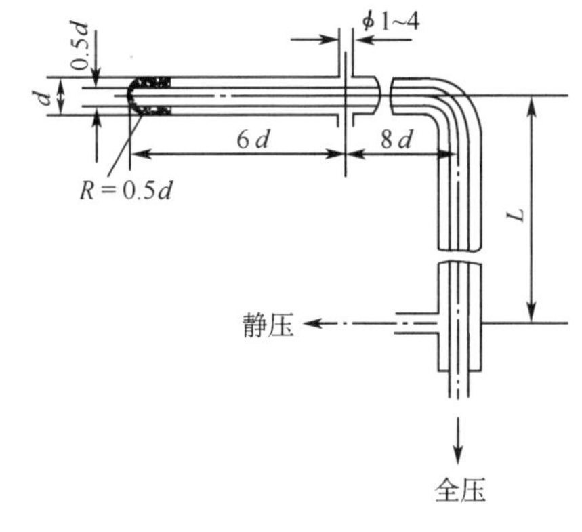

图 3-4-1　标准皮托管

常用的皮托管的形式见图 3-4-1。

在通风机测定中，常用的压力计还有 U 型液柱测压计(即 U 型压力计或称 U 型管)、倾斜式微压计和补偿式微压计。

U 型压力计如图 3-4-2 所示。它是一个两端开口的 U 型玻璃管，管内充有液柱，镶在刻度板上。使用时，将所测点连接于 U 型管的一端，这时，U 型管两端出现液柱差。当测点压力大于大气压时，液柱左低右高；小于大气压力时，液柱左高右低。通过这个液柱差，就可求得该点的压力：

$$p = \gamma \Delta h \tag{3-4-2}$$

式中：p——测点的相对压强(mm 水柱)；

γ——U 型管内液体的比重(kg/m^3)；

Δh——U 型管液柱高度差(m)。

倾斜式微压计是在测量微小压力时，为了提高测量精度而采用的。倾斜式微压计也叫

斜管压力计，其构造特点就是将右边的测管斜放如图 3-4-3 所示。

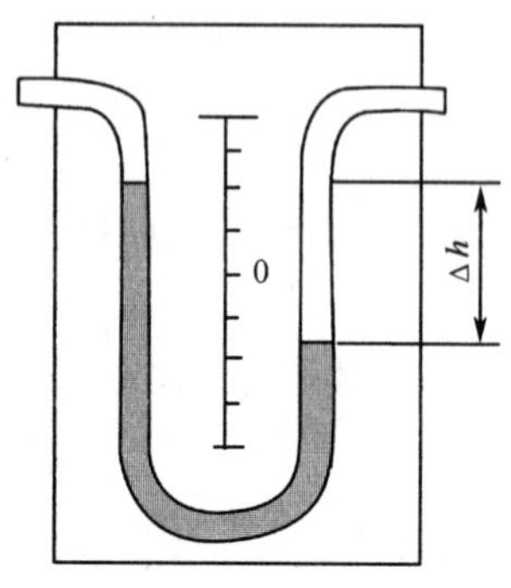

图 3-4-2 U型压力计

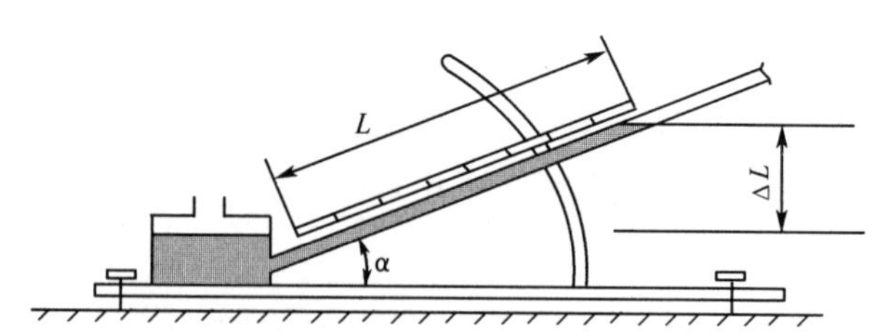

图 3-4-3 倾斜式微压计

使用时，左端容器与测量点相连，设右端斜管与底板的夹角为 α，斜管上的读数为 L。此时容器与斜管液面的高度差 $\Delta h = L\sin\alpha$。由于 $\alpha < 90°$，$\sin\alpha < 1$，所以 L 必大于 Δh。可见测量同一微小压力，斜管读数 L 比直管测量的读数 Δh 要大，就可以使读数精确一些。

(2) 通风机的流量

通风机的流量是通过测定风管断面面积和风速后计算确定的。

通风机入口段的流量为：

$$Q_1 = 3\,600F_1V_1 \tag{3-4-3}$$

通风机出口段的流量为：

$$Q_2 = 3\,600F_2V_2 \tag{3-4-3a}$$

式中：Q_1, Q_2—— 通风机入、出口段的流量(m^3/h)；

F_1, F_2—— 通风机入、出口段风管的横截面积(m^2)；

V_1, V_2—— 通风机入、出口段风管内的断面平均流速(m/s)。

F_1, F_2 根据通风机入、出口段风管的直径求得：

$$F_1 = \frac{1}{4}\pi d_1^2 \tag{3-4-4}$$

$$F_2 = \frac{1}{4}\pi d_2^2 \tag{3-4-4a}$$

上两式中 d_1, d_2——通风机入、出口段风管的直径(m)；

通风机的平均流量为：

$$Q = \frac{Q_1 + Q_2}{2}(m^3/h) \tag{3-4-3b}$$

为了求得风管断面平均流速，必须首先求出断面上各点的流速，然后取其平均值。

测量一点的空气流速，一般可用热球风速仪或电风速计直接测出，或使用皮托管和压力计先测出该点动压，然后利用动压计算出该点流速。在实际应用中，以后者为常用。

利用动压计算流速的公式为：

$$\overline{v} = 1.4K\sqrt{\frac{\Delta p_d}{\rho}}(m/s) \tag{3-4-5}$$

式中：Δp_d—— 风管断面动压平均值，Pa；

K—— 动压修正系数，标准皮托管 $K=1$；

ρ—— 空气密度，kg/m^3；当测量不需要特别精确时，可取 $\rho=1.2\ kg/m^3$；

若上式中的动压平均值 Δp_d 用水柱高度表示时，则用下式计算：

$$\overline{v}=1.387K\sqrt{\frac{h_d}{\rho g}}(m/s) \tag{3-4-5a}$$

H_d——断面动压平均值，(mm 水柱)；

g——重力加速度，常用 $g=9.81\ m/s^2$。

两台并列运行的送风机，如只测定其中的一台，须把另一台严密隔绝，以免漏风。

作为除尘、净化用的通风机，流量测点一般设在除尘器或核空气净化装置之后，靠近通风机的直管段上。由于净化装置与通风机的连接是紧凑的，它们之间没有满足测定要求的直管段，因此，一般是采取增加流量测点的数目来弥补这一不足。实践证明，这种用增加测点的办法，测出的流量有相当的准确性，完全可以满足实际要求。

(3) 通风机的功率

① 有效功率 N_e

离心通风机使单位容积流量的气体通过通风机后增加的总能量是 p(全压)，那么输送容积流量为 Q 的气体，在单位时间内从通风机中所获得的总能量，称为全压有效功率，即

$$N_e=\frac{PQ}{1\,000}(kW) \tag{3-4-6}$$

静压有效功率
$$N_{ie}=\frac{P_iQ}{1\,000}(kW) \tag{3-4-7}$$

② 轴功率 N_s

通风机的输入功率称为轴功率。它等于内功率 N_i 与机械传动损失 N_m 之和，即

$$N_s=N_i+N_m(kW) \tag{3-4-8}$$

③ 功率的测定

功率测定就是测定通风机的电动机的输入功率，一般采用下列方法测定：

1) 用电流、电压表测定电机输入功率

用电流、电压表测得线电流、线电压后，按下式计算：

$$N=\sqrt{3}IU\cos\varphi\times10^{-3}(kW) \tag{3-4-9}$$

式中：I——线电流(安培)；

U——线电压(伏特)；

$\cos\varphi$——功率因数。

2) 由电度表转盘转数测定功率

一般采用电度表转盘转 10 转所需之秒数来计算功率。计算公式为：

$$N=\frac{nK}{t}C_TP_T \tag{3-4-10}$$

式中：N—— 电动机输入功率(kW)；

K—— 电度表常数，为每一转所需的 kW·h 数；

n—— 在 t 秒内电度表转盘转数；

C_T—— 电流互感器的变比；

P_T—— 电压互感器的变比。

(4) 通风机的效率

通风机的效率有流动效率 η_n、泄漏效率 η_e、轮阻效率 η_r、内效率 η_i、机械效率 η_M 和全压效率 η 等。

全压效率 η 是衡量通风机气动性能好、坏的标准。通常所指的效率为全压效率 η。全压效率 η 的定义：为通风机的有效功率与轴功率之比。

$$\eta = \frac{N_e}{N_s} = \frac{N_e}{N_i}\frac{N_i}{N_s} = \eta_i \cdot \eta_M \tag{3-4-11}$$

(5) 转速的测定

通风机主轴转速的测定，一般采用转速表进行。转速表按使用分为手持式、固定式和电动式三种。对于中小型通风机，常使用手持式转速表，其测量的范围为 30～4 800 r/min。

3.4.2 通风机的性能曲线

和水泵一样，通风机的性能曲线也有三条，即：P—Q 全压流量曲线，N—Q 功率流量曲线，η—Q 效率流量曲线。这些曲线是在风机转速一定的情况下试验测得的。每种型号的风机出厂时都应在产品说明书中给出。

3.4.2.1 离心通风机的性能曲线

由于离心通风机有前弯、后弯、径向三种叶轮形状，如图 3-4-4 所示。由于各种叶片出口的流动角 β_2 不同，根据叶轮速度三角形分析，三种叶轮风机的性能就有所差别，它们的特性曲线也不相同。

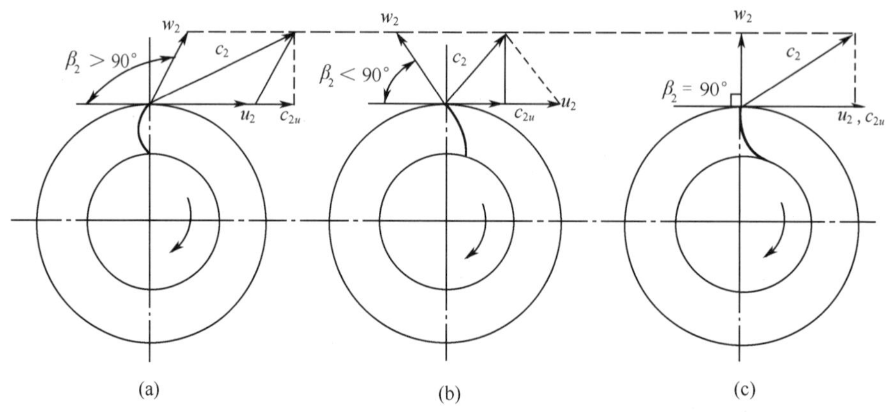

图 3-4-4 离心风机三种叶片形式

① 当流动角 $\beta_2>90°$ 时为前弯叶片，如图 3-4-4(a)所示；

② 当流动角 $\beta_2<90°$ 时为后弯叶片，如图 3-4-4(b)所示；

③ 当流动角 $\beta_2=90°$ 时为径向叶片，如图 3-4-4(c)所示。

三种叶片形式的风机其性能不同(参见图 3-4-5)。

1. 前弯叶轮风机特性曲线

图 3-4-5(a)—为前弯叶轮风机的特性曲线，其中风压曲线 $P—Q$ 呈驼峰状，效率曲线 $\eta—Q$ 比径向、后弯叶轮风机都低，功率曲线 $N—Q$ 一直上升，前弯叶片的优点是风压高，当产生相同风压时可以有较小的叶轮外径或较低的转速。缺点是效率低，噪声大，且功率有过载的危险。

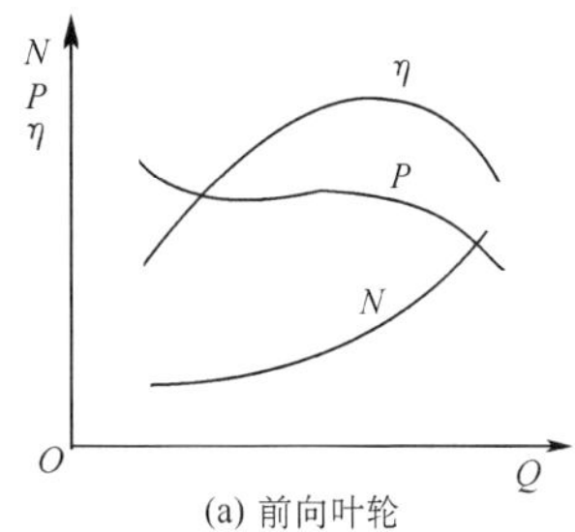

(a) 前向叶轮

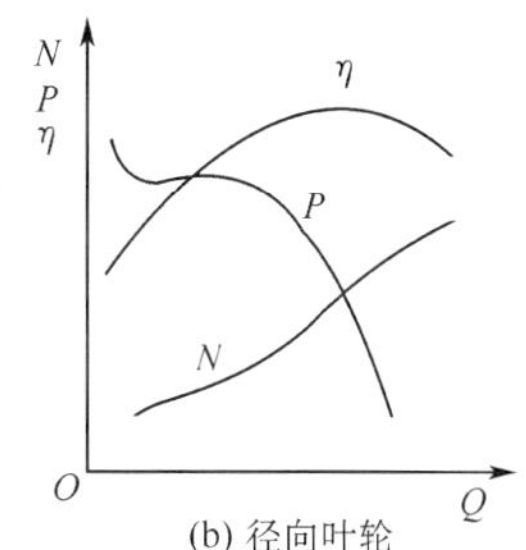

(b) 径向叶轮

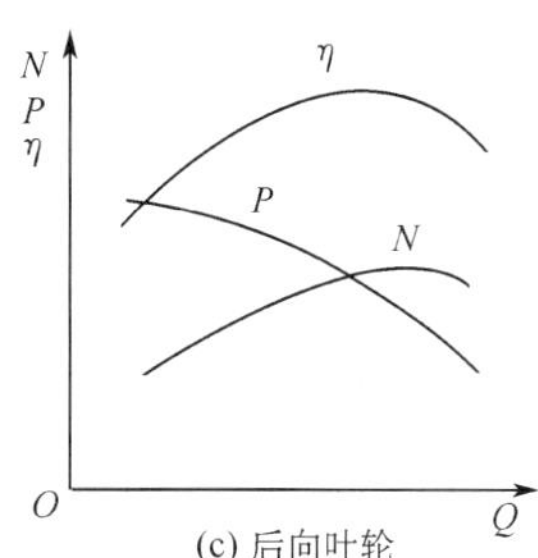

(c) 后向叶轮

图 3-4-5　离心风机三种特性曲线

2. 后弯叶轮风机特性曲线

图 3-4-5(c)为后弯叶轮风机的特性曲线，其中风压曲线 $P—Q$ 随着流量的增加而减小，缓慢下降。效率曲线 $\eta—Q$ 较高，高效区范围也较宽。功率曲线 $N—Q$ 当流量超过设计流量时，风机所需功率不再增加，随着流量 Q 进一步增加功率反而有所下降。故有功率不过载的优点。后弯叶片效率高，噪声低，但它产生的风压较低，当产生相同风压时，需要较大的叶轮外径，或较高的转速。常用于效率要求高的离心通风机。

3. 径向叶轮风机特性曲线

图 3-4-5(b)为径向叶轮风机的特性曲线，其中风压曲线 $P—Q$ 在小流量区会出现最高压力点(风机在最高压力点左侧工作时会出现不稳定工况)，效率曲线 $\eta—Q$ 介于前弯和后弯风机二者之间，功率曲线 $N—Q$ 也呈一直上升的趋势，但比前弯风机坡度要缓慢。

所以两台同样大小和同样转速的离心式通风机，前弯叶轮的压力比后弯叶轮的压力要高。但一般后弯叶轮的流动效率比前弯叶轮要好，所以，在一般情况下，使用后弯叶轮的通风机，耗电量比前弯叶轮通风机要小。同时从图 3-4-5 所示的三种叶轮通风机的性能曲线可以看出，当流量超过某一数值后，后弯叶轮通风机的轴功率具有下降的趋势，表明它具有不超过负荷的特性；而径向叶轮与前弯叶轮的通风机，轴功率随流量的增加而增大，表明容易出现超负荷的情况。如果在通风除尘系统工作情况不正常时，后弯叶轮通风机由于不超过负荷的特性，因而不会烧坏电动机，而其他两类通风机，就会出现超负荷以致烧坏电动机的事故。

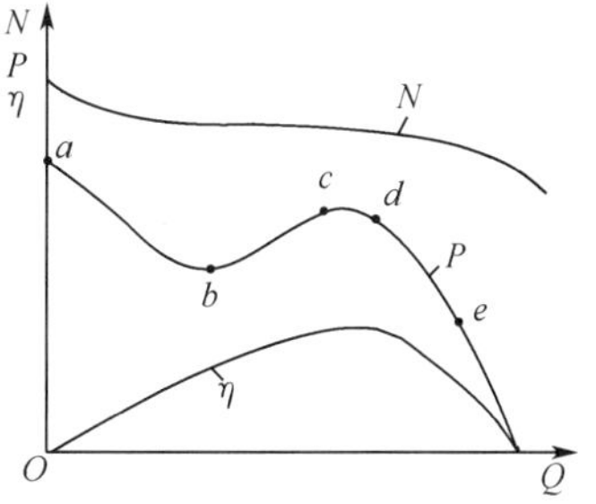

图 3-4-6　轴流风机特性曲线

3.4.2.2　轴流风机和混流风机的特性曲线

图 3 4 6 为轴流风机的特性曲线，其中风压曲线 $P—Q$ 呈明显的 S 型，功率曲线 $N—Q$ 也呈 S 型，但比风压曲线

缓和些。效率曲线 $\eta—Q$ 高,但高效区范围很窄。

从图 3-4-6 中可以看出轴流式通风机的性能曲线具有以下几个特点:

(1) 压力性能曲线 $P—Q$ 的右侧相当陡峭,而左侧呈马鞍形,c 点的左侧称为不稳定工况区;

(2) 当流量减小时,功率 N 反而增大;当流量 $Q=0$ 时,功率 N 达到最大值;

(3) 最高效率点的位置相当接近不稳定工况区的起始点 c。

轴流式通风机的这几个性能特点与通风机在不同工况下叶轮内部的气流流动状况有着密切的联系。

轴流通风机若在图示不稳定工况区运行。就会出现流量脉动等不正常现象。有时,这种脉动现象相当剧烈,流量 Q 和压力 P 大幅度波动,噪音增大,甚至通风机和管道也会发生激烈地震动,这种现象称为“喘振”。应采取措施避免风机在不稳定工作区运行。

3.5 鼓风机与压缩机

3.5.1 罗茨鼓风机

3.5.1.1 罗茨鼓风机的结构及特点

罗茨鼓风机结构如图 3-5-1 所示。气缸由近乎“8”字形机壳和两侧墙板包容而成。气缸两面分别设置吸排气孔口,一对彼此啮合的“8”字形叶轮由一对同步齿轮带动作方向相反的旋转。两转子叶轮型线相同(通常为圆弧线型、渐开线型)。叶轮的头数(叶数)一般为 2 或 3,两头的均为直叶,三头的有直叶和扭叶两种形状。转子与转子、转子与气缸之间留有微小间隙。

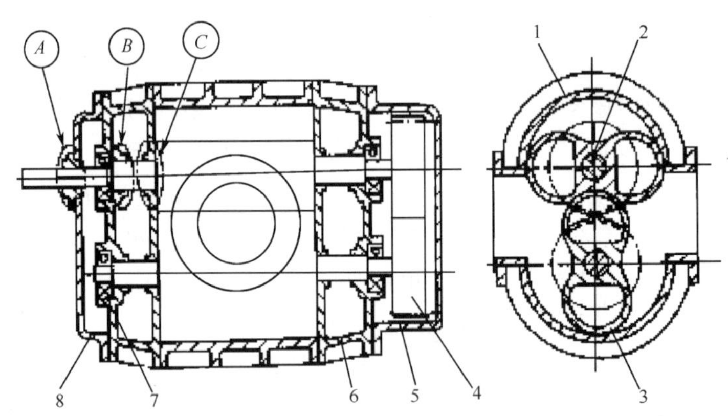

图 3-5-1 罗茨鼓风机

1—机壳;2—主动转子;3—从动转子;4—同步齿轮;
5—齿轮油箱;6—墙板;7—轴承;Ⓐ、Ⓑ、Ⓒ—轴封件

对如图 3-5-2 所示的普通型结构,有如下特点:

(1) 在排气缝隙开启的瞬间,高压气体从排气口回流到输气容积内,迅速实现升压;

(2) 气流脉动与气体动力噪声较大;

(3) 排气温度较高，通常控制在 140 ℃以内；

(4) 单级压力比大多在 2 以下，双级可达 3 左右，容积流量通常在 500 m^3/min 以下，最大可达1 400 m^3/min。

对如图 3-5-3 所示预进气型(Ⅰ)结构有如下特点：

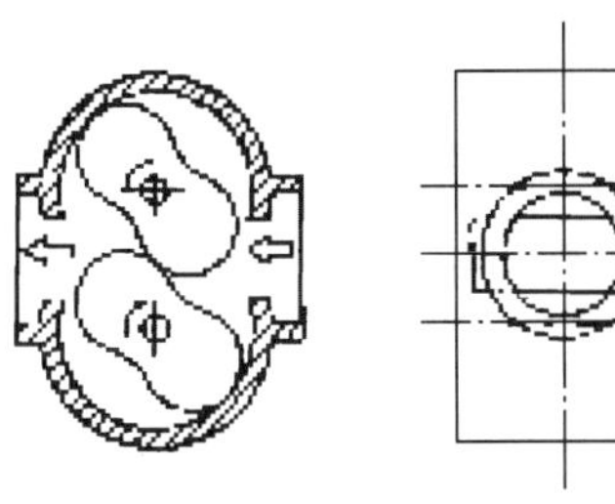

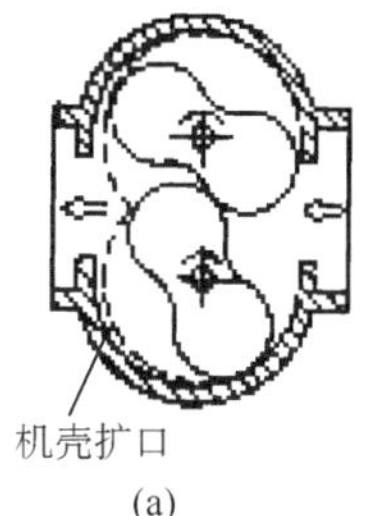

图 3-5-2　普通型

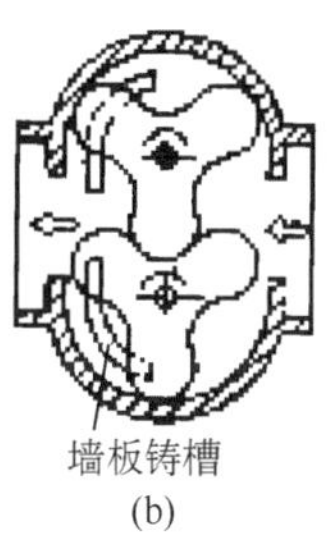

图 3-5-3　预进气型(Ⅰ)

(1) 通过设在气缸内表面上的回流通道，从排气口向输气容积内逐渐导入高压气体，使其压力在排气缝隙开启之前预先接近于排气压力；

(2) 可以消除排气缝隙开启后的回流冲击，降低气体动力噪声。

对如图 3-5-4 所示预进气型(Ⅱ)结构有如下特点：

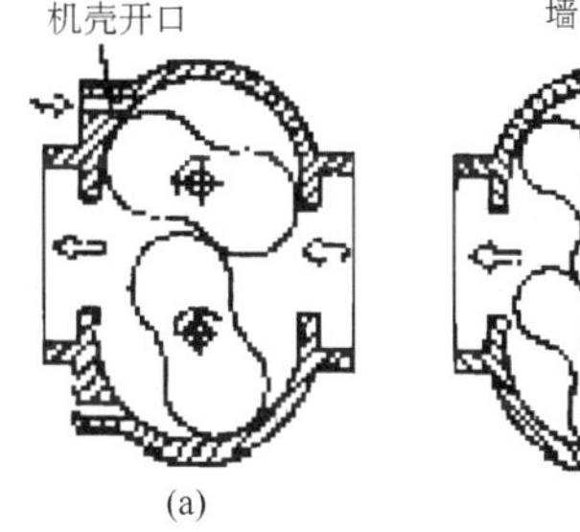

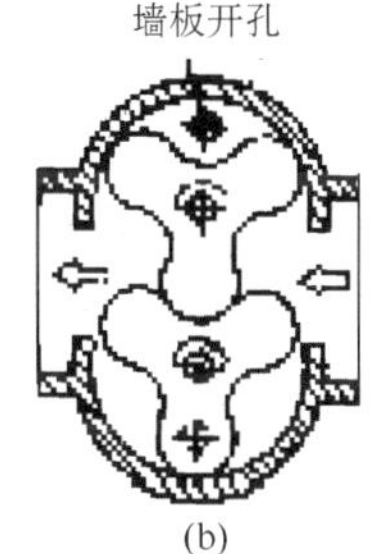

图 3-5-4　预进气型(Ⅱ)

(1) 通过开在气缸壁上的导气孔口，从气缸外部向输气容积内逐渐导入高压气体，使其压力在排气缝隙开启之前预先接近于排气压力；

(2) 导入的气体温度较低时，能降低排气温度，可提高压力比(单级可达 2.6 左右)；

(3) 可以消除脉动，降低噪声。

总之，罗茨鼓风机具有强制输气，接着不含油以及结构简单、制造容易、维修方便等优点。但效率低，噪声大。

3.5.1.2　罗茨鼓风机的性能曲线

如图 3-5-5 所示。

图中：p_{sh}——轴功率(kW)；

Δp——进出口压差(kPa)；

V_s——进气流量(m^3/min)。

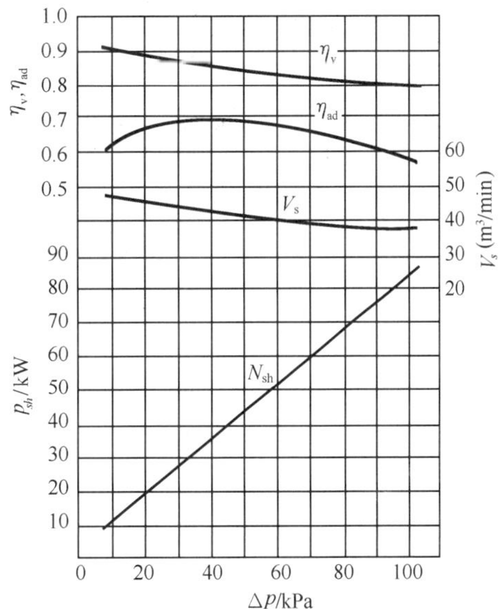

图 3-5-5　罗茨鼓风机的性能曲线

3.5.2 压缩机

3.5.2.1 压缩机的类型

压缩机是压缩气体提高气体压力的机械。它有容积式和透平式两大类。

容积式压缩机是使气体容积缩小而提高气体压力的机械。按其结构的不同，分为往复压缩机和回转压缩机两大类。

往复压缩机有往复活塞压缩机、隔膜压缩机、斜盘压缩机、电磁振动压缩机和自由活塞压缩机等；

回转压缩机是靠转子作回转运动减小工作容积而提高气体压力的机械，常见型式有滑片压缩机、螺杆压缩机、滚动活塞压缩机、涡旋压缩机等。

透平式压缩机由转子和定子两大部件组成，通过转子的旋转将机械能传递给气体，使气体压力增加。透平式压缩机有离心式压缩机和轴流式压缩机两类。

3.5.2.2 压缩机的工作原理及结构

(1) 离心式压缩机

离心式压缩机由叶轮、主轴、隔板、进气室、蜗室及机壳组成。通过叶轮的旋转使气体受到离心力的作用沿径向流动，使流经叶轮的气体压力提高的同时也提高了速度，在气体流经叶轮、扩压器等扩张通道时，气体的部分动能再转换为压能，进一步提高气体的输出压力。离心式压缩机有水平剖分压缩机、垂直剖分压缩机及等温压缩机等结构形式。水平剖分压缩机（见图 3-5-6）一个机壳中可安装 8～10 个叶轮。最高工作压力为 4.0 MPa。

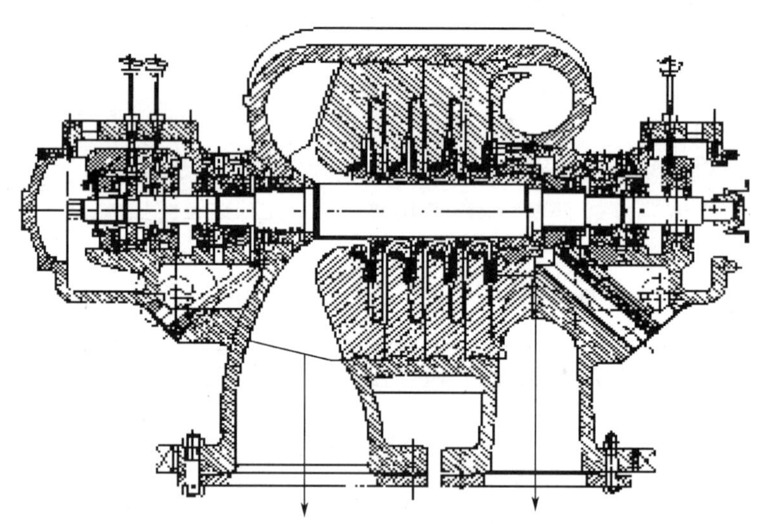

图 3-5-6 水平剖分压缩机

(2) 隔膜压缩机

隔膜压缩机是靠弹性膜片在气缸中的往复运动实现吸气、压气并输送高压气体功能的一种往复式压缩机。弹性膜片与穹面盖板构成“膜腔”，膜腔起汽缸的作用，而膜片则具有活塞的功能。膜片有金属和非金属两种。金属膜片通常由液力驱动，而非金属膜片则由固结于膜片上的特殊连杆通过曲轴或偏心轮来驱动。

金属膜片压缩机在压缩过程中因气体冷却条件好，且膜片能紧贴盖板穹面，相对余隙容积特别小，所以这种压缩机一级压力比可高达 12，两级压缩压力可达 20 MPa，三级达 100 MPa。但由于受金属膜片变形量及液体惯性的限制，该机尺寸不能太大，转速也较低，单缸排气量不超过 1 m^3/min。

金属膜片隔膜压缩机由液力系统和气体压缩系统两大部分组成（如图 3-5-7 所示）。

气体压缩系统由三层金属膜片和气体进口和出口阀组成。膜片材料大都为镍铬钢（如 Cr18Ni9Ti，Cr15Ni9Al 等）。膜片厚度 0.2～0.4 mm，高压时可 2～3 片叠在一起使用，其寿命约 (1～4)×10^7 次循环。

液力系统由曲柄、连杆、活塞驱动机构和供油系统组成。驱动机构通过电机带动曲柄、连杆使活塞作往复运动，推动液压油使底层膜片向气体侧运动，从而压缩气体，将气体排出。由往复油泵、止回阀和压力调节阀组成的供油系统，保证压缩机在压缩循环过程中一直处于充满液压油状态。往复油泵由曲轴驱动。止回阀用来使液压油和往复油泵在压缩过程中隔离，防止液压油回流，而压力调节阀用来控制供油系统的压力。

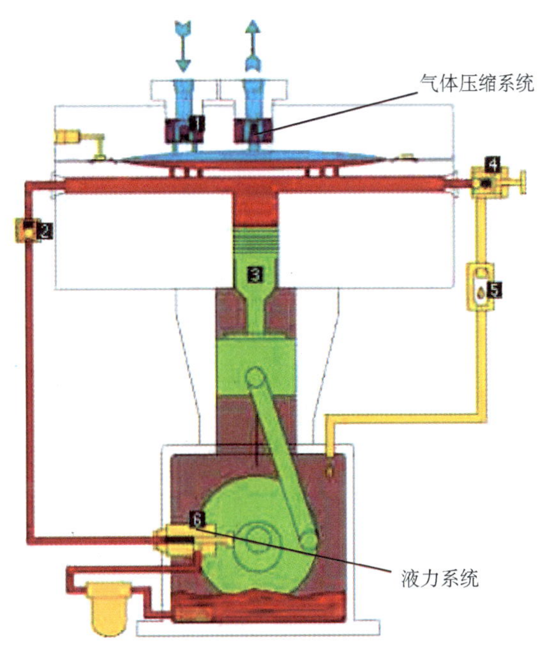

图 3-5-7　隔膜压缩机原理图

1—气阀；2—止回阀；3—活塞；4—压力调节阀；5—回油镜；6—往复泵

当活塞处于最底部时，供油系统通过往复油泵注入液压油，气体通过单向进气阀进入膜腔，把膜片推到底部，膜腔充满气体。当电机带动曲轴、连杆运动使活塞从底部向顶部移动时，活塞上部液压油被挤压，推动膜片向气腔的顶部移动，压缩气体。

当膜腔内气体压力达到排气阀背压时，排气阀打开，气体排出。供油系统压力继续增加，膜片继续向顶部移动，直至膜片完全抵达腔体顶部。此时，通过压力控制阀，液压油返回曲轴箱，压缩循环完成，活塞开始向底部移动。

当活塞向底部移动时，腔内余气和吸入气体共同推动金属膜片向腔体的底部运动，完成吸气及整个循环。

隔膜压缩机具有压缩比大，压力范围广，密封性好的特点。由于它的膜腔与其他空间隔绝，不易被润滑油污染，特别适用于易燃易爆，有毒有害，高纯度气体（如氧气，氩气，氮气，乙炔，六氟化硫，二氧化碳等）的压缩、输送和装瓶。

非金属膜片隔膜压缩机的膜片大都由高性能的橡胶制成，由于膜片传热性能差，强度低，且余隙容积较大，故单级排气压力不超过 0.4 MPa。单缸排气量不大于 0.1 m^3/min。

(3) 往复活塞压缩机

往复活塞压缩机(图 3-5-8)由曲柄连杆机构将驱动机的回转运动变为活塞的往复运动,气缸与活塞共同组成压缩容积。活塞在气缸内作往复运动,使气体在气缸内完成吸气、压缩、排气和膨胀的过程。吸、排气阀控制气体进入与排出气缸。

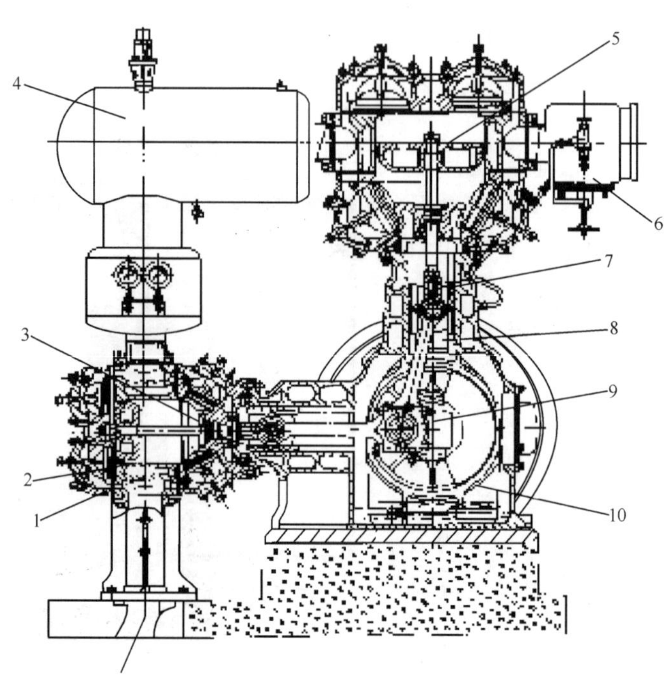

图 3-5-8 L 型空气压缩机

1—气缸;2—气阀;3—填料函;4—中间冷却器;5—活塞;6—减荷阀;
7—十字头;8—连杆;9—曲轴;10—机身

为了保证压缩机的正常运转和降低功率消耗,还应有级间冷却器、缓冲器、液气分离器、安全阀及向运动机构和气缸摩擦部位供润滑油的油泵和注油器等附属设备。

往复活塞压缩机多用电动机驱动,其中中小型固定式用异步电动机;大型用同步电动机;小型移动式用柴油机驱动。

容积式和透平式压缩机的特点参见表 3-5-1。

表 3-5-1 容积式和透平式压缩机的特点

容积式压缩机	透平式压缩机
1. 气流速度低,损失小,效率高 2. 压力范围广,但不适用大流量 3. 排气压力在较大范围内变动时排气量不变,适应性强 4. 中、大流量设备外形尺寸及质量较大,结构复杂,易损件多,排气脉动性大,气体中常混有润滑油	1. 气流速度高,损失大,小流量机组效率低 2. 流量和出口压力的变化由性能曲线决定 3. 小流量、超高压范围不适应 4. 中、大流量机器外形尺寸及质量较小,结构简单,易损件少,排气均匀无脉动,气体中不含润滑油

（4）双螺杆压缩机

双螺杆压缩机是一种容积式压缩机。它由压缩机主机（含电动机）、进气过滤器、进气控制阀、油气分离罐、油过滤器、油气分离器、（油、气）冷却器、冷却风扇（温度、最小压力）控制阀等组成，如图 3-5-9 所示。

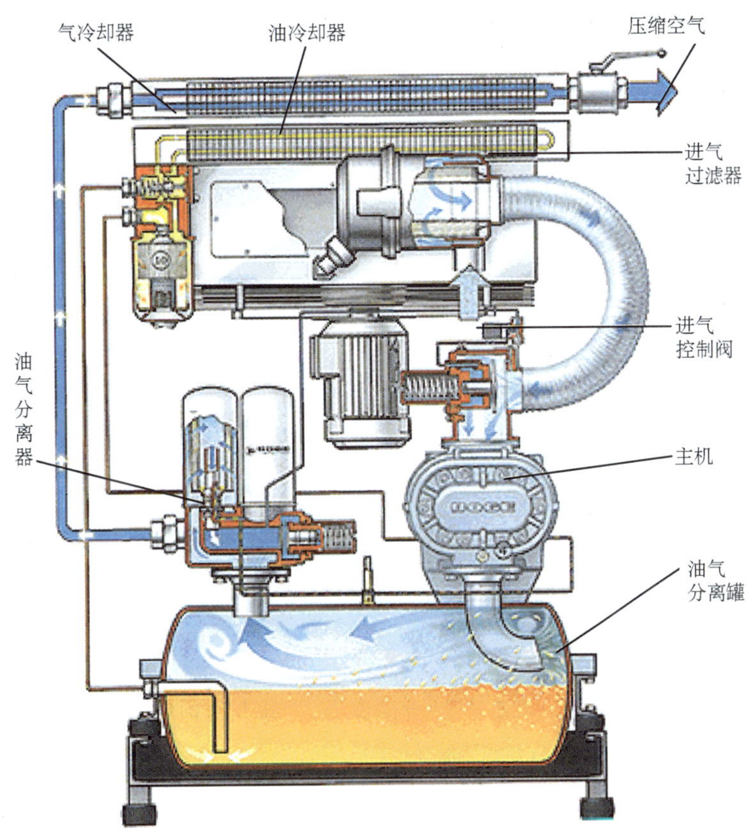

图 3-5-9 双螺杆压缩机

压缩机主机靠装置于机壳内一对互相平行啮合的阴阳转子（螺杆副）的回转来实现空气压缩。转子副在与它精密配合的机壳内转动使转子齿槽之间的气体不断地产生周期性容积变化而沿着转子轴线从吸入侧推向排出侧，完成进气、压缩、排气 3 个工作过程。

① 进气过程

转子转动时，阴阳转子的齿槽空间在转至进气端开口时，齿槽空间与进气口相通，这时，处于真空状态的齿槽沿轴向吸入外界的气体。当气体充满整个齿槽时，转子进气侧端面转离机壳进气口，齿槽的气体即被封闭。

② 压缩过程

阴阳转子进气结束时，其齿槽内气体被封闭不能流动，而转子啮合面逐渐向排气端移动，啮合面与排气口之间的齿槽空间逐渐变小，这样其内气体被压缩。

③ 排气过程

当转子的啮合面转到与机壳排气口相通时，被压缩的气体开始排出，直至尖与齿槽的啮合面完全移至排气口，完成整个排气过程。并开始进入进气过程。

从图 3-5-9 可见，空气通过进气过滤器将大气中的灰尘或杂质滤除后，由进气控制阀进入压缩机主机，在压缩过程中与喷入的冷却润滑油混合，经压缩后的混合气体从压缩腔排入油气分离罐，此时压缩排出的含油气体通过碰撞、拦截、重力作用，绝大部分的油介质被分离下来，然后进入油气精分离器进行二次分离，得到含油量很少的压缩空气。当空气被压缩到规定的压力值时，最小压力阀开启，排出压缩空气到冷却器进行冷却，最后送入使用系统。

空气压缩机的额定排气压力分低压（0.7～1.0 MPa）、中压（1.0～10 MPa）、高压（10～100 MPa）和超高压（100 MPa 以上）四类，可根据实际用户需求来选择。一般考虑到供气管道的沿程损失和局部损失，选择气源的工作压力应比气动系统中的最高工作压力高20％左右。如果系统中某些地方的工作压力要求较低，可以采用减压阀来供气。

双螺杆空气压缩机具有机组重量轻，震动小，噪声低，易损件少，操作方便、运行可靠，效率高等优点。

3.6 通风机的运行

3.6.1 通风机的工作方式

在第二章（2.5.6 节）已对泵和风机的联合工作方式进行了分析，其结论完全适用于风机的运行。

3.6.2 通风机的调节

通风系统投入运行以后，一般都需要通过调节才能达到预期的流量。离心式通风机流量的调节与离心泵流量的调节方法相同。

（1）改变管网阻力调节法

改变管网阻力调节法，也叫节流调节法。这个方法是利用通风系统中的阀门等节流装置的开启程度大小来增减管网阻力，从而改变管网特性曲线，达到调节流量的目的。此时，通风机特性曲线不改变，由于管网特性曲线发生改变，使工况点位置改变。

图 3-6-1 所示的 P、N、η 为通风系统中通风机的工作压力、功率和效率曲线，$P=KQ^2$ 为管网特性曲线，1 点为工况点。此时，通风机的流量为 Q_1，压力为 P_1，功率为 N_1，效率为 η_1。若减小流量，可关小管道上的阀门。由于关小阀门，管道阻力增大，由 P_1 增大到 P_2，使通风机工况点上升，由点 1 变到点 2。由图可见，这时通风机的流量已由 Q_1 减到 Q_2，功率由 N_1 降到 N_2，效率由 η_1 降到 η_2。

（2）改变通风机转速调节法

从空气动力学理论看，改变通风机转速调节法是合理的。改变转速后，通风机效率保持不变，而功率则由于流量与压力的降低而迅速下降。

图 3-6-2 所示，通风机以转速 n_1 在管网 $P=KQ^2$ 中工作时，工况点为 1。此时流量为 Q_1，风压为 P_1，功率为 N_1，效率为 η_1。若减少流量，可把通风机的转速由 n_1 减小到 n_2。由通风机定律可知，通风机的流量、压力、功率分别作如下变化：

$$\frac{n}{n_1}=\frac{Q}{Q_1};\frac{n}{n_1}=\sqrt{\frac{P}{P_1}};\frac{n}{n_1}=\sqrt[3]{\frac{N}{N_1}} \tag{3-6-1}$$

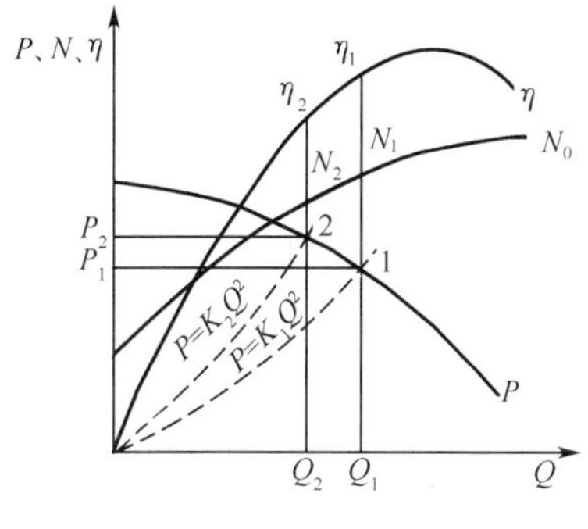

图 3-6-1 改变管网阻力调节法

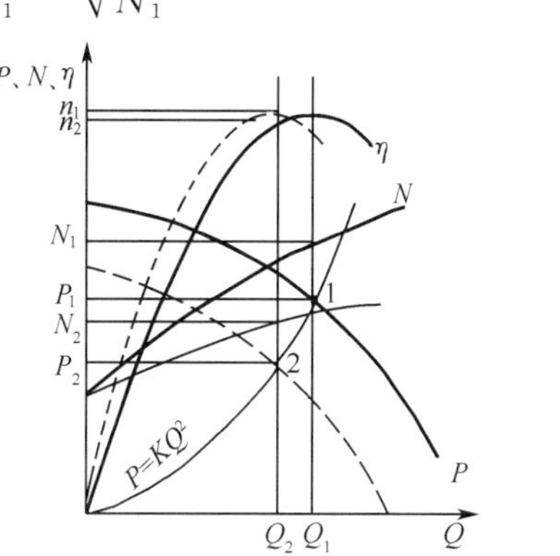

图 3-6-2 改变风机转速调节

可见，除通风机效率 η 外，流量 Q、压力 P、功率 N 分别随转速 n 的减小而作相应的减少，即通风机的工况点，由于转速减小而下降，由 1 点下降为 2 点。此时流量为 Q_2，压力为 P_2，功率为 N_2（在图中与虚线部分对应）。

改变通风机转速的方法，可以采用皮带变速、齿轮变速等方法来实现；目前广泛使用变频无级调速来实现。

(3) 改变风机进口处导流叶片角度调节法

通风机采用的导流器有轴向和径向两种，如图 3-6-3 所示。

在叶轮进口前设置导流器，通过改变导流器叶片安装角，使进入叶轮的气流方向发生变化，以达到改变通风机性能曲线的目的。

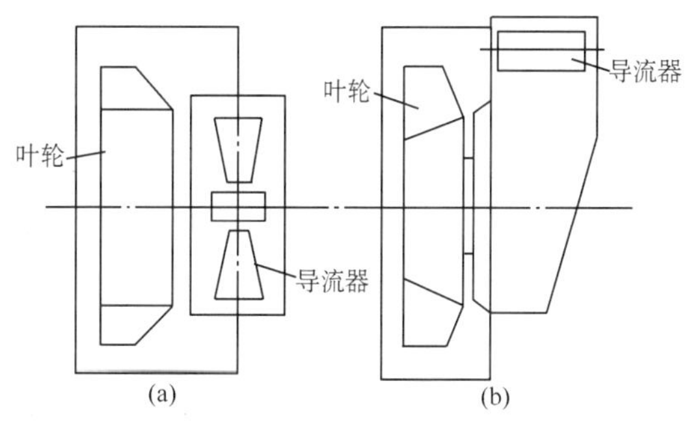

图 3-6-3 风机导流器

a—轴向；b—径向

当导流器叶片角度 $\varphi=0°$ 时，此时，叶片全部开启，流量 Q 为最大。关小叶片开启程度，即叶片角度 φ 由 0° 变化到 30°、60°，φ 将使通风机全压曲线下降，工况点由 1 变化到 2、3，如图 3-6-4 所示。

从图 3-6-4 中可以看出，流量由于工况点的改变，由 Q_1 减少到 Q_3。

用调节导流器叶片角度比节流调节所消耗的功率小，是一种比较经济的调节法。当然，由于用导流器调节，会使通风机效率降低，在这一点上，它的经济性比改变转速调节要差。但是，由于导流器结构简单，使用可靠，维护方便，而又比节流调节优越，因此，在通风机调节中得到比较广泛的应用。

(4) 改变风机叶片角度调节法

在轴流式通风机运行中，用调节风机的叶片安装角度，以调节风机的流量，已得到广泛使用。

对于轴流风机，当它的转速一定，改变叶轮叶片安装角，可使其轴向速度及攻角变化，从而改变通风机的性能曲线，如图 3-6-5 所示。

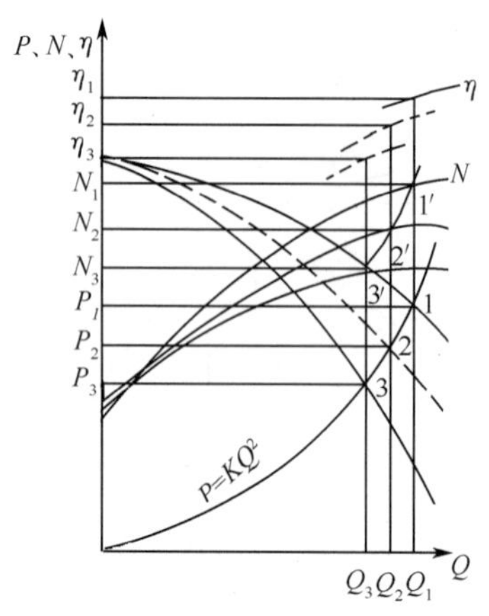

图 3-6-4　改变风机进口导流叶片角调节法

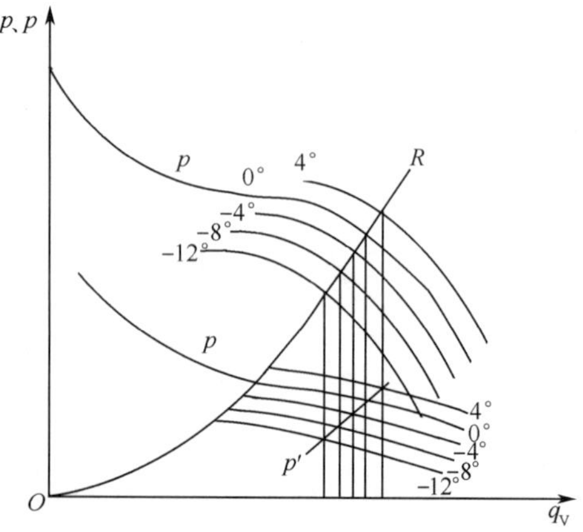

图 3-6-5　改变叶轮叶片安装角的性能变化

调节可在风机停运时逐个改变安装角或通过控制杆整体改变安装角；也可在运转过程中采用液压、机械、电气方法任意改变安装角。

几种调节方法的比较参见表 3-6-1。

表 3-6-1　几种调节方法的比较

调节方法	调节效率	性能稳定性	流量变化	轴功率变化	维修保养
改变管网阻力	最差	管网阻力愈偏离设计条件性能愈差	与阀的角度不成比例，全开附近灵敏，全开至半开流量几乎不变	沿全开时的功率曲线移动	极容易
改变转速	流量在 70%～100%范围内比改变进口导流器叶片角精度低，80%以下很好	调节时对效率影响较小	与转速成比例变化	与转速的三次方成正比变化	麻烦
改变进口导流器叶片角度	流量在 70%～100%范围内最高，80%以下也较好	在非设计工况时，效率较高		沿着比全开时功率更低的曲线移动	稍微麻烦
改变叶轮叶片角	最佳	调节时效率下降很小	流量变化范围广	最省功	麻烦

3.6.3　通风机的启动与运行

3.6.3.1　离心风机的启动与运行

(1) 离心风机启动

① 风机启动前的检查：检查的内容主要有润滑系统、冷却系统、盘动转子、检查进出口

阀门位置以及风机、电机的基础地脚螺栓等。

② 启动的顺序：1)关好风机进出口调节阀；2)启动润滑油泵；3)启动冷却水泵，打开冷却水阀；4)启动通风机；5)风机启动后，打开入口调节阀使通风流量达到运行要求的参数。

(2) 正常运行

通风机在正常运行中，主要是监视通风机的电流。电流不仅是通风机负荷的标志，也是一些异常事故的预报。其次，要经常检查通风机轴承的润滑油、冷却水是否通畅，测量轴承温度，不得超过 80 ℃。

(3) 停机

通风机停机后，关闭通风机进出口阀门，待轴承温度降到 45 ℃后，再停止润滑系统的油泵及冷却水系统的水泵。

3.6.3.2 轴流风机和混流风机的启动与运行

(1) 启动：启动前的检查同离心风机，启动前先打开进出口阀门，启动后慢慢关小入口阀使流量达到运行负荷要求。

(2) 正常运行：正常运行时的要求同离心通风机。

(3) 停机：停机后打开进出口阀，其他要求同离心式通风机。

复习思考题

1. 风机如何分类(按出口风压、工作原理、气流运动方向)?

2. 简述离心风机、轴流风机的工作原理。

3. 简述离心风机、轴流风机的基本结构部件及其功能。

4. 离心风机有哪三种叶片形式? 对应的三种叶轮特性曲线的特点是什么?

5. 轴流风机的性能曲线有何特点?

6. 轴流风机前导叶、动叶轮、后导叶可组合成哪几种组合叶栅? 不同的组合叶栅性能有何不同?

7. 通风机的比转速如何计算? 按比转速(n_s)如何分类?

8. 根据相似定律如何对风机的流量、压力和功率进行换算?

9. 简述罗茨鼓风机、双螺杆压缩机的工作原理。

10. 通风机流量调节的方法有哪些?

11. 通风机启动有何要求?

第四章 换热器

4.1 换热器的用途和结构类型

4.1.1 换热器的用途

在工业生产中，完成流体之间热量交换过程的设备，统称为换热器。它是石油化工、动力、船舶、轻工、制药等工业部门广泛使用的一种通用工艺设备。对石油化工生产来说，换热器约占化工装置建设总投资的10%～20%；在炼油厂，换热器约占全部工艺设备总投资的35%～40%。

在核电厂中，反应堆回路(一回路)系统、二回路系统及其辅助系统都有众多不同功能的换热设备，如蒸汽发生器，低压加热器、高压加热器，冷凝器，汽水分离再热器、冷却器等。在各种辅助系统中料液的加热和冷却也都离不开换热器，如图4-1-1所示。

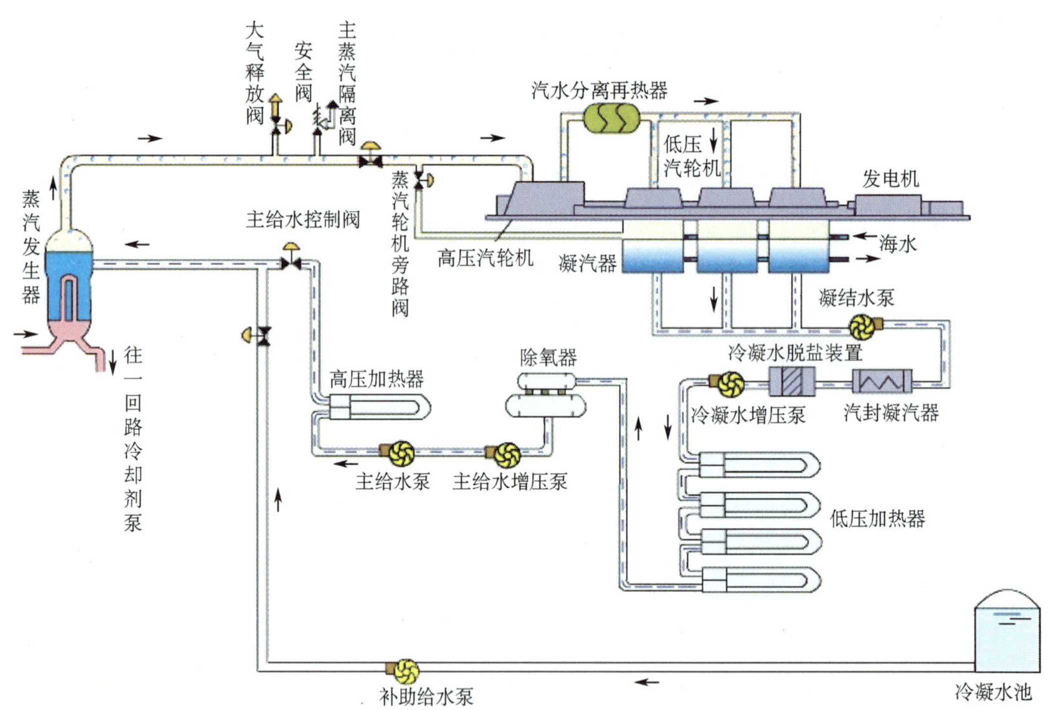

图4-1-1 压水堆核电站工艺系统及换热设备

4.1.2 换热器的分类

换热器按下列几种方式进行分类。

（一）按换热器作用原理或传热方式分类

（1）直接接触式换热器：又称混合式换热器。它是利用两种换热流体直接接触，彼此混合进行热交换的。

这种类型的换热器主要用于气体的冷却（有时兼作除尘、增湿或减温等用）及蒸汽的冷凝，故又称为混合式冷却器或冷凝器。其特点是被冷凝（或冷却）的蒸汽直接与水（或冷流体）接触进行换热，因此传热效果好。此外设备结构简单，易于防腐蚀。必须指出，仅在允许冷、热流体互相混合时，才能应用混合式换热器。

图 4-1-2 所示为混合式冷凝器，其中图 4-1-2(b)较为常见，称为干式逆流高位冷凝器，被冷凝的蒸汽与冷却水在器内逆流流动，上升蒸汽与自上部喷淋下来的冷却水相接触而冷凝，冷凝液和冷却水沿气压管向下流动。由于冷凝器通常与真空蒸发器相连，器内压强为 0.01～0.02 MPa，因此气压管必须有足够的高度，一般为 10～11 m。

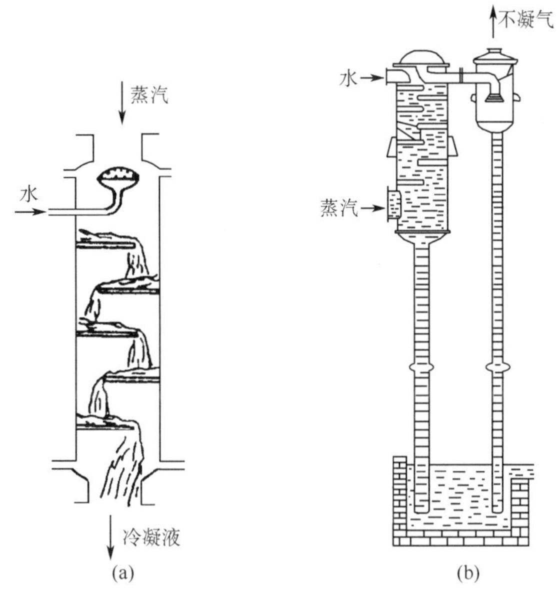

图 4-1-2　混合式冷凝器

a—并流低位冷凝器；b—干式逆流高位冷凝器

（2）表面式换热器：又称间壁式换热器。它的特点是冷、热两流体被固体壁面隔开，互不接触，热量由热流体通过壁面进行热量的交换传给冷流体。此类换热器应用广泛，各种管壳式和板式换热器都属此类。

（3）蓄热式换热器：蓄热式换热器又称蓄热器，它借助于由固体构成（如耐火砖等）的蓄热体，与高温流体和低温流体交替接触，把热量从高温流体传递给低温流体。两流体容许有一定的混合。回转式空气预热器就是这种换热器，如图 4-1-3 所示。

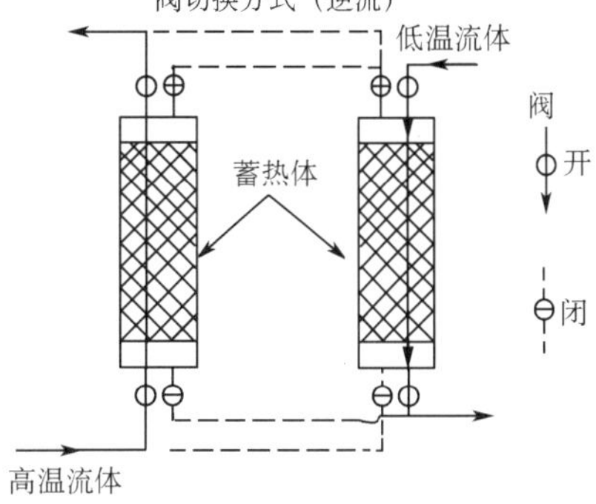

图 4-1-3　蓄热式换热器

蓄热器结构简单，且可耐高温，因此多用于高温气体的加热。其缺点是设备体积庞大，且不能完全避免两种流体的混合，所以这类设备在生产中使用得不太多。

（二）按换热器传热面形状和结构分类

（1）管式换热器，通过管子壁面传热的换热器。按传热管的结构形式分为四种。

1）管壳式换热器

2）蛇管式换热器

3）套管式换热器

4）缠绕管式换热器

(2) 板式换热器，通过板面传热的换热器。按板面结构分为以下五种。

1）螺旋板式换热器

2）板式换热器

3）热板式换热器

4）板翅式换热器

5）板壳式换热器

4.1.3 主要换热器的结构形式

4.1.3.1 管式换热器的结构形式

(1) 蛇管式换热器

蛇管式换热器是管式换热器中结构简单、操作十分方便的一种换热设备。蛇管的形状可为圆盘形、螺旋形和长蛇形，按使用状态不同又分为沉浸式和喷淋式两类。

1）沉浸式蛇管换热器

蛇管多以金属管子弯绕而成，如图 4-1-4 所示。也可制成适应容器的形状。使用时沉浸在容器中。两种流体分别在蛇管内、外流动而进行热量交换。

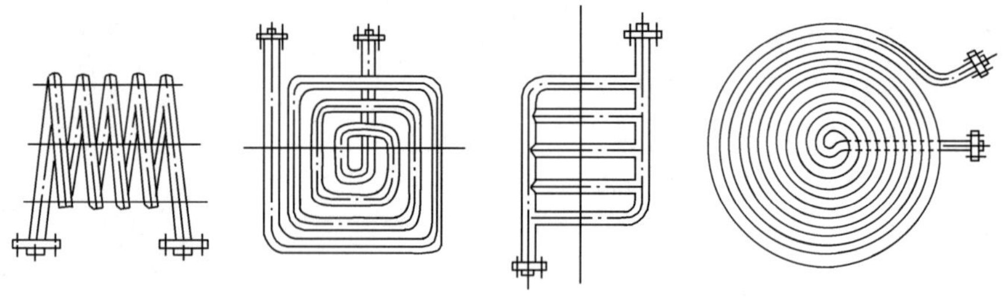

图 4-1-4 沉浸式蛇管换热器

这种蛇管换热器的优点是结构简单，价格低廉，便于防腐蚀，能承受高压。主要缺点是由于容器的体积较蛇管的体积大得多，故管外流体的给热系数 α 较小，因而总传热系数 K 值也较小。如在容器内加搅拌器或减小管外空间，则可提高传热系数。

2）喷淋式蛇管换热器

喷淋式蛇管换热器如图 4-1-5 所示。该形式用于冷却管子内的热流体，冷却水由管排上方的喷淋装置均匀淋下。与沉浸式相比，管外流体的传热系数提高了一些，且便于检修和清洗。缺点是体积庞大，冷却水量较大。这种设备常用于制冷装置和小型制冷机组。

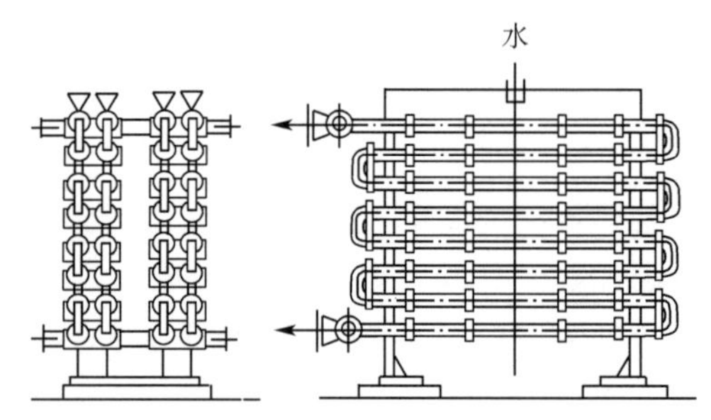

图 4-1-5 喷淋式蛇管换热器

(2) 套管式换热器

套管式换热器是用两种不同直径的直管连接形成一个同心套管，两端用 U 型结构件将它们连接成排，排列组合而成，如图 4-1-6 所示。换热时，一种流体走内管，另一种走环隙，内管的壁面为传热面。其特点是两种流体可按逆流方式运行，两侧流体均可提高流速，使传热面两侧都可有较高的表面传热系数。

缺点是：单位传热面的金属耗量较大，不够紧凑；管间接头较多，易发生泄漏；检修清洗都较麻烦。适用于高温高压、小流量流体间的换热。

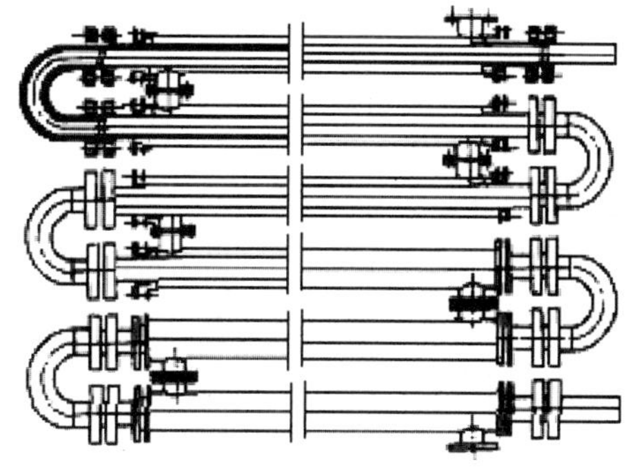

图 4-1-6 套管式换热器

(3) 缠绕管式换热器

这类换热器是在芯筒与外筒之间的空间内，将传热管按螺旋线形状交替缠绕而成。相邻两层螺旋状传热管的螺旋方向相反，并有一定形状的定距件使之保持一定的间距。

管内通一种介质，称单通道型缠绕管式换热器，如图 4-1-7(a)所示。

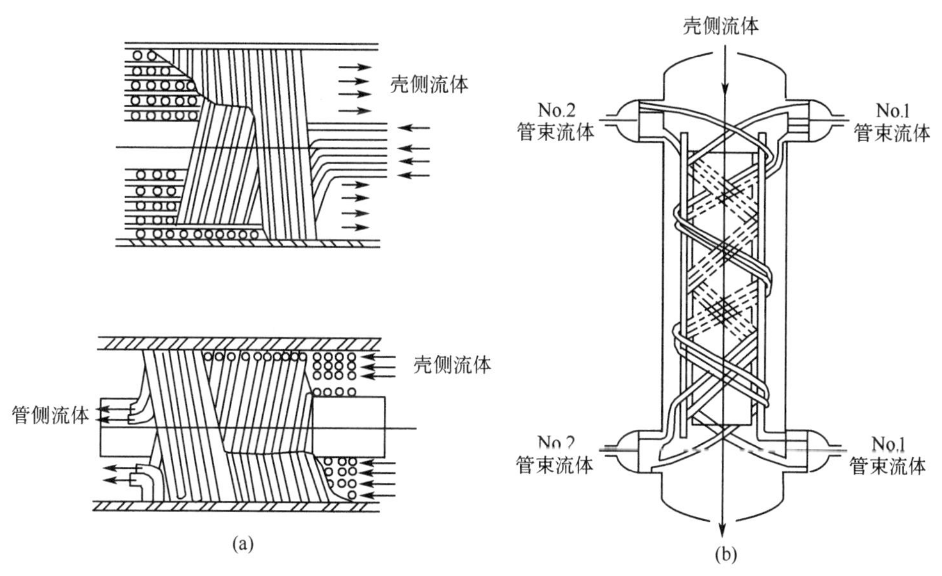

图 4-1-7 缠绕管式换热器

a—单通道型；b—多通道型

管内通几种不同介质，而每种介质所通过的传热管汇集在各自的管板上，这就构成多通道缠绕管式换热器，如图 4-1-7(b)所示。

缠绕管式换热器适用于同时处理若干种介质、在小温差下需要传递较大热量且管内介质操作压力较高的场合。如制氧等低温过程中使用的换热设备。

(4) 管壳式换热器

管壳式换热器是管式换热器中应用最为广泛的一种。它的结构和特性将在本章 4.2 节专门介绍。

4.1.3.2 板式换热器的结构型式

板式换热器是由众多波纹板片和压紧板等零件组装而成的换热设备，如图 4-1-8 所示。波纹板片是传热元件，悬挂在上导杆上。板片周边贴有密封垫片。压紧后可以达到密封的目的，且可用垫片的厚度调节两板间流体通道的大小。每块板的四个角上，各开一个圆孔，其中有两个圆孔和板面上的流道相通，另外两个圆孔则不相通，它们的位置在相邻的板上是错开的，以分别形成冷、热流体的通道。冷、热流体交替地在板片两侧流过，通过金属板片进行换热，见图 4-1-9。

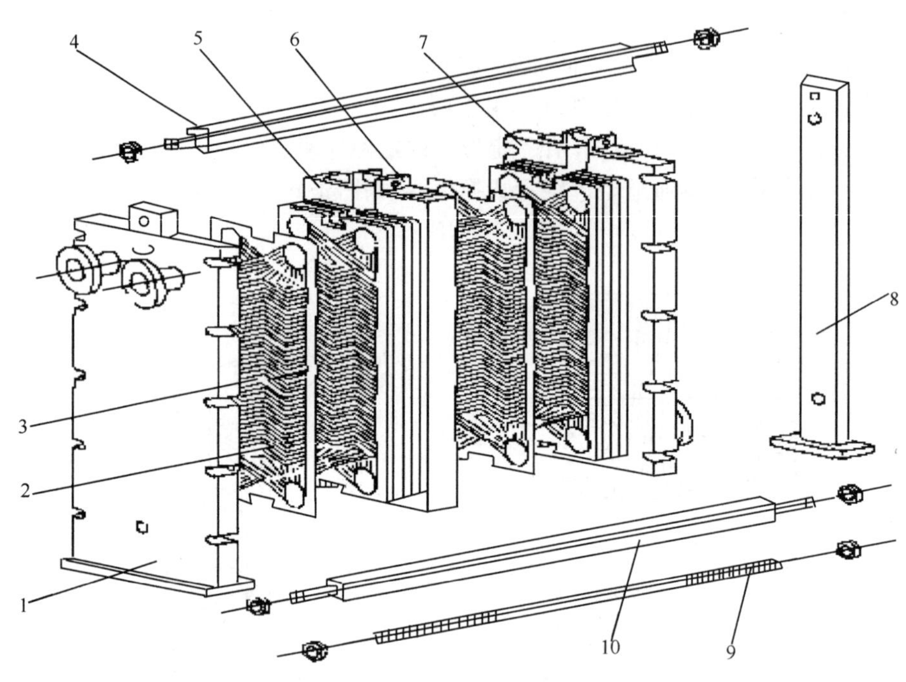

图 4-1-8 板式换热器结构

1—固定压紧板；2—板片；3—垫片；4—上导杆；5—中间隔板；6—滚动装置；7—活动压紧板；8—前支柱；9—夹紧螺栓螺母；10—下导杆

板片的波纹形状对传热、流体阻力、抗压性能都有很大影响。板片有人字形波纹和水平平直波纹两种。见图 4-1-10(a)(b)。人字形波片使用时相邻板片互相倒置安装，波纹交叉接触形成板间排列均匀的支点，这样，即使两侧压力差较大也不会引起过渡变形。水平平直波纹板片上设有支点，组装时相邻板片倒置安装，其支点相互接触以抗两侧介质的压差。但承压能力不及人字形波片。

板式换热器的优点是：结构紧凑、单位体积设备提供的传热面积大；总传热系数 K 值高，如对低黏度液体的传热，K 值可高达 7 000 W/(m^2 · ℃)；可根据需要增减板数以调节传热面积；检修和清洗都较方便等。

板式换热器的缺点是：处理量不宜大；操作压强比较低，一般低于(1.5 MPa)，最高也不超过 2 MPa；因受垫片耐热性能的限制，操作温度不能太高，一般对合成橡胶垫圈不超过 130 ℃，压缩石棉垫圈也低于 250 ℃。

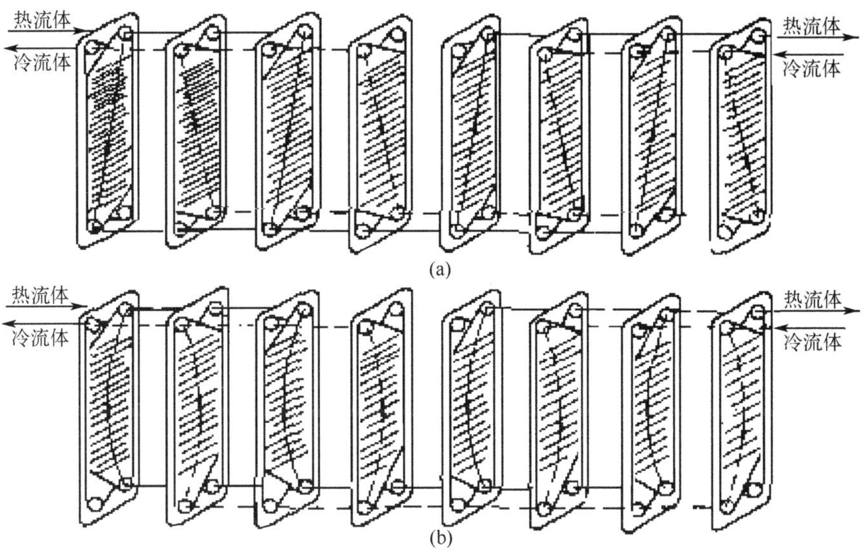

图 4-1-9 流体在板间的流动

a—对角流；b—单边流

图 4-1-10(a) 人字形波纹板片

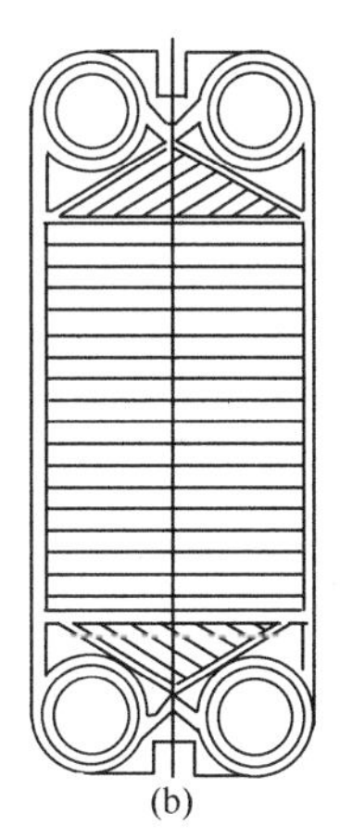

图 4-1-10(b) 水平平直波纹板片

4.1.4 学习换热器应掌握的几个专业术语

1）公称直径 DN

卷制圆筒：以圆筒内径(mm)作为换热器的公称直径。

钢管制圆筒：以钢管外径(mm)作为换热器的公称直径。

2）换热面积 $A(m^2)$

① 计算换热面积：以换热管外径为基准，扣除伸入管板内的换热管长度后计算得到的管束外表面面积；对于 U 型管换热器，一般不包括 U 型管段的面积。

② 公称换热面积：经圆整后的计算换热面积。

3）公称长度 LN

以换热管的长度(m)作为换热器的公称长度。换热管为直管时，取直管长度；换热管为U型管时取U型管直管段的长度。

4）管程和壳程

管程：指介质流经换热管内的通道及与其相贯通部分。

壳程：指介质流经换热管外的通道及与其相贯通部分。

管程数 N_t：指介质沿换热管长度方向往、返的次数。

壳程数 N_s：指介质在壳程内沿壳体轴向往、返的次数。

4.2 管壳式换热器的类型及结构

管壳式换热器是目前工业生产中包括核电站中应用最广泛的传热设备，与前述的各种换热器相比，最大的特点是适应性强，容量大，工作压力从高真空到高压(35 MPa)，工作温度从低温(－200 ℃)到高温(1 100 ℃)；它还具有结构简单，坚固耐用，造价低廉，用材广泛，清洗方便等优点。

4.2.1 管壳式换热器结构类型

管壳式换热器一般由传热管、壳体、封头、管板、折流板及进出口接管等组成。在传热管内流动的流体从管子的一端流到另一端，称为一个管程；在管外流动的流体从壳体的一端流到另一端，称为一个壳程。根据不同的流量和流体速度要求，可以组成多管程和多壳程结构。

管壳式换热器根据结构特点及热补偿的方法的不同，有以下几种结构型式。

(1) 固定管板式换热器

固定管板式换热器如图4-2-1所示。这种换热器的特点是，两块管板分别焊于壳体的两侧端，同壳体内的换热管、折流板等组成不可拆卸的管束，这就是固定管板式换热器的由来。该换热器结构简单、紧凑，在相同的壳体直径内排管数最多，旁路最小。每根换热管都可更换，且管内清洗方便。

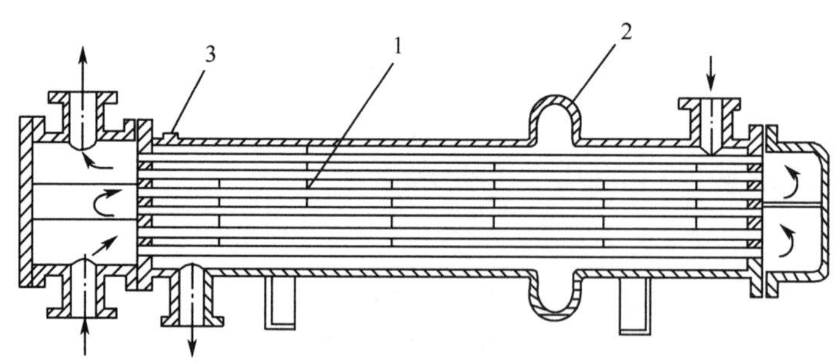

图4-2-1 具有补偿圈的固定管板式换热器

1—挡板；2—补偿圈；3—放气嘴

但由于管板与壳体之间为固定不可拆卸结构，因此壳程不易清洗，且当两流体的温度差较大时，壳体与换热管还会产生温差应力，所以在温差大时(大于50 ℃)，在壳体上应设置热补偿用膨胀节。如图 4-2-1 中的 2 所示。这样的换热器称为具有补偿圈(或称膨胀节)的固定管板式换热器。即在外壳的适当部位焊上一个补偿圈,当外壳和管束热膨胀不同时,补偿圈发生弹性变形(拉伸或压缩),以适应外壳和管束的不同的热膨胀程度。这种补偿方法简单,但不宜用于两流体的温度差太大(应不大于 70 ℃)和壳程流体压强过高(一般不高于 0.6 MPa)的场合。

钠冷快堆蒸发器、过热器就属于这种结构形式。

(2) U 型管式换热器

U 型管换热器如图 4-2-2 所示。这种换热器的结构特点是:只有一块管板,另一端是可以自由伸缩的 U 型管。当壳体与 U 型管有温差时,由于壳体和管束均可自由伸缩,因此不会产生温差应力。

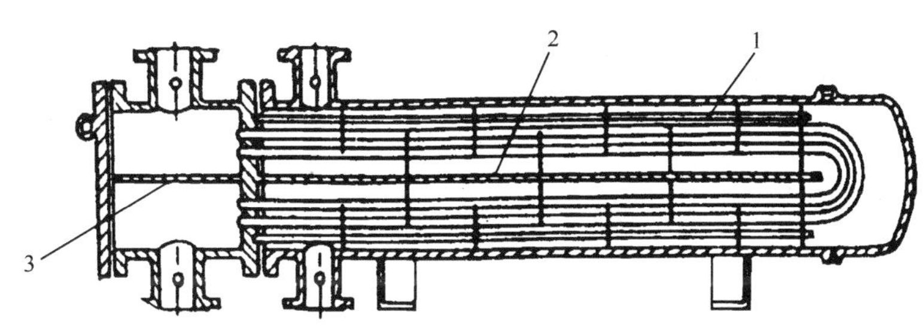

图 4-2-2 U 型管换热器

1—U 型管;2—壳程隔板;3—管程隔板

这种型式换热器仅一端有管板,密封面较少,运行可靠,造价低廉。管束可以抽出,管间清洗方便。主要缺点是管内清洗比较困难,因此管内流体必须洁净;且因受弯管曲率半径的限制,换热管排布较少。故管板的利用率差些。内层换热管坏了不能更换,只能堵死。该型换热器适用于壳体与管束温差较大的场合,核电站反应堆回路和汽轮机回路的换热器多为这种类型。

(3) 浮头式换热器

浮头式换热器如图 4-2-3 所示。该换热器的结构特点是:管束一端管板用螺栓固定于管箱法兰与壳体法兰之间;另一端管板与换热管等在壳体内可轴向自由伸缩。当换热管与壳体有温差存在时,壳体或换热管膨胀互不约束,不会产生温差应力。浮头式换热器不但可以补偿热膨胀,而且由于固定端的管板是以法兰与壳体相连接的形式,因此管束可从壳体中抽出,便于清洗和检修,故浮头式换热器应用较为普遍,但结构较复杂,金属耗量较多,造价较高。

(4) 填料函式换热器

填料函式换热器结构如图 4-2-4 所示。这种换热器的结构特点与浮头式换热器相类似。但结构较浮头式换热器简单,加工制造方便,节省材料,造价比较低廉。由于采用填料函式密封结构,使管束在壳体内可轴自由伸缩。当管束与壳体有温差时,不会产生温差应力。

由于密封结构的原因此种换热器承压不高,一般小于 4 MPa。且壳程填料密封处可能发生外泄漏,故不宜用于易燃、易爆、有毒和贵重介质。

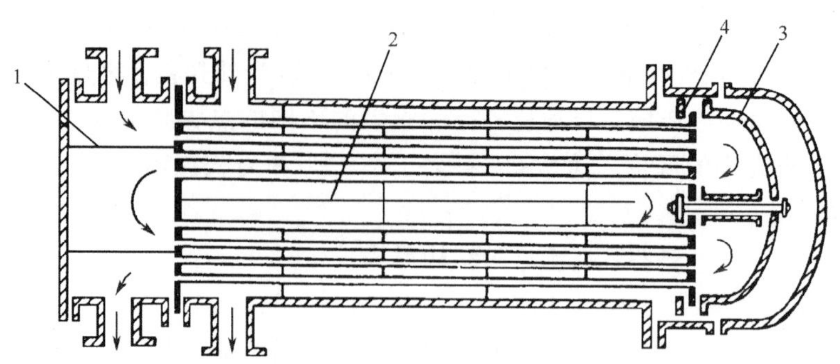

图 4-2-3 浮头式换热器

1—管程隔板；2—壳程隔板；3—浮头；4—钩圈

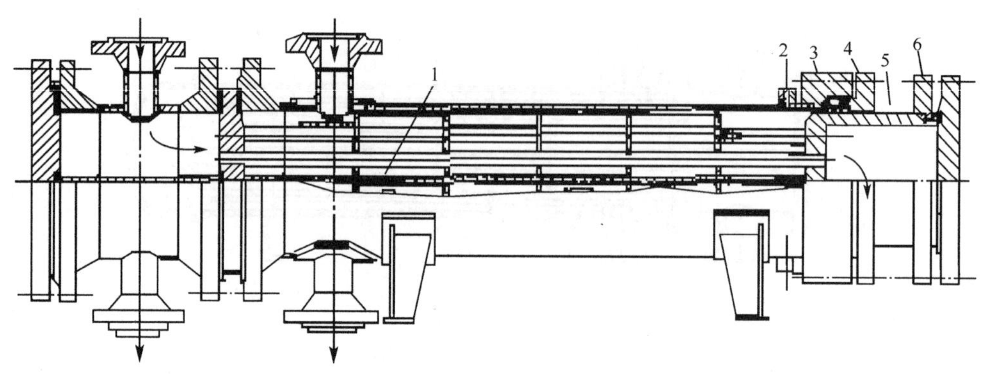

图 4-2-4 填料函式换热器结构

1—纵向隔板；2—填料；3—填料函；4—填料压盖；5—浮动管板；6—部分剪切环

4.2.2 管壳式换热器的组成

管壳式换热器主要由三部分组成，即壳体（包括由管板、换热管、折流板、拉杆等组成的管束）及具有介质进、出口，对介质起分配作用的前端管箱、后端管箱组成，并形成管程和壳程两个通道，冷热介质分别流经管程、壳程，进行热量交换。各部分的基本结构类型如图 4-2-5 所示。

4.2.3 管壳式换热器主要结构件

图 4-2-5 对换热器的 3 个组成部分的结构类型给出了清晰的分类。不同的组合可得到不同用途和性能的换热设备。以下重点对管束中的换热管、管板及折流板 3 个零部件作一简单介绍。

1. 换热管

换热管是管壳式换热器的基本部件，其形状、尺寸和管束布置对换热器性能和设备经济性影响很大。换热管包括管型、管径、管长、管子材质等的选取。

(1) 管型

换热管型式有光管、各式翅片管、螺纹管、异形管等。光管是管壳式换热器换热管的传

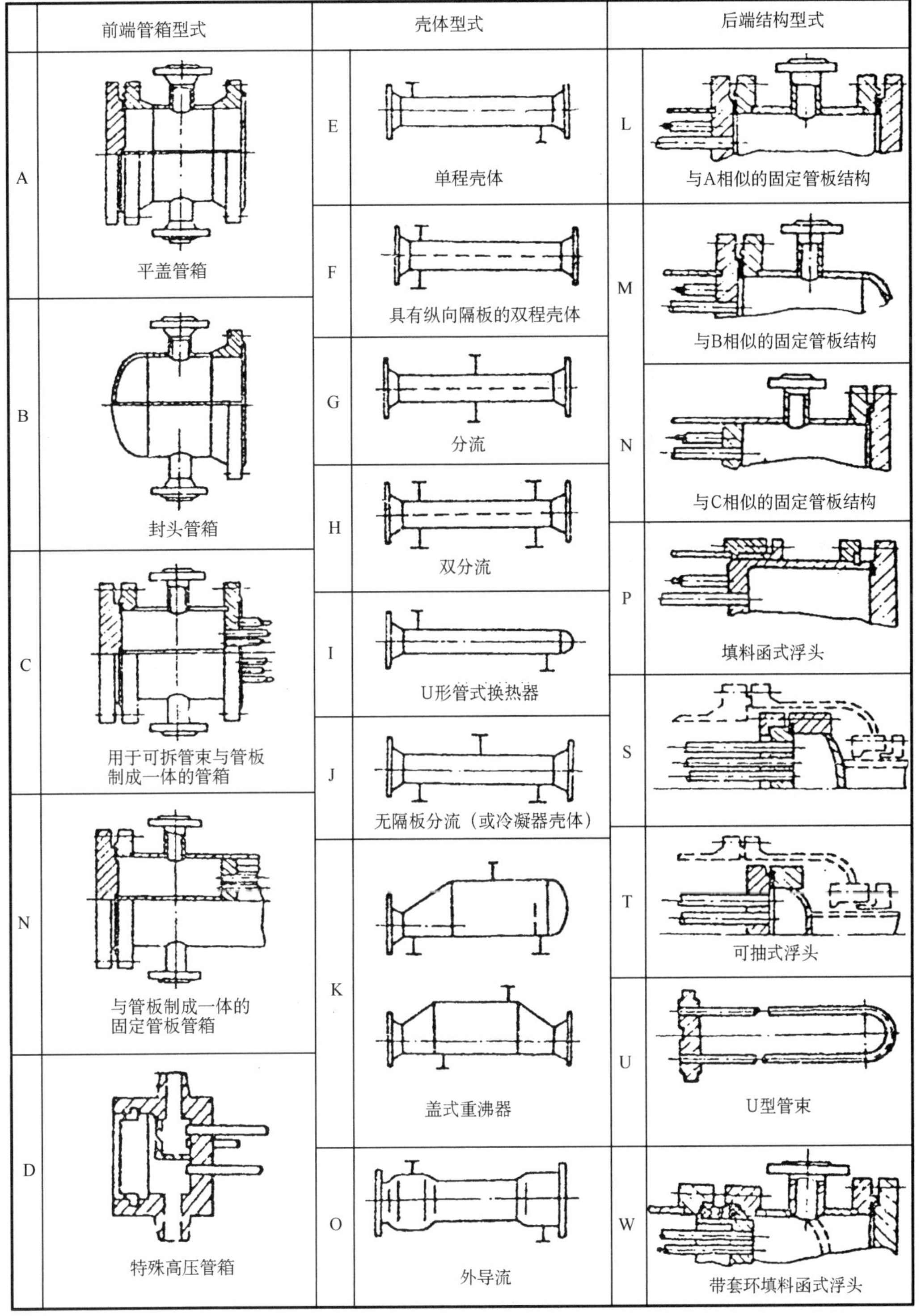

图 4-2-5 管壳式换热器主要部件分类及代号

统形式，当前应用非常普遍。随着节约材料、节约能源的强化传热技术研究的发展，特别是壳程换热系数小的场合，翅片管受到青睐，目前翅片管已成为空冷器最优良的换热管型而被广泛使用。

(2) 管径

应尽可能选用标准管径。也可订做非标管(直径和壁厚)。

(3) 管长

换热器的管子长度由传热计算和结构而定。常用的长度有 1.5、2、2.5、3、4、6、8、10、12 m。随着石油、化工、能源生产规模的扩大，换热器也向大型化发展，管长也出现增加的趋势。因为换热管的拼接要求十分严格，制造厂一般不进行拼接。但换热管的拼接是允许的，直管拼接焊缝只能一条，U 型管最多不能超过两条。

(4) 管子材质

换热管的材料选择是保证换热器安全可靠运行的关键。可供选择的有碳钢、不锈钢、铝、铜、黄铜及其合金、铜—镍合金、镍、蒙乃尔合金、钛、石墨、玻璃等及其他特殊材料。应根据介质和工艺条件来选择。核电厂蒸汽发生器换热管从初期选用镍基高温合金 Inconel-600，后发展了性能更好的铁镍基高温合金 Incoloy-800 和镍基高温合金 Inconel-690 两种。目前这两种都得到很好的应用。

(5) 换热管束排列

换热管在管板上的排列应力求均布、紧凑并考虑清洗和整体结构要求。

换热管束排列的标准形式有四种，即正三角形、转角正三角形、正方形和转角正方形，如图 4-2-6 所示。大多采用正三角形排列方式。

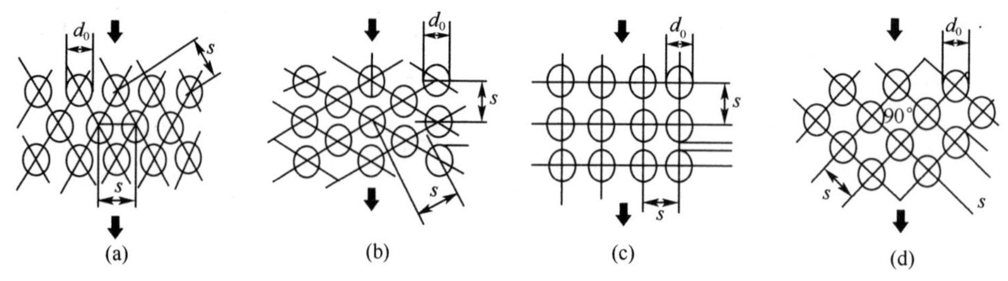

图 4-2-6 换热管管束排列形式

a—正三角形；b—转角正三角形；c—正方形；d—转角正方形

对于多管程换热器，常采用组合排列法，如图 4-2-7 所示。无论哪种排列方法，最外围管子的管壁与壳体内壁间的距离都不应小于 10 mm。

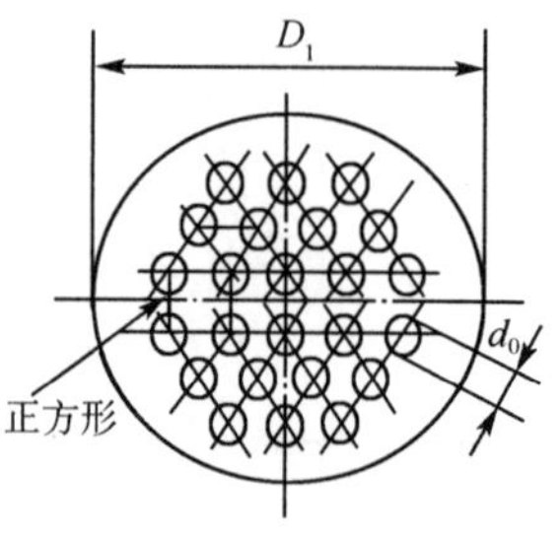

图 4-2-7 换热管组合排列

(6) 管间距(管中心距)

当换热管与管板采用胀接方法连接时，管间距 S 至少为管外径 d_0 的 1.25 倍。在采用焊接方法时，管间距可小些，但要保证壳程清洗时有 6 mm 的清洗通道。当壳程用于蒸发过程时，为使气相更好地逸出，管间距可加大至管外径的 1.5 倍。

2. 管板

管板是管壳式换热器最重要的部件。管板用于固定换热管且与壳体相连,使管程和壳程介质不能相混,并承受管程和壳程的工作压力和温度。大多数换热器采用单层管板,但对有危险性或腐蚀性的物料或当管、壳程流体一旦相互渗漏即会产生严重问题的场合,可采用双层管板(如大亚湾核电站的冷凝器)。

管板最重要的问题是根据工艺条件并参照 GB151－1999《钢制管壳式换热器》的规定计算选定管板的厚度(包括材料)和管孔尺寸和公差。

3. 换热管与管板的连接

换热管与管板的连接是换热设备设计、制造、运行中最关键的技术。其连接质量是换热器质量的重要标志。换热器失效绝大多数集中在管接头上。因此合理选用管接头型式,使用相应的加工设备与技术是换热器制造技术的关键。

最常见的连接方式有强度胀接、强度焊接、胀焊并用三种形式。

(1) 强度胀接(strength expanded joint):管与管板孔通过特定的尺寸配合连接,在管孔内用机械胀接或柔性胀接(液袋胀接、液压胀接、橡胶胀接和爆炸胀接)的方法使换热管与管板达到规定的密封性和抗拉强度的胀接连接。管材硬度应低于管板硬度;适用于设计压力≤4 MPa;设计温度≤300 ℃;运行中无剧烈振动、无过大温度波动和严重腐蚀的场合。

机械胀接是靠带锥度的芯轴右向旋转带动锥度滚柱左向旋转挤压管壁向外扩张使其与管孔实现胀接的目的。如图 4-2-8(a)所示。其优点是结构简单成本低,对换热管精度要求不高,但冷作硬化稍严重,不利于先胀后焊。

液压胀接是通过不断升高的液体压力使换热管向外扩张,达到胀接的目的。如图 4-2-8(b)所示。其优点是可使换热管均匀向外扩张,冷作硬化稍轻,可进行深孔定位胀接。但 O 形环易损坏,要求管子精度高,否则会漏液,且漏液残留管内,也不利于先胀后焊。

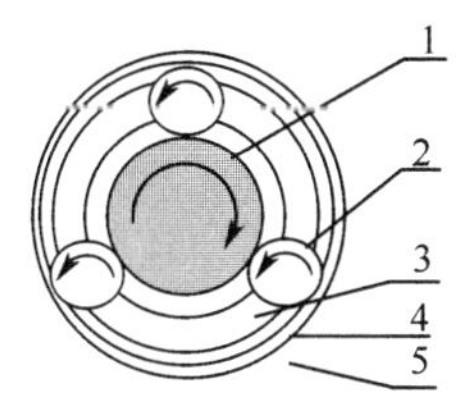

图 4.2-8(a) 机械胀管

1—芯轴;2—滚柱;3—定位支架;
4—换热管;5—管板

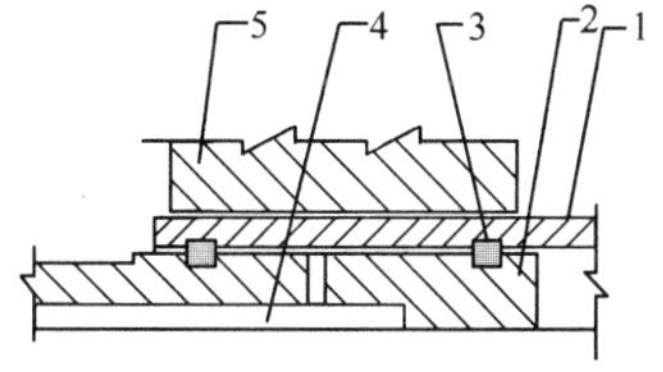

图 4-2-8(b) O 形环液压胀接

1—换热管;2—芯轴;3—O 形环;
4—中心孔;5—管板

液袋胀接基于液压胀接,为防残液留在管内,在芯轴与换热管之间加了一个橡胶袋,通过橡胶袋将压力传递到换热管上,具有液压胀的优点,可用于先胀后焊。如图 4-2-8(c)所示。

橡胶胀接(如图 4.2-8(d))是通过轴向挤压特种橡胶使橡胶产生径向扩张力,使换热管向外扩张,达到胀接的目的。

爆炸胀接(如图 4-2-8(e))是通过试验,靠定量成形的炸药包的爆炸使换热管瞬间向外扩张,达到胀接的目的。其优点是效率高,可遥控;但需专业化技术,有一定的危险性。

(2) 强度焊接(strength welded joint):管与管板孔通过规定的尺寸配合连接后再焊接,使二者具有足够的连接强度和密封性。只要材料可焊性允许,可用于任何场合,使用压力基本不受限制,热循环剧烈、温度较高均可;适用于薄管板无法胀接的场合。为保证连接接头的密封性,也可采用密封焊,但密封焊仅能承受换热管的部分轴向剪切载荷。

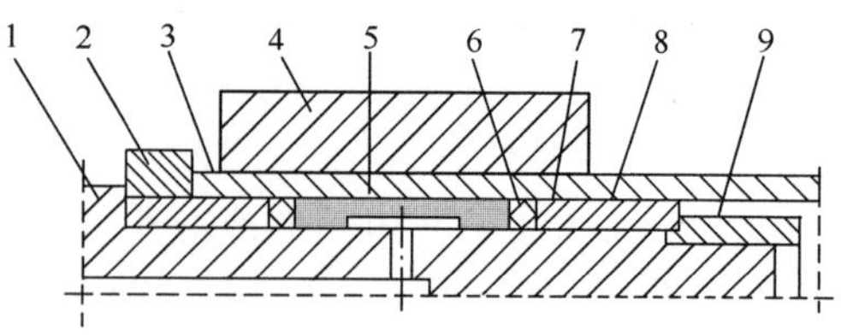

图 4-2-8(c) 液袋胀管

1—胀杆芯棒;2—定位套;3—管子;4—管板;5—液袋;6—挡圈;7—锥圈;8—弹簧圈;9—螺母

(3) 胀焊并用:当温度和压力较高,且换热管与管板连接接头在操作中受到反复热变形、热冲击和热腐蚀的作用时,换热管与管板相连

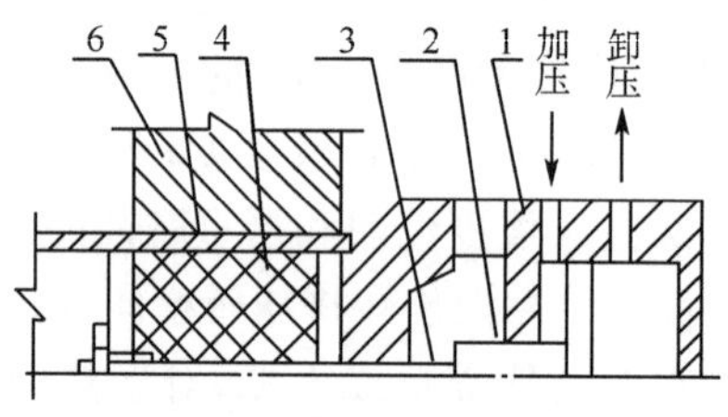

图 4-2-8(d) 橡胶胀管

1—油缸;2—活塞;3—拉杆;4—橡胶;5—换热管;6—管板

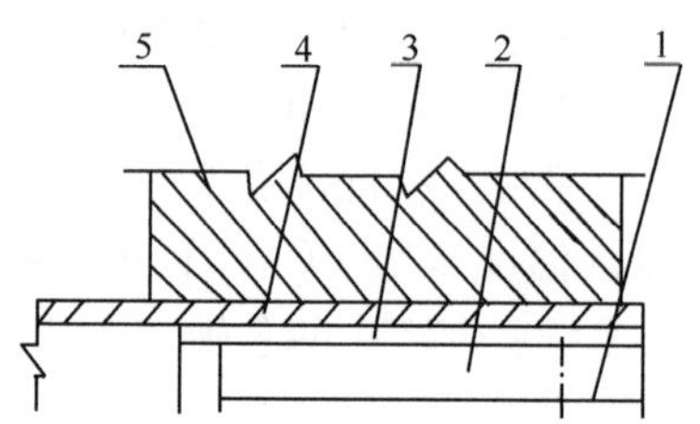

图 4-2-8(e) 爆炸胀管

1—导火索;2—炸药;3—传递材料;4—换热管;5—管板

接处容易受到破坏。为保证连接处不泄漏,减少间隙腐蚀和减弱管子因振动而引起的破坏,常采用焊胀并用的连接方法(如核电厂蒸汽发生器)。核电厂重要换热设备大多采用先焊后胀(液压胀接)的连接方法。

4. 折流板

折流板可使壳程介质流速加快,并垂直冲刷管束,获得较大的表面传热系数,同时减少结垢。有的换热过程(如蒸汽冷凝)不需设置折流板,而当换热管无支撑,跨距超过标准规定值时,必须设置支持板支撑换热管,以免引起换热管振动失效。

折流板型式有多种,主要有圆缺形即弓形(单弓形、多弓形)、盘环形、堰形等,如图 4-2-9 所示。用得最多的是单弓形。

盘环形折流板用的也较多,如图 4-2-9 中的(c)所示。其圆盘和圆环从同一圆板上切割下来并沿管束相间排列,流体流型在整个换热器中较均匀。由于在圆环后面容易沉积沉淀物,要求流体清洁度高。

折流板应按等间距布置,管束两端的折流板应尽量靠近壳程进出口接管。

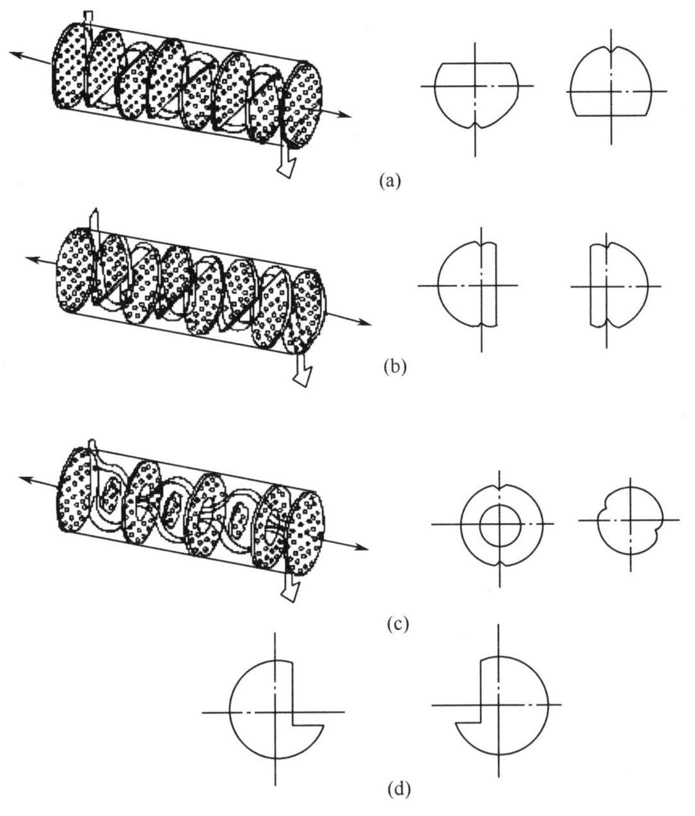

图 4-2-9　折流板型式与布置

a—单弓形折流板上下布置；b—单弓形折流板左右布置；
c—盘-环形折流板；d—堰形折流板

4.3　换热器传热的基本方式及热力设计

4.3.1　换热器传热的基本方式

换热器传热的基本方式主要是对流传热和热传导(导热)相结合的方式进行传热。

(1) 热传导(又称导热)

若物体上的两部分间连续存在着温度差，则热将从高温部分自动地流向低温部分，直至整个物体的各部分温度相等为止。这种传热方式称为热传导。固体中热的传递是典型的热传导。在金属固体中，热传导起因于自由电子的运动；在不良导体的固体和大部分液体中，热传导是由个别分子的动量传递所致；在气体中，热传导是由分子不规则运动而引起的。热传导是静止物质内的一种传热方式。这种传热方式没有物质的宏观位移。

(2) 对流传热

对流传热是指流体中质点发生相对位移而引起的热交换。对流传热仅发生在流体中，因此它与流体的流动状况密切相关。对流传热时，必然伴随着流体质点间的热传导。事实上，要将它们分开是很困难的。若将两者合并处理时，一般也称为对流传热(又称为给热)。工程中讨论的对流传热，多是指固体的壁面与流体之间的传热。传递的热功率可用牛顿定律求得：

$$Q = hF\Delta T_i$$

式中：Q——表面热流率，W；

h——传热系数，$W/m^2 \cdot ℃$；

F——传热表面积，m^2；

ΔT_i——膜温差，℃；$\Delta T_i = T_W W - T_i$，T_W为壁面温度；T_i为流体主流温度。

不同传热型式的对流传热系数大小相差很多，如：

空气自然对流：3～10；　气体强制对流：20～100；　水自然对流：200～2 000；

水强制对流：1 000～15 000；水沸腾：2 500～25 000；高压蒸汽强制对流：500～3 500。

在流体中产生对流的原因有二：一为流体质点的相对位移是因流体中各处的温度不同而引起的密度差别，使轻者上浮，重者下沉(流体产生这种对流称为自然循环对流)；二为流体质点的运动是因泵(风机)或搅拌等外力强迫所致(流体的这种对流称为强制对流)。

流动的原因不同，对流传热的规律也有所不同。应予指出，在同一种流体中，有可能同时发生自然对流和强制对流。

4.3.2 换热器的传热过程

核电厂所用的绝大部分换热设备为管壳式，它们都属于间壁式换热器类型。所以本节讲换热器的传热过程以间壁式为例进行分析。

在间壁式换热器中，冷、热流体被壁面隔开，它们分别在壁面两侧进行流动。热流体将热传到壁面的一侧，通过固体壁面的热传导，再由壁面另一侧将热传给冷流体。冷热流体流动状态是当流体流经固体壁面时形成流动边界层，边界层内存在速度梯度；当流体呈湍流时(形成湍流边界层)，靠近壁面处总有一层滞流内层存在，在此薄层内流体呈滞流流动。因此在滞流内层中，沿壁面的法线方向上没有对流传热，该方向上热的传递仅为流体的热传导。由于流体的导热系数较低，使滞流内层中的导热热阻就很大，因此该层中温度差也较大，即温度梯度较大。在湍流主体中，由于流体质点剧烈混合并形成旋涡，因此湍流主体中的温度差(温度梯度)极小，各处的温度基本上相同。在湍流主体和滞流内层之间的缓冲层内，热传导和对流传热均起作用，在该层温度发生缓慢的变化。图 4-3-1 表示流体在壁面两侧的流动情况以及和流体流动方向垂直的某一截面上流体的温度分布情况。

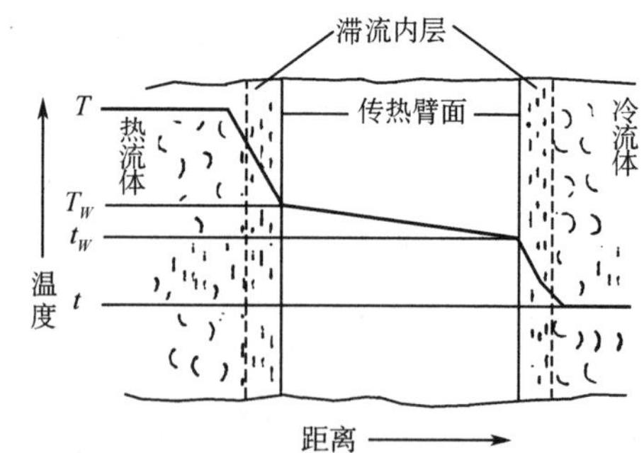

图 4-3-1　对流体热的温度分布情况

从以上分析可知，对流传热的热阻主要集中在滞流内层内，因此，减薄滞流内层的厚度是强化对流传热的重要途径。

4.3.3 管壳式换热器传热计算

（1）传热基本方程

$$Q = KA\Delta t_m \qquad (4\text{-}3\text{-}1)$$

式中：Q——传热量（W）；

K——总传热系数[W/(m^2 · K)]；

A——传热面积(m^2)；

Δt_m——有效传热平均温差(K 或℃)。

$$平均温差\ \Delta t_m = \frac{\Delta t_1 - \Delta t_2}{\ln \dfrac{\Delta t_1}{\Delta t_2}} \qquad (4\text{-}3\text{-}2)$$

式中：Δt_1——换热器大温差端的介质温差(℃)；

Δt_2——换热器小温差端的介质温差(℃)。

总传热系数 K 与管内介质的表面传热系数和管外介质的表面传热系数有关，计算较复杂。一般工程上常根据同类型换热设备的经验数据先选取 K 值进行估算。(可查表)。

（2）蒸汽发生器蒸汽产量及传热面积的计算

蒸汽发生器稳态功率下的蒸汽产量 G_s 及传热面积 A 属热力学计算问题，简要介绍如下：

① 蒸汽产量的计算

根据热平衡的原理，冷却剂在流过蒸汽发生器时，输送的热功率 P_t(kW)由下式计算：

$$P_t = q_m(h_i - h_{ou}) \qquad (4\text{-}3\text{-}3)$$

式中：q_m——冷却剂质量流量，kg/s；

h_i, h_{ou}——冷却剂进入、流出蒸汽发生器的比焓，kJ/kg，(可查有关手册)；

如果不计排污损失，则根据热平衡方程可求出蒸汽产量 G_s(kg/s)：

$$G_s = P_t \times \eta_s/(h_s - h_f) \qquad (4\text{-}3\text{-}4)$$

式中：h_s, h_f——饱和蒸汽和给水的比焓，kJ/kg；

η_s——蒸汽发生器的热效率，取 0.97～0.99。

② 传热面积的计算

在计算了总的传热系数 K 及平均温差 Δt_m 后，就可由下式计算热量传至二回路所需的传热面积 A(m^2)：

$$A = P_t \cdot 10^3/(K \times \Delta t_m) \qquad (4\text{-}3\text{-}5)$$

4.3.4 换热器流程顺序选择

1. 并流流程：即两流体同向流动，则平均温差 Δt_m 较小，使得传热面积 A 变大，设备变大，不经济，尽量不采用这种流程。

2. 逆流流程：即两流体逆向流动，这样平均温差 Δt_m 较人，使传热面积 A 变小，设备小，较经济，一般优先采用这种流程。

3. 折流流程:工程中单一的并流或逆流仅适用于负荷量小的工况,用得最多的是折流流程。折流流程又分为两种,即:

(1) 简单折流:尽管程流体反复折流,称为多管程换热器,如 1—2 型(单壳双管程)或 1—4 型(单壳四管程)等。

(2) 复杂折流:管程、壳程均有折流。当折流平均温差校正系数 $\varphi_{\Delta t}<0.8$,就需增加壳程折流,或多台换热器串联使用,使传热过程更接近于逆流。复杂折流又称为多壳多管程换热器,如 2—4 型(双壳四管程)。

4.3.5 介质流速和允许压降选择

介质流速高,换热系数大,热负荷一定时,可使传热面积减小,设备结构紧凑,不仅节省投资,而且有利于减缓或抑制污垢的形成;另一方面,介质流速高,压降大,不仅能耗增加,而且介质对传热面的冲蚀将加剧。计算表明,无论对管程还是壳程,随着流速增大,压降增长的速率远远超过换热系数的增长速率。因此,介质流速的选取应考虑系统的压降合理。

合理的压降与系统内的运行压力(P)水平有关,不同运行状态,不同运行压力下的合理压降列于表 4-3-1。还应指出,在设计中应尽可能减小管路系统的局部流阻,以便在系统合理压降下,有条件提高管、壳程内介质的流速,强化换热,节省投资。

表 4-3-1 系统的合理压降

运行状况	运行压力/bar	合理压降/bar
负压运行	0~0.981	$P/10$
低压运行	0.981~1.668	$P/2$
	1.668~10.791	0.343
中压运行(包括用泵输送的流体)	10.791~30.411	0.343~1.766
高压运行	30.411~79.461	0.687~2.453

换热器内常用流速范围如表 4-3-2 所示,由表可见,壳程流速约为管程流速之半。选取合理的流速还应考虑流体性质、传热系数、输送泵特性及传热壁材性质和结构等影响因素。

表 4-3-2 换热器内常用流速范围

介质 \ 流速	管程流速/(m/s)	壳程流速/(m/s)
循环水	1.0~2.0	0.5~1.5
新鲜水	0.8~1.5	0.5~1.5
低黏度油	0.8~1.8	0.4~1.0
高黏度油	0.5~1.5	0.3~0.8
气体	5~30	2~15

4.3.6 流径选择

在管壳式换热器中，如何确定两换热流体谁走管程谁走壳程，需考虑多种因素。总原则是有利于传热，减小压力损失，减小材料消耗，降低成本，经济、安全运行和检修清洗方便等。对于工作压力和温度高，结垢严重或有毒和腐蚀性的特殊工艺条件则应特殊考虑。以下介绍几种一般选择参考原则。

（1）流量小或黏度大的流体走壳程较好。壳程流道截面和流动方向都在不断变化，设置折流板后，$R_e>100$ 即达紊流*。此时流体在壳程的传热状态较好；从减小压降的角度来看，也是 R_e 小的流体走壳程有利；

（2）对固定管板式换热器，若两换热流体的温差很大，宜使换热系数大者走管程，以减小管束与壳体的膨胀，因为壁面温度与换热系数大的介质温度接近；当两流体温差小而换热系数相差很大时，宜使换热系数大者走管程，因为管外加装翅片或加工螺纹比管内方便；

（3）与外界温差大的流体走管程，与外界温差小的走壳程对壳体受力和减少热损失有利；

（4）饱和蒸汽宜走壳程，因为它对流速和清洗无甚要求，且易于排除冷凝液；（蒸汽发生器）

（5）易结垢、有沉淀及含杂质的不清洁流体宜走管程。管程清洗较壳程方便。冷凝器中的冷却水就是这种情况，常走管程；

（6）有毒介质宜走管程，因为管程泄漏机会少，亦可采用双套管，让有毒介质走内管；

（7）容许压降较小者走壳程较好；

（8）高温、高压或腐蚀性强的流体宜走管程。这对降低外壳厚度、耐热性、耐腐蚀性、密封性要求有利，并避免使管子和壳体同时处于恶劣的工作条件下，从而节省贵重材料，降低了成本，提高了经济性。

4.4 核电厂主要换热设备简介

从图 4-1-1 可以看出，现代核电站中的主要换热设备有蒸汽发生器、二回路中的高、低压加热器、汽水分离再热器及蒸汽冷凝器（凝汽器）等。现只对其中最重要的三种换热设备简介如下。

4.4.1 蒸汽发生器

现代压水堆核电站蒸汽发生器大都为立式 U 形管束自然循环蒸汽发生器（田湾核电站引进俄罗斯的为卧式结构）。

（1）大亚湾电站蒸汽发生器结构如图 4-4-1 所示。它由上、下两部分组成。

直径较小（$D_{下}=3\ 446$ mm）的下段为蒸发段，其内装有 $\phi19$ 的 U 型管 4 474 根以及管

注：* 紊流又称湍流，是水力学的专业用语，它指的是流体在水平管道内流动时，流体质点除沿管道向前运动外，各质点还做不规则的杂乱运动，且彼此碰撞相互混合的流动状态。这种流动状态对传热最为有利。在生产操作条件下当雷诺数 $R_e>3\ 000$ 时，就认为达到紊流状态。

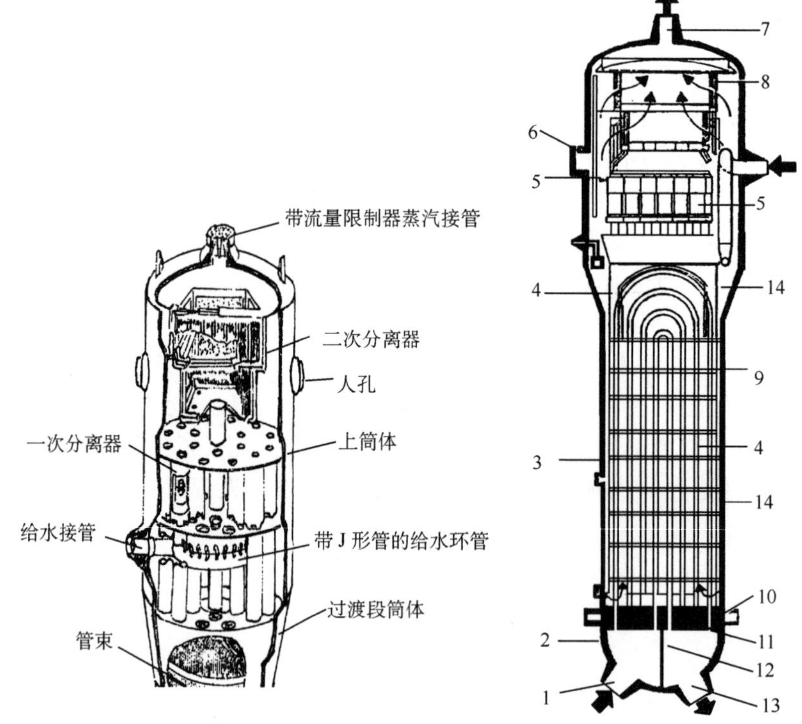

图 4-4-1 蒸器发生器结构

1—冷却剂入口；2—底封头；3—外壳；4—U 型管束；5—汽水分离器；6—人孔；7—蒸汽出口；8—干燥器；9—管束支撑板；10—支承和导向环；11—管板；12—分隔板；13—冷却剂出口；14—围板

板、支承板、管束围板、流量分配挡板等；上部直径比较大($D_{上}$ =4 484 mm)为汽水分离段，内装旋流叶片式(离心式)汽水分离器及人字形机械挡板式干燥器等。下端为球形封头，内装分隔板，将球形封头分为进口室和出口室。上端为椭圆形封头，顶部设蒸汽出口。传热管材料为因科镍 690，管径为 ϕ19.05×1.09，管束排列为正方形，管束与管板的连接采用先焊后胀，确保其密封。

一回路冷却剂(加热介质)从蒸汽发生器底部，球形封头一侧入口引进，进入管板下表面U 型管内上升至倒置 U 型管顶，再沿 U 型管另半支管下降回折返到球形封头的出口室引出，从下封头出口接管流出。二回路的给水从上部汽水分离段一侧接管进入，经环管流量分配孔流向管束套筒与筒体之间的环形下降通道，与来自汽水分离器被分离出的饱和水汇合后向下流动。在管板上面约 30 cm 的空间横向冲向管束底部，再经流量分配挡板后折转向上，在自然循环的作用下沿管束中心部位管间上升同时吸收管内热介质(冷却剂)传来的热量，成为汽水混合物，到达汽水分离段，其中一部分被沸腾变成蒸汽，离开水面后，进入汽水分离器，将大部分液滴分离后，再进入人字形挡板干燥器进一步除去水分成为饱和蒸汽，由顶部出口送入二回路供汽轮机做功。另一部分未汽化的水，同汽水分离器分离出的凝结水与进入的给水一起再循环加热使用。

蒸汽发生器的主要参数列于表 4-4-1。

表 4-4-1 蒸汽发生器主要参数(大亚湾电站)

参数	数值
传热量/MW	969
总传热面积/m^2	5 429
管侧	
·运行压力/MPa	15.4
·试验压力/MPa	22.8
冷却剂进口温度/℃	327
·出口温度/℃	293
·流量/m^3/h	23 790
壳侧	
·试验压力/MPa	12.75
·设计温度/℃	343
蒸汽参数	
·压力/MPa	6.79
·温度/℃	283.6
·最大湿度/%	0.25
·流量(产量)/t/h	1 938
给水温度/℃	226
尺寸与重量	
·下部蒸发段直径/mm	3 446
·上部汽水分离段直径/mm	4 484
·总高度/mm	20 848
·管板厚度/mm	555
·无水总重/t	329.5
·满水总重/t	505

(2) AP1000 蒸汽发生器

① 结构特征:直立式带一体化汽水分离器的 U 型管自然循环蒸汽发生器。AP1000 Delta 125 型蒸汽发生器结构见图 4-4-2。

② 主要技术特点

U 型传热管,采用三角形排列;采用一体化的汽水分离器;

U 型传热管材料为高温镍基合金 Inconel 690;

传热管与管板采用全深度液压胀接;

采用三叶状(梅花孔)支承板,改进了防振条工艺;

蒸汽发生器在全挥发处理二次侧水化学条件下运行;

采用椭圆形一次侧下腔室,利于进出和维修;

蒸汽发生器下封头直接与两台主屏蔽泵的壳体相连。

③ 主要技术参数(表 4-4-2)

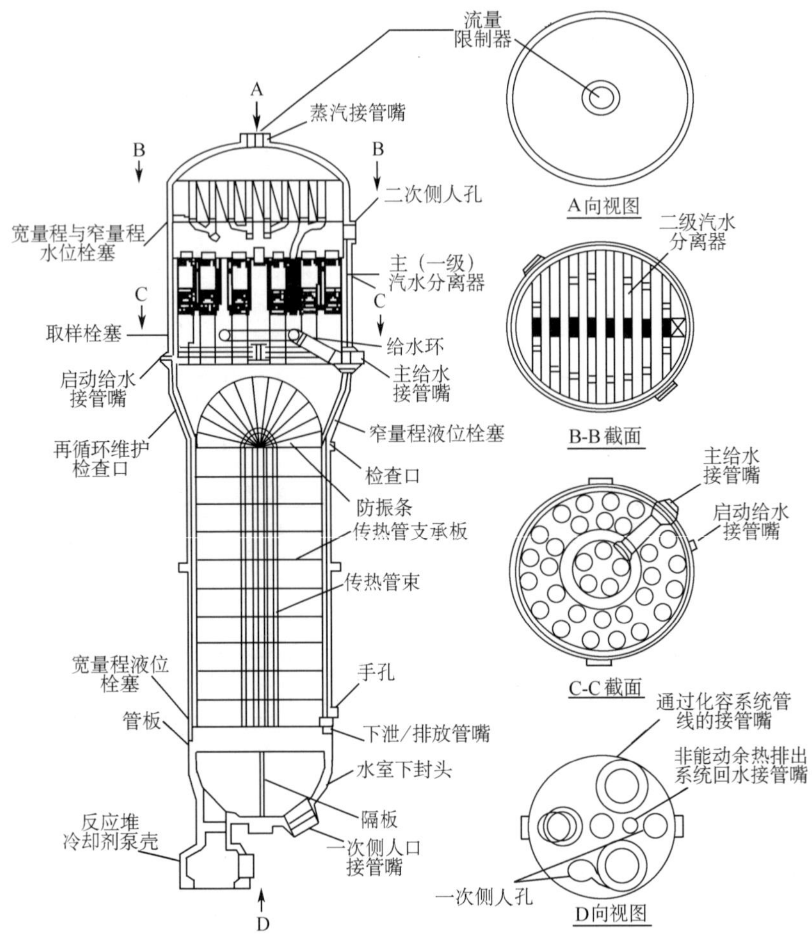

图 4-4-2　AP1000 蒸汽发生器结构

表 4-4-2　AP1000 蒸汽发生器主要技术参数

	项目	参数
AP1000 蒸汽发生器	类型及数量(每环路)	直立式 U 型管自然循环/2 台
	每台热功率/MW	1 707.5
	传热面积/台/(M²/台)	11 477
	壳侧压力/MPa	8.28
	零功率温度/℃	291.7
	给水温度/℃	226.7
	出口蒸汽压力/MPa	5.612
	每台蒸汽产量/(t/h)	3 397

4.4.2　高压加热器

图 4-4-3 是核电站二回路中的高压加热器结构图。二回路高压加热器的作用是利用汽轮机抽气加热高压给水，以保证进入蒸汽发生器的给水温度。

高压加热器是常规双流程表面式加热器。其结构型式为卧式U型管式汽—水换热器。加热器壳壳体为全焊结构。用铬钢制造。其外直径2.37 m,长度12.917 m。U型加热管为$\phi 19\times 1.75$的铁素体不锈钢管,管数为2 258根,管板为碳钢,管板表面堆焊一层因科镍合金,以利于管与管板的焊接。管束与管板的连接采用先焊后胀工艺。加热器蒸汽进口处装有不锈钢防冲板。冷凝段中心的放气系统使蒸汽能不断沿壳体流动,并有一个尽可能流畅的流通空间。该系统将壳体内收集的不凝气体排出。疏水冷却段位于加热器底部的一个独立罩壳内,所设挡板可使凝结水与给水逆向流动。

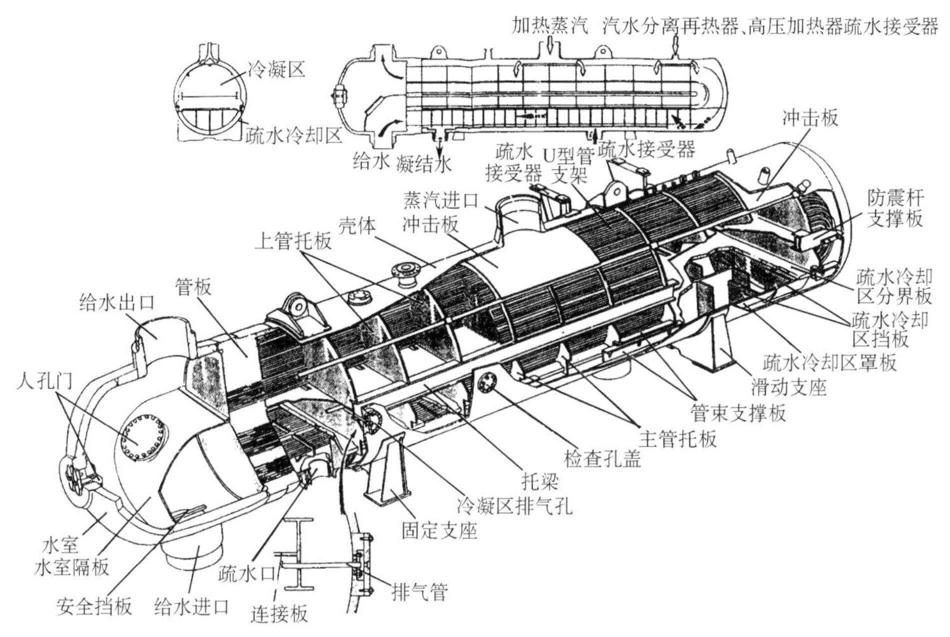

图 4-4-3 高压加热器结构图

从结构图中可以看出,高压加热器的加热介质分别为蒸汽和疏水凝结液。在同一筒体内,用壳程纵向隔板分成两个加热区,上部为蒸汽加热区,下部为疏水凝结液加热区。高压给水走管内,下进上出。加热蒸汽走管间上进、下排冷凝液。疏水凝结液走下部管间,与高压给水逆向流动,右进左排。在筒体内还有防冲板、管束支撑板、防震杆等换热器辅助部件。

4.4.3 凝汽器(冷凝器)

核电厂凝汽器的主要功能和火电厂一样是为汽轮发电机组提供一经济背压,并且使机组在所规定的冷却水温度范围和运行条件下,安全可靠的运行;满足机组要求的热力性能,冷凝所有进入凝结器的蒸汽,保持凝结水质,提供所需的凝结水量。

图4-4-4所示为大亚湾核电站凝汽器的结构图。每台机组配有3台凝汽器,布置在机房底层。每台凝汽器有两组单流程管束,为卧式单程管板式换热器。循环冷却水(海水)由入口水室下端的进水暗渠引入,经管板走管内至出口水室再从出口水室下端排至排水暗渠。被冷凝的蒸汽走管间,自上而下,在冲刷冷却水管束的同时,冷凝成凝结水,经集水箱除氧浅盘流入热阱。

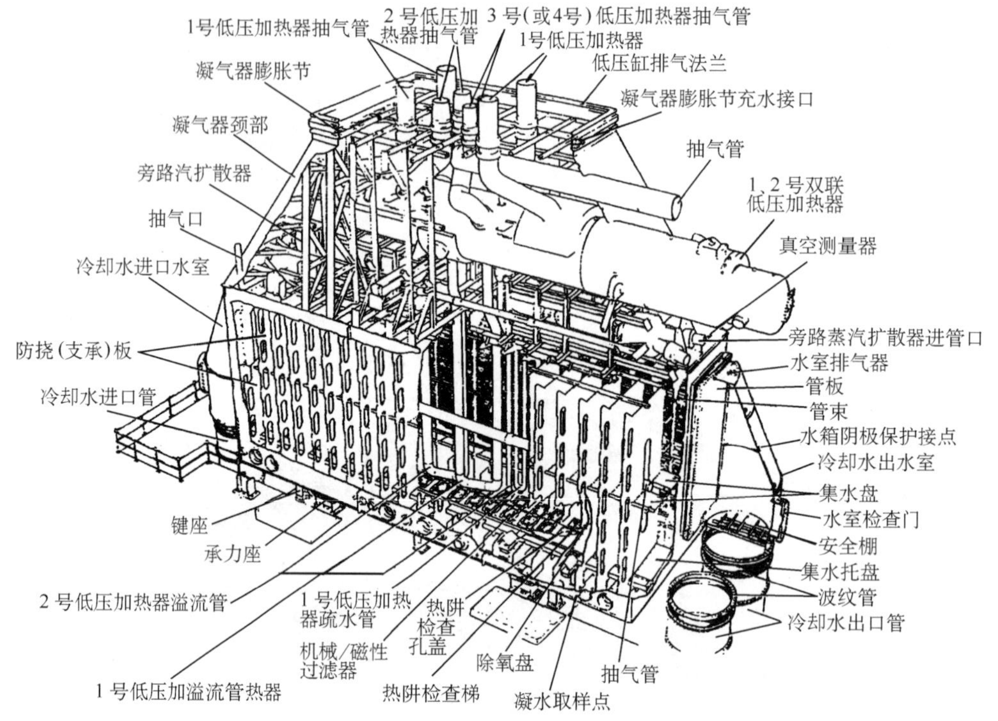

图 4-4-4 单程管板式凝汽器结构图

凝汽器的汽室压力一般为 3.5～9 kPa,如此高的真空度是由于汽轮机的排汽在凝结时比容急剧缩小的结果。汽室内不凝结的气体应不断地抽走,否则它们将集聚在传热管外壁影响热交换和真空的维持。

两组相同而又独立的传热管束为有缝焊接钛管制成。每组管束有 6 808 根,管径为 $\phi 25.4\times 0.711$,管长 16 700 mm。双层管板,内层管板为碳钢,外层管板为耐海水腐蚀的铝青铜。管板宽 2 488 mm,高 5 526 mm,厚 35 mm,内外板之间有一套中间空间密封系统,内充来自水箱的有压凝结水,以防止冷却水(海水)漏入凝汽器的汽侧。管板与管束采用胀接。

冷却水管由 21 个支承板支承,调整个板垂直位置使各管中间向上(约 6 mm)呈弓形。这样,凝汽器停运时管内积水可向两侧排水。

凝汽器水室由碳钢制成。水室内侧涂两层涂料:底层为环氧树脂与玻璃粉末合成树脂漆;表层为防污铜衣层,由 70%以上电解铜细粉末与 30%环氧树脂聚合而成的活性涂料。当海水与其接触后析出氯化物与该"铜衣层"的铜分子结合生成有毒性的氯化铜保护层,对海水微生物有很大杀伤力。

4.4.4 核电厂几种主要换热设备比较

现代压水堆核电站(二代加、三代)蒸汽发生器、高压加热器、冷凝器及第四代钠冷快堆电站所用中间热交换器、蒸汽发生器、过热器结构型式、流径选择及热补偿方式列于表 4-4-3,供学习时参考。

表 4-4-3 核电站几种换热设备结构型式及流径选择表

堆 型	换热设备名	结构型式	管程介质	壳程介质	热补偿结构
压水堆(PWR)	蒸汽发生器	立式U型管自然循环式 换热管 ϕ19×1.09 管数(4 474) 管材 Inconel 690 AP1000(ϕ17.4×1.02)	一回路水	高压给水+饱和蒸汽	U型管
	高压加热器	卧式U型管 换热管 ϕ19×1.75 管数:2 258;不锈钢	高压给水	蒸汽和凝结水	U型管
	凝 汽 器	卧式单程管板式 有缝焊接钛管;6 808 根 ϕ25.4×0.711	循环水(海水或河水)	蒸汽和凝结水	
钠冷快堆(FBR)	中间热交换器(IHX)	立式单程管板式 传热管 ϕ16×1.4(1.0) Cr18Ni9Mo3	二回路钠	一回路钠	传热管补偿
	蒸汽发生器	立式带补偿圈结构的单程固定管板式 换热管 ϕ16×2.5 (10Cr2Mo)	给水+过热蒸汽	二回路钠	容器筒体带若干补偿圈

4.5 换热器运行中的主要问题

4.5.1 热冲击对换热器的影响

在运行中介质温度急剧变化时会使换热器结构部件产生热冲击或热应力,若热冲击反复发生,对脆性材料易发生破裂,而对延性材料,如发生超过其屈服限的热应力会产生塑性变形和疲劳破坏。严重影响换热设备的使用寿命。

4.5.1.1 管壳式换热器的热应力

当金属物体受热膨胀时,若在其膨胀方向上受到约束而不能自由伸长,则会产生热应力。管壳式换热器中有两种情况会产生这种热应力:一种是两刚性连接的部件分别与不同温度的介质接触,由于其受热膨胀的伸长量不同,产生差胀热应力。例如,固定管板式换热器其管束与壳体刚性连接,若管程流体为热流体,壳程流体为冷流体,管束的伸长量必大于壳体伸长量。由于差胀而使管束受到压应力,而壳体受到拉应力;另一种是同一部件两表面分别与温度不同的介质接触而产生温差热应力。例如某些高参数大热容量换热器的管板,其厚度可达 200~300 mm 以上,重量可达几十吨,由于两表面温度不同,管板的中心与边缘受热不均等都使其受到很大的轴向、径向热应力。

下面将通过对固定管板式换热器差胀热应力计算,建立热应力数量级的概念。计算假定:

(1) 管子与管板均无挠性变形,因而作用于管束中每根管子上的应力相同;

(2) 以管壁和壳壁平均温度为各壁计算温度。

若管、壳受热时均处于不受约束状态，则管、壳的自由伸长量分别为 δ_t、δ_s：

$$\delta_t = a_t(t_t - t_0)L \quad (\text{mm}) \tag{4-5-1}$$

$$\delta_s = a_s(t_s - t_0)L \quad (\text{mm}) \tag{4-5-2}$$

式中：t_t、t_s——管、壳壁计算温度，℃；

t_0——运行前温度，℃；

a_t、a_s——管、壳材质的线胀系数，1/℃；

L——管子、壳体长度，mm。

管、壳体运行前在安装温度 t_0 下的状况如图 4-5-1(a)所示，它们的长度均为 L；运行时，壳体与管壁的温度都升高，若管壁温度 t_t 大于壳壁温度 t_s，且管、壳材料相同，则管壁自由伸长量 δ_t 将大于壳体自由伸长量 δ_s，如图 4-5-1(b)所示。由于管子与壳体刚性连接，两者的实际伸长量 δ 必须相等，见图 4-5-1(c)，致使壳体被拉伸，产生拉应力；管子被压缩，产生压应力。由于温差使壳体所受的总拉伸力应等于所有管子所受的总压缩力，该力称为温差轴向力，以 F 表之。

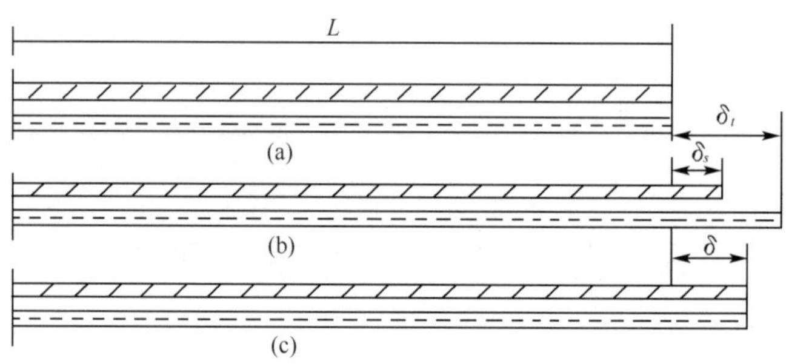

图 4-5-1 管、壳的膨胀与压缩

若管、壳两者变形量均不超过弹性范围，根据胡克定律，其管子被压缩时的伸长量和壳体被拉伸时的伸长量分别为：

$$\delta_t - \delta = \frac{FL}{E_t A_t} \quad (\text{mm}) \tag{4-5-3}$$

$$\delta - \delta_s = \frac{FL}{E_s A_s} \quad (\text{mm}) \tag{4-5-4}$$

式(4-5-3)与式(4-5-4)相加，消去 δ，得：

$$\delta_t - \delta_s = FL\left(\frac{1}{E_t A_t} + \frac{1}{E_s A_s}\right) \quad (\text{mm}) \tag{4-5-5}$$

把式(4-5-1)、(4-5-2)所表示的管、壳自由伸长量代入式(4-5-5)，整理可得温差轴向力：

$$F = \frac{a_t(t_t - t_0) - a_s(t_s - t_0)}{\dfrac{1}{E_t A_t} + \dfrac{1}{E_s A_s}} \quad (\text{N}) \tag{4-5-6}$$

式中：A_t——全部管子的横截面积，即：

$$A_t = \frac{\pi}{4}(d_0^2 - d_i^2)n \qquad (\text{cm}^2)(n\text{ 为管数}) \tag{4-5-7}$$

A_s——壳壁截面积

$$A_s = \frac{\pi}{4}(D_0^2 - D_i^2) \quad (cm^2) \tag{4-5-8}$$

E_t、E_s——管、壳材质的弹性模量(bar)

n——管数

D_0——壳体外径 (mm)

D_i——壳体内径 (mm)

管壁所受的温差热应力为:

$$\sigma_t = F/A_t \quad (bar) \tag{4-5-9}$$

壳壁所受的差胀热应力为:

$$\sigma_s = F/A_s \quad (bar) \tag{4-5-10}$$

若管、壳壁材质相同,均为碳钢,从手册查得:

$$a_t = a_s = 11.5 \times 10^{-6} \quad (1/℃)$$

$$E_t = E_s = 2.06 \quad (bar)$$

对于一固定管板式换热器,若壳内径 D_i=500 mm,壳外径 D_0=516 mm,换热器管数 n=158,换热管外直径为 d_0=25 m,内直径为 d_i=21 mm,计算得:

$$A_t = 228.33(cm^2)$$

$$A_s = 162.56(cm^2)$$

$$F = 22\,467.769(t_t - t_s) \quad (N)$$

$$\sigma_t = 9.853\,2(t_t - t_s) \quad (bar)$$

$$\sigma_s = 13.839\,7(t_t - t_s) \quad (bar)$$

当$(t_t - t_s)$=100 ℃时,管壳应力将达到或超过 1 000 bar 的应力。因此,当管壁与壳壁间温度差$(t_t - t_s)$> 50 ℃时就要考虑热补偿问题。

4.5.1.2 热补偿措施

对管壳式换热器的热补偿问题,一般可从工艺和结构两方面解决。从工艺上考虑,应尽可能减小管束与壳体间的温度差,例如,管子壁温总是接近于换热系数大的流体的温度,若有可能,安排换热系数大的流体为壳程流体,则管壳壁间的温差将减小;当壳体温度较管壁温度低时,对壳体保温隔热,可以提高壳壁温度减小差胀。从结构上考虑可采用使管束和壳体自由伸缩的结构补偿差胀,作完全热补偿,或装设挠性构件,利用其弹性变形部分补偿差胀。在选择时,只有预先根据结构材质,特别是接口部位所能允许的热应力范围,才能决定是否进行热补偿,采用部分热补偿或全部热补偿方案。

常用的热补偿结构有 4 种。

(1) U 型管补偿

利用 U 型弯头自由端自由伸缩实现完全热补偿,如 U 型管式换热器。参图 4-2-2。压水堆蒸汽发生器就是这种补偿结构。

(2) 浮头补偿

利用管束一端管板在换热器壳体内轴向自由伸缩实现完全热补偿,如图 4-2-3 所示浮头式换热器。图 4-2-4 所示填料函式换热器结构也属于该补偿类型。

(3) 壳体膨胀节

膨胀节是装于固定管板式换热器壳体上的饶性构件,利用其弹性变形实现部分热补偿。

如图 4-2-1 所示的结构就是在壳体上有膨胀节的固定管板换热器补偿结构。膨胀节形式很多，波形壳按横截面形分鼓形或匣形、半圆形、Ω 形、U 型等几种，最常用的是 U 型波形膨胀节。单波补偿能力很有限，一般采用多波膨胀节以适应更大补偿量的要求。为了减小膨胀节的磨损、防止振动及减小流阻和热冲击，可在膨胀节内侧增设一内衬管。钠冷快堆蒸发器过热器就是这种补偿结构，如图 4-5-2 所示。

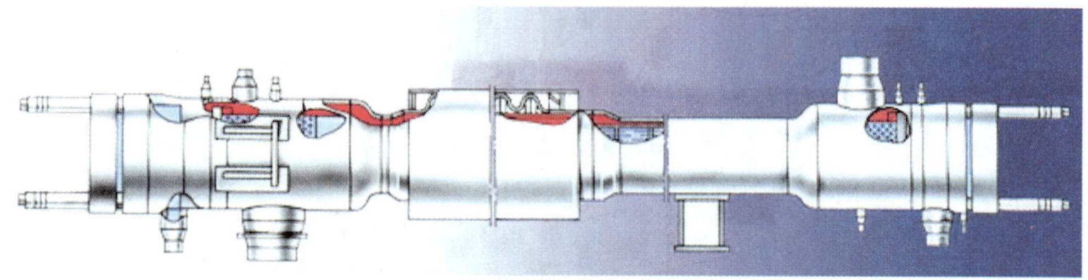

图 4-5-2　带波纹膨胀节的快堆蒸发器

（4）弧弓形换热管补偿

对有些固定管板式换热器，不用外壳补偿节，而采用换热管带特殊补偿节的办法来实现热补偿。钠冷快堆立式中间热交换器就采用这种补偿结构，如图 4-5-3 所示。

图 4-5-3　热交换器管束图

4.5.2　换热设备的温度控制

4.5.2.1　温度变化速率对换热设备的影响

本节以高压加热器为例来讨论温度变化对其安全经济运行和寿命的影响。大型机组的高压加热器体积庞大，管板很厚，给水温度高且压力较大；管板与管束之间在稳定运行期间能有足够的时间实现部件均匀吸热和放热，但它在启动、停止运行或工况变化时，温度变化的速率对设备的热冲击和寿命的影响很大。

据国外某公司研究预测温度变化的速率对加热器寿命的影响(见表 4-5-1)。

表 4-5-1 温度变化的速率对加热器寿命的影响

温度变化速率/(℃/min)	可承受次数
1.85	∞次交变
3.7	30 万次
7.4	2 万次
13.15	1 250 次

可见,当加热器温度变化的速率限制在 1.9 ℃/min 以内时,容许加热器有无限次的启、停,而热应力仍处在设备安全范围内,不会降低使用寿命。当温度变化的速率增加到 7.4 ℃/min时,预计寿命将减少到 20 000 次。说明温度变化的速率对高加器使用寿命影响很大,必须加以控制。

国产高压加热器规定:启动时,给水温升速率不大于 5 ℃/min;

停止时,给水温降速率不大于 2 ℃/min。

为避免高温给水对高压加热器的热冲击,通水前要先进行预暖。预暖方式可用汽暖,也可用水暖,以汽暖为好。

停用高压加热器时,应先停止供应蒸汽,然后停止供应给水。并按抽气压力从高到低的顺序缓慢关闭各台高压加热器的进汽门。

4.5.2.2 换热设备的启动和停闭

高压加热器是电厂十分重要的辅助设备,它运行中发生事故较多,如果停运,对电厂的运行的安全和经济性都带来很大的影响。为了确保高压加热器长期安全可靠运行,运行人员必须了解正确的启动、停运方式和维护保养知识。

(1) 启动和运行

高压加热器启动或运行工况变动时,为使较厚的水室锻件、壳体和管束有足够的热传递时间,防止结构热冲击,其温度变化速率一般应限制在≤56 ℃/h,必要时容许≤110 ℃/h。

加热器启动时应按运行规程规定的加热顺序进行。应注意调整加热器水位使其保持在正常水位范围。

(2) 停闭和保养

加热器停止运行也应按运行规程规定的停止顺序进行操作。

应注意调整水的化学成分,以适应加热器的水质要求:给水溶氧量≤7 ppb(10^{-9}),pH≥9.6,Fe 离子≤5 ppb,加热器疏水 Fe 离子≤5 ppb。

保养:高压加热器长期停用时,水侧应保持一定的压力防腐,注入 pH≥10,联氨浓度为 200 ppm 的给水;汽侧在放尽积水,完全干燥后关闭所有阀门,并在加热器内部充氮保养(氮气压力 0.03~0.05 MPa)。

4.5.3 蒸汽发生器传热管破损的监测与维护

4.5.3.1 传热管破损事故及后果

在核电厂中,蒸汽发生器由于传热管破裂或管与管板处泄漏甚至管断裂是导致非计划停堆并造成核电厂负荷因子损失的主要原因。蒸汽发生器传热管是反应堆回路安全一级承压边界,它占整个一回路承压边界面积近80%,管内冷却介质的温度和压力都很高,而为提高传热效率管壁又很薄,在这种恶劣的环境下,管子易损伤和腐蚀。使传热管的质量下降甚至出现破裂。这样,蒸汽发生器就成为反应堆第二道安全屏障中的薄弱环节。

由于传热管质量下降引起管道破裂会产生如下两个安全后果。

(1) 传热管破裂:这是一种严重事故,它会造成反应堆失水,堆芯冷却不足会使燃料棒包壳烧毁,破坏了堆的第一道安全屏障,产生失控的放射线释放;

(2) 反应堆冷却剂漏进二回路:向二回路泄漏有放射线的冷却剂会启动报警信号,触发反应堆停堆。

4.5.3.2 传热管破损的主要因素

传热管破损主要取决如下三个因素。

(1) 传热管材料选择及其质量

由于奥氏体不锈钢对应力腐蚀比较敏感,传热管材料都避免使用,而选用对应力腐蚀不敏感的高温镍基或铁镍基合金。前期用镍基高温合金Inconel-600取代奥氏体不锈钢,因合金含Ni高达75%,使碳在固溶体中的溶解度减小,从而对晶间应力腐蚀敏感,曾在Yankee等堆上发生过传热管应力腐蚀断裂的事故。此后又发展了性能更好的Incoloy－800和Inconel-690获得成功。秦山核电站(一期)蒸汽发生器传热管用Incoloy-800(铁镍基高温合金);大亚湾和AP1000都用Inconel-690(镍基高温合金)。目前这三种合金都有使用。但从性能上比较:① 在除气的316 ℃高碱性水溶液中,抗碱性应力腐蚀能力的顺序是In-600>In-690>In-800;② 在含氯的水溶液中,抗应力腐蚀的能力依次是In-690>In-800>In-600;③ 抗均匀腐蚀的顺序是In-690>In-800>In-600。In-690合金的综合性能较好。

(2) 制造质量及使用应力的控制

必须严格控制设备的制造质量,尤其是管材、管板及管子与管板的连接质量,包括管子与管板孔的胀、焊及强度和密封性试验;控制制造中的残余应力及运行中的应力值。

(3) 运行水质和温度及加热冷却速率的控制

由于在设计、制造、运输、运行过程中采取了一系列措施,有效降低了管子破损的概率。

4.5.3.3 提高蒸汽发生器运行质量的主要措施

(1) 选材:传热管选用高温镍基合金因科镍690,增加抗晶间应力腐蚀能力;

(2) 二次侧水采用全挥发无固形物的水处理工艺(AVT),以防止传热管外壁发生区域性耗蚀;

(3) 管束支撑板用不锈钢,并改为梅花形管孔;

(4) 改进胀管工艺和U型管弯曲段热处理方法,以消除残余应力;

(5) 严格控制二回路水化学指标,保证给水纯度;

(6) 停堆维修期间定期用高压水冲洗或化学清洗以消除污垢,以防传热管外壁腐蚀;

(7) 控制传热管两侧压差不得大于11.0 MPa;

(8) 在运输、贮存过程中管程、壳程要干燥并充氮气保护。

4.5.3.4 蒸汽发生器的保养

反应堆停堆后,核岛内的主要系统和核辅助系统仍处于投运或备用状态,不需要保养。

只有蒸汽发生器,因其冷却一回路的功能已由事故余热排放系统(RRA)承担,且由反应堆和乏燃料水池冷却处理系统(PTR)作冷却备用,它可以处于停运状态,这样对其二回路侧要实施湿保养或干保养。

(1) 蒸汽发生器的湿保养

这一保养措施包括向蒸汽发生器二回路侧充入除氧水(其溶解氧含量小于 0.1 ppm)及将蒸汽发生器上腔充氮保护。

充水时,要使水位一直升到汽水分离器出口以上 30 cm,以保证热对流能使充入的水形成循环,使稍后加入的用于除氧的联氨均匀分布在水中。加入联氨时,蒸汽发生器内水温要维持在 120 ℃。在向蒸汽发生器上部充氮之前,要关闭主蒸汽隔离阀和所有与蒸汽发生器相通的蒸汽管线上的阀门。当蒸汽压力约为 0.17 MPa(温度稍高于 100 ℃)时,打开氮气供应阀。在整个湿保养期间,氮气压力不得降到 0.12 MPa 以下,以防空气进入蒸汽发生器。

(2) 蒸汽发生器的干保养

干保养就是使蒸汽发生器在氮气覆盖下排水,然后将其置于氮气保护下。排水后的氮气压力可从 0.17 MPa 降到 0.13 MPa。

如果排水之前蒸汽发生器温度已降低,其内压力可能低于大气压,这时可先不接通氮气,在排水结束后,先将蒸汽发生器内的空气抽尽,然后再通入氮气使蒸汽发生器处于干保养状态。

4.5.3.5 传热管破损监测

蒸汽发生器经制造、检验、验收合格运抵现场后、安装热调试前、运行期间以及停堆(换料)大修期间都应分阶段对蒸汽发生器传热管进行不同方法的检查。

(1) 设备运抵后至安装前:检查包装的完整性并定期检查设备管程、壳程保护氮气的压力(0.03~0.05 MPa),如发生泄漏,压力不足应及时补气。

(2) 安装后,热试验前应对蒸汽发生器传热管进行役前检查,检查按批准的役前检查试验大纲进行。一般用涡流探伤的方法检查传热管内表面的质量,以便及时发现缺陷并采取补救措施。

(3) 运行期间:利用一回路冷却剂(H_2O)在中子照射下产生$^{18}O(n,p)^{16}N$ 反应,在二回路侧跟踪检测(氮-16)放射线来监测一、二回路间的密封性。如探测到(氮-16)放射线,表明一回路向二回路侧泄漏。在役检测采用了三种测量途径:

① 测蒸汽发生器蒸汽出口蒸汽中的(氮-16)放射线,该法快速、精确;

② 冷凝器制气泵处气体的放射线,这是一种快速测量法;

③ 测蒸汽发生器排污水中的放射线,这是一种精确但较慢的方法。

如果测量发现泄漏率超过容许限值,发出警报信号并触发停堆,然后排空一回路侧冷却介质,而二回路侧充水至管束完全浸没的水位,并根据需要加压,然后在一回路侧管板处检测泄漏情况。寻找泄漏位置,根据泄漏情况进行处置,或按大修检查方法确认破损程度。

(4) 停堆大修检查:停堆换料期间,通常对传热管进行在役检查(无论运行期间检出泄漏还是没发现泄漏)。在役检查应按核电站在役检查大纲进行。一般是由专业部门用涡流探伤方法对管内壁进行全面检查或抽查。

4.5.3.6 破损管子的维修处理

对经检查已确认破损的管子,可采取两种处理办法。

（1）堵管：即在破损管子的两个管口各塞进一个管塞，并封焊，该管不再使用；

（2）加金属衬管：对破损不十分严重的情况可在管口加装一衬管，并用机械胀接或焊接的方法固定该衬管，这不仅费用高，也未根本解决问题。

但一台设备容许堵管的数量是受限制的，一般控制在10%以内。

4.5.4 换热器中的污垢与除垢方法

新换热器投产后，在其传热面上将逐渐形成污垢层。各类的换热器传热面上的污垢种类、成分、性质、生成原因、条件及过程等是各不相同的。

4.5.4.1 污垢的种类、形成及消除

（1）结晶型污垢

钙、镁碳酸盐是结晶型污垢的典型例子。溶解在水里的钙、镁盐，当水被加热温度上升时，如酸式盐类碳酸氢钙或碳酸氢镁将按下面反应式分解：

$$Ca(HCO_3)_2 \xlongequal{\Delta} CaCO_3\downarrow + CO_2\uparrow + H_2O$$

$$Mg(HCO_3)_2 \xlongequal{\Delta} MgCO_3\downarrow + CO_2\uparrow + H_2O$$

生成不溶于水的碳酸钙和难溶于水的碳酸镁。当继续加热时碳酸镁将发生水解反应，最后生成氢氧化镁的沉淀，于是在传热壁面上形成钙、镁盐的结晶型污垢层。对水质进行预处理（软化处理）或加入化学物质以提高结晶盐类在水中的溶解度，可以减轻或消除此类污垢。

（2）沉积型污垢

壁面上的锈，固体颗粒，以及悬浮在燃烧产物中的灰粉，未燃尽的碳粒等进入换热器后，若流体速度减小，或遇死角及转弯，便沉积下来；在一些液体中，带负电荷的胶体颗粒常因与传热面附近一层溶于水中的带正电荷的铁离子相互作用而沉积成垢。这些污垢一般可通过机械过滤、沉淀或化学凝聚等方法除去。

（3）生物型污垢

附着在传热面上的藻类、菌类及其剥落物等形成污垢层，不仅阻碍传热、流动，还腐蚀传热面。用江、河之水及海水作冷却介质的换热器常出现这类污垢。可用杀藻剂或在水中加入氯以制止这类污垢。

（4）其他污垢

燃烧结焦，或某些工艺过程的化学反应物沉积在传热面上，以及流体介质与传热面化学不相容引起的化学腐蚀等形成的污垢层。对于这类污垢可针对其生成的原因采取相应措施消除。

一般说来，介质中含有悬浮物、溶解物及化学稳定性差的物质易结垢；流速低、温度变化大或介质与壁面间温差大时易结垢；壁面粗糙或结构上有旁通、死角、短路等使流速不均匀或出现滞止时易结垢。

减小污垢对设备的影响，除要求设计合理外，在设备的操作运行中还应控制流速、温度或温压，使之不形成结垢的条件。此外，还应根据所能产生污垢的类型，采用相应的防止、清除的措施。

4.5.4.2 污垢热阻确定

对于换热设备，即使在结构上、运行上考虑了污垢形成及其相应的清除措施，仍然不可

能完全根除污垢对传热过程的影响。这种影响通常用污垢热阻 R_d 或其倒数——污垢系数 α_d 来考虑，即：

$$R_s = \left(\frac{\delta}{\lambda}\right)_s = \frac{1}{\alpha_s} \quad [(\mathrm{m} \cdot ℃)/\mathrm{W}] \tag{4-5-11}$$

由于一般使用的换热器由金属材料制造，金属材料的导热系数很大。其热阻常可忽略。但若壁面上结有污垢，将使传热过程的导热阻力剧增。例如，钢的导热系数 $\lambda_{钢} = 46.52$ W/(m·℃)；水垢的导热系数 $\lambda_{垢} = 1.163$ W/(m·℃)。灰的导热系数 $\lambda_{灰} = 0.116\ 3$ W/(m·℃)。钢质传热面一旦一侧结水垢，一侧积灰，设壁、垢、灰的厚度相等，则导热热阻之比为：

$$\frac{R_{垢}}{R_{钢}} = \frac{\lambda_{钢}}{\lambda_{垢}} = 40 \qquad \frac{R_{灰}}{R_{钢}} = \frac{\lambda_{钢}}{\lambda_{灰}} = 400$$

污垢层将大大削弱传热，增大热阻，使换热器不能符合使用要求。因此，在换热器选用或设计中必须考虑由于污垢的导热热阻使传热削弱的补偿措施。如加大流速、增大总平均温压或使传热面积有一定的富裕量。

复习思考题

1. 简述换热器的功能及分类(按传热面形状及结构)。
2. 管式换热器的几种结构类型及特点是什么?
3. 管壳式换热器的温差应力如何形成? 结构上常采用的热补偿结构有哪几种?
4. 简述管壳式换热器的主要结构组成，传热管与管板的几种连接方式。
5. 简述管壳式换热器的传热基本方式并说明传热过程。
6. 简述板式换热器的基本结构及优缺点。
7. 了解换热器传热计算的基本方程式和蒸汽发生器蒸汽产量的简单计算方法。
8. 掌握换热器的几个基本概念：传热面积；管程；壳程等。
9. 简述换热器流程顺序选择的一般原则。
10. 两流体流径选择的原则是什么?
11. 高压加热器应怎样进行启动、停闭和保养?
12. 蒸汽发生器传热管破损的后果是什么? 提高蒸汽发生器运行质量应采取哪些措施?
13. 蒸汽发生器传热管在运行中如何监测是否破损?
14. 试说明核电厂几种换热设备(蒸汽发生器、高压加热器、凝汽器)的结构特征及流径选择。

第五章　压力容器

压水堆核电厂核岛和常规岛都有为数众多，类型各异的承压设备。如一回路的反应堆压力容器（堆容器）、蒸汽发生器、稳压器、卸压箱、主循环泵（泵壳），阀门、管道；二回路的高、低压加热器、除氧器、凝汽器、汽水分离再热器、主蒸汽隔离阀、各类泵、管道及各种废液贮罐等。这些设备中，承受内压力（或外压力）的密封容器都属于压力容器的范畴。如上述承压设备中的堆容器、蒸汽发生器外壳及封头、泵壳、阀体、控制棒驱动机构耐压壳、管道等都属于压力容器。

这些压力容器都有如下特点：

（1）压力容器要满足各特定的工艺要求，它只能是多品种、非标准的产品；

（2）对承受表压 0.1 MPa 以上的各种压力容器，国家实行压力容器安全技术监察制度；

（3）压力容器技术是一门综合技术，涉及力学、材料、焊接、无损探伤、计算机等领域。

了解压力容器的基本结构、性能参数、设计要求、运行中的问题以及在役检查方面的基本知识，对核电厂运行人员及相关人员都是非常必要的。

5.1　压力容器概论

5.1.1　压力容器的分类

压力容器是非标准产品，一般有如下几种分类方法。

（1）按容器形状分类

1）矩形容器：由平板焊成，制造简单，但承压能力差，只作小型常压储罐。

2）球形容器：由数块球瓣拼焊而成，承压能力好，但安装内件不便且制造稍难，故一般用作有一定压力的大、中型储罐。

3）圆筒形容器：由圆柱形筒体和各种成型封头（半球形、椭圆形、蝶形、锥形）组成。圆柱形筒体制造容易，安装内件方便，承压能力较好，因此应用最广泛。

（2）按承压性质分类

1）外压容器：指的是容器内介质压力小于外界压力的容器，如真空容器等。

2）内压容器：指的是容器介质内压力大于外界压力的容器。根据设计压力的大小，又可分为：

① 常压容器：　工作压力为　$p<0.1$ MPa。

② 低压容器(L)：　工作压力为　$0.1\leqslant p<1.6$ MPa。

③ 中压容器 (M)：　工作压力为　$1.6\leqslant p<10$ MPa。

④ 高压容器 (H)：　工作压力为　$10\leqslant p<100$ MPa。

⑤ 超高压容器(U)：工作压力为　$p\geqslant 100$ MPa。

（3）按结构材料分类

1)金属容器:(分钢制压力容器、非铁金属压力容器)常用的金属材料有碳钢、不锈钢、合金钢等。非铁金属有铝合金、钛合金等。

2) 非金属容器:常用的非金属材料有工程塑料、玻璃钢、陶瓷等。

(4) 按压力容器在生产工艺过程中的作用原理分类

1) 反应压力容器(R):用于完成介质的物理、化学反应的压力容器,如反应器、反应釜、高压釜、合成塔、聚合釜、蒸压釜等。

2) 换热压力容器(E):完成介质的热量交换的压力容器,如热交换器、冷却器、冷凝器、蒸发器、加热器等。

3) 分离压力容器(S):主要用于完成介质流体压力平衡缓冲和气体净化分离的压力容器。如分离器、过滤器、缓冲器、除氧器、吸收器、干燥塔、洗涤器等。

4) 贮存压力容器(C,其中球罐代号为 B):用于贮存和盛装气体、液体的压力容器。如各种形式的贮罐。

(5) 根据压力容器安全技术监察管理规定

压力容器技术监察规程《容规》将其范围内的压力容器根据其压力等级、品种、介质危险程度划分为三类:即第一类压力容器;第二类压力容器;第三类压力容器。第三类压力容器的设计、制造、检验要求最高。容器的设计、制造、检验和验收按国标 GB150—1998《钢制压力容器》进行。

本章仅讨论钢制压力容器。

5.1.2　压力容器基本术语

(1) 工作压力:在正常运行情况下,容器顶部的压力(表压)。

(2) 最大工作压力:在正常运行情况下,容器顶部可能出现的最高压力。

(3) 设计压力:在相应设计温度下,用以确定容器壳体厚度的压力,即标注在容器铭牌上的容器设计压力。

(4) 工作温度:在正常运行情况下,容器内的介质温度。

(5) 试验压力:在压力试验时,容器顶部的压力。

(6) 公称直径:钢板卷焊的筒体是指内直径;当用钢管作筒体时,是指钢管的外直径。

(7) 计算厚度:按公式计算所得到的元件厚度,不包括厚度附加量。

(8) 设计厚度:计算厚度与腐蚀裕量之和。

(9)名义厚度:设计厚度加上钢材厚度负偏差后向上圆整至钢材标准规格的厚度,即图上标注的厚度。

(10) 有效厚度:名义厚度减去厚度附加量。

(11) 安全系数:受压元件所用材料的失效应力与设计应力之比值。

5.1.3　压力容器的设计准则

压力容器的一般结构如图 5-1-1 所示。它由筒体、封头(球形或椭圆形)、接管、法兰、支座及安全泄放装置等组成。容器接管与外管道焊接的第一道环焊缝;螺纹连接的第一个螺纹接头;法兰连接的第一个法兰密封面;专用连接件或管件连接的第一个密封面;容器开孔的承压封头、平盖及其紧固件都属于该压力容器的范围。

压力容器设计分为常规设计和应力分析设计。

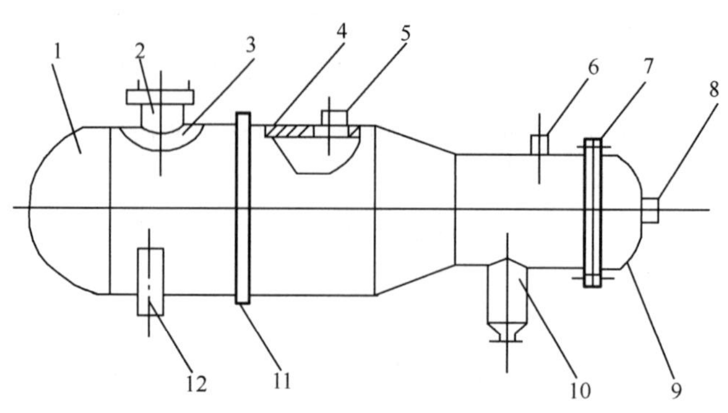

图 5-1-1 压力容器结构

1—球封头；2—人孔；3—补强圈；4—筒体；5—螺纹接头；6—焊接接头；7—法兰；8—密封面；9—椭圆封头；10—筒体；11—加强圈；12—支座

(1) 常规设计是基于弹性失效准则，采用最大主应力理论建立的强度条件，将应力控制在许用应力以下。它是按设计规范的规定进行的设计，又称“按规则设计”。大量的容器破坏试验的结果表明，塑性材料容器从开始承受压力到发生破坏大致经历三个阶段，其变形与试验压力之间的关系可用材料应力-应变曲线图表示，见图 5-1-2。图中 OA 线段为弹性变形阶段(第一阶段)；在此阶段，容器壳体的应力和变形随试验压力的增加而成正比的增加。AB 线段为第二阶段(屈服阶段)；在此阶段，容器壳体首先由内壁开始屈服，随试验压力的增加屈服区域逐渐由内壁向外壁扩展，直至整个截面全部屈服为止。BC 段为第三阶段，称为强化和爆破阶段。当试验压力增到屈服压力后，壳体虽发生塑性变形，但屈服后产生“应变强化”，容器承压能力有所提高，直至最后发生爆破。因此，塑性材料的压力容器有弹性失效、塑性失效和爆破失效三种失效形式。

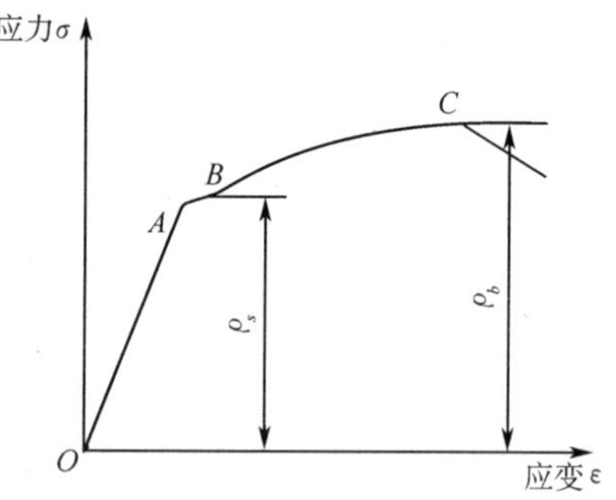

图 5-1-2 材料应力应变图

常规设计就是采用设计规范规定的设计计算公式(常规容器按国标 GB150—1998《钢制压力容器》)确定受压元件的尺寸，以控制和避免容器过大的弹性和塑性变形。对大量存在的边缘应力和局部应力集中问题，常根据工程经验和取较大安全系数来弥补对局部计算不足的缺陷。

常规设计存在下列不足：第一，规范对各类不同应力是不分类对待的，设计有一定的盲目性；第二，弹性失效准则并不完全反映容器的实际承载能力，加大安全系数对某些大型、结构复杂的容器增加了材料消耗和制造成本，不经济；第三，对于热应力很大的设备，常规设计将热应力与机械载荷引起的应力叠加，造成容器壁厚增加，大壁厚又导致温差加大的“恶性循环”。

(2) 分析设计是以弹性应力分析、塑性失效准则、弹塑性失效准则为基础的设计方法。

将分析计算得到的各类应力进行分类，采用最大剪应力理论建立的强度条件来确定受压元件的尺寸。

(3) 对核级承压容器，根据其在核岛系统中的安全功能分为安全一级、安全二级、安全三级三个安全等级。目前国内有三种设计规范。一种是国际公认的美国《ASME锅炉及压力容器规范》第Ⅲ卷《核电站设备》NB、NC、ND、NG、NF分册；第二种是法国RCC-M《压水堆核岛机械设备设计建造规则》，它借鉴了ASME的内容和格式并增补了一些适用内容，在广东和秦山核电建设中已为相关专业人员所熟悉；第三种是中华人民共和国标准GB/T 16702—1996《压水堆核电厂核岛机械设备设计规范》，它是以RCC-M为蓝本，且与之等效的。不同安全等级的承压容器应按规范中响应等级(B篇、C篇、D篇)的规定进行设计、制造。

5.2 钢制压力容器

5.2.1 钢制压力容器的常规设计

钢制压力容器常规设计是基于弹性失效准则，认为容器某一最大应力点达到屈服限即为失效。它只考虑单一最大载荷，不考虑交变载荷，不涉及疲劳寿命问题。设计上以简化计算公式为基础，再加上一些经验系数，对重要区域的实际应力未进行较严格而详细的计算，对所有类型的应力均采用同一许用应力值。为弥补应力分析的不足，常采用较高的安全系数来保证安全。常规设计应遵照GB150—1998《钢制压力容器》的有关规定进行。

5.2.1.1 设计参数的选取

(1) 设计压力

设计压力指设定的容器顶部的最高压力，其值不得小于最大工作压力。设计压力的选取参见表5-2-1。

表5-2-1 内压容器设计压力的选取

容器类型		设计压力
内压容器	无安全泄放装置	1.0～1.10倍最大工作压力
	装有安全阀	1.05～1.10倍最大工作压力，且不小于安全阀开启压力
	装有爆破片	取爆破片标定爆破压力范围的上限
	出口管线上装有安全阀	不小于安全阀之开启压力加上流体从容器流至安全阀处的压力降
	容器位于泵进口侧且无安全泄放装置	取无安全泄放装置时的设计压力，且以0.1 MPa外压进行校核
	容器位于泵出口侧且无安全泄放装置	取下列三者中大者： ① 泵的正常入口压力加1.2倍泵的正常工作扬程； ② 泵的最大入口压力加泵的正常工作扬程； ③ 泵的正常入口压力加关闭扬程

对设有安全阀的压力容器，设计压力与其他压力的关系如下：

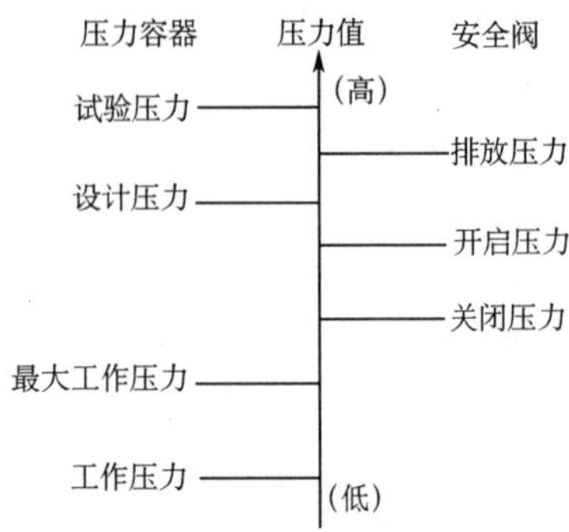

对装有爆破片的压力容器，设计压力与其他压力的关系如下：

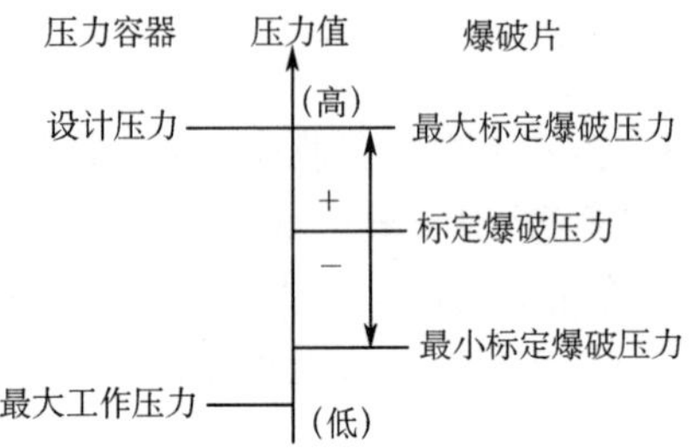

(2) 设计温度

设计温度是指压力容器在工作过程中，在相应设计压力下，壳壁和元件金属可能达到的最高和最低温度。这个温度是选择材料、确定许用应力的一个基本参数。

设计温度按如下规定选取：

1) 容器内介质用蒸汽直接加热或被插入式电热元件间接加热时，设计温度取被加热介质的最高工作温度。

2) 确认容器内介质被热载体(或冷载体)从外边间接加热(或冷却)时，取热载体的最高工作温度或冷载体的最低工作温度为设计温度。

3) 容器器壁与介质直接接触且有外保温时，容器设计温度按表 5-2-2 中的Ⅰ或Ⅱ选取。

表 5-2-2　容器的设计温度(t)

介质温度	设计温度	
	Ⅰ	Ⅱ
$t \leqslant -20$ ℃	最低介质温度	介质正常操作温度减 0～10 ℃
-20 ℃$< t \leqslant 15$ ℃	最低介质温度	介质正常操作温度减 5～10 ℃
$t > 15$ ℃	最高介质温度	介质正常操作温度加 15～30 ℃

（3）载荷

设计时应考虑以下载荷：

① 压力，包括设计压力、试验压力、液柱静压力；

② 容器自重，包括内件和填料、介质、附件、隔热材料、衬里、管道、平台、扶梯等重力载荷；

③ 风载荷、地震载荷、雪载荷；

④ 支座、底座圈、支撑环及接管反作用力；

⑤ 温度梯度或热膨胀量不同产生的热应力；

⑥ 冲击载荷；

⑦ 运输和吊装时的作用力等。

（4）许用应力

对于钢制压力容器，其许用应力应取以下三者中的最小值：

$$[\sigma] = \frac{\sigma_b}{n_b}$$

$$[\sigma] = \frac{\sigma_s^t}{n_s}$$

$$[\sigma] = \frac{\sigma_D^t}{n_D} \text{或} [\sigma] = \frac{\sigma_n^t}{n_n}$$

式中：σ_b——材料在常温下的强度极限，MPa；

σ_s^t——材料在设计温度下的屈服极限，MPa；

σ_D^t——材料在设计温度下（10 万小时断裂）的持久强度极限，MPa；

σ_n^t——材料在设计温度下（10 万小时蠕变率为 1%）蠕变极限，MPa；

n_b、n_s、n_D、n_n——分别为在 σ_b、σ_s^t、σ_D^t、σ_n^t 时的安全系数，见表 5-2-3。

表 5-2-3　钢材安全系数

材　料	常温下的最低抗拉强度 σ_b	常温和设计温度下的屈服点 σ_s 或 σ_s^t	设计温度下的持久强度（经 10 万小时断裂）		设计温度下的蠕变极限（经 10 万小时下蠕变率为 10%）σ_n^t
			σ_D^t 平均值	σ_D^t 最小值	
碳素钢低合金钢、铁素体高合金钢	$n_b \geqslant 3$	$n_s \geqslant 1.6$	$n_D \geqslant 1.5$	$n_D \geqslant 1.25$	$n_n \geqslant 1$
奥氏体不锈钢	—	$n_s \geqslant 1.5$①	$n_D \geqslant 1.5$	$n_D \geqslant 1.25$	$n_n \geqslant 1$

注：当容器的设计温度不到蠕变温度范围，且允许有较大的变形时，许用应力值可适当提高，但最高不超过 0.9 σ_s^t（此时可能产生 0.1%永久变形），且不超过 $2/3\sigma_s$。此规定不适用于法兰或其他少许变形就产生泄漏的场合。

各种板材、管材、锻件在不同温度下的许用应力，可在国标 GB150－1998《钢制压力容器》第四章选取。

5.2.1.2 容器壁厚计算

(1) 内压圆筒和球壳壁厚计算

内压圆筒和球壳壁厚计算及应力校核公式:

① 圆筒计算厚度:$\delta=\frac{pD_i}{2[\sigma]^t\phi-p}$(mm)

② 圆筒筒壁应力校核:$\delta^t=\frac{p(D_i+\delta_e)}{2\delta_e}\leqslant[\sigma]^t\phi$

③ 球壳计算厚度:$\delta=\frac{pD_i}{4[\sigma]^t\phi-p}$(mm)

④ 球壳壁后厚应力校核:$\sigma^t=\frac{p(D_i+\delta_e)}{4\delta_e}\leqslant[\sigma]^t\phi$

(2) 受内压凸形封头的计算厚度和许用压力按如下公式计算

① 椭圆形封头的计算厚度:$\delta=\frac{pD_iK}{2[\sigma]^t\phi-0.5p}$(mm);

② 标准椭圆形封头的计算厚度:$\delta=\frac{pD_i}{2[\sigma]^t\phi-0.5p}$(mm);

③ 碟形封头的计算厚度:$\delta=\frac{MpR_i}{2[\sigma]^t\phi-0.5p}$(mm);

④ 椭圆形封头的许用压力:$[p]=\frac{2\delta_e[\sigma]^t\phi}{KD_i+0.5\delta_e}$(MPa);

⑤ 碟形封头的许用压力:$[p]=\frac{2\delta_e[\sigma]^t\phi}{MR_i+0.5\delta_e}$(MPa);

上述计算公式中,椭圆形封头的形状系数:$K=\frac{1}{6}\left[2+\left(\frac{D_i}{2h_i}\right)^2\right]$;

碟形封头的形状系数: $M=\frac{1}{4}\left(3+\sqrt{\frac{R_i}{r}}\right)$。

式中:D_i——圆筒和球壳的内径, mm;

p——计算压力,MPa;

δ——计算厚度,mm;

δ_e——有效厚度,mm;

$[\sigma]^t$——设计温度下材料的许用应力, MPa;

σ^t——设计温度下的计算应力,MPa;

ϕ——焊接接头系数。

5.2.2 钢制压力容器的分析设计

5.2.2.1 分析设计方法及内容

分析设计采用以极限载荷、安定载荷和疲劳寿命为界限的塑性失效准则,容许结构出现可控制的局部塑性区,只有当整个截面上各点的应力强度达到屈服极限时,结构才算失效。

分析设计是对容器受载工况下所产生的各种应力进行详细的应力分析为基础,再根据不同的结构失效形式将应力进行分类,然后将计算得到的各种应力按应力强度准则加以限制，从而得到安全、可靠、合理的容器结构尺寸和良好的技术性能。

以反应堆压力容器(简称堆容器，参见图 5-2-1)为例。堆容器是安全一级，抗震Ⅰ类承压设备。它是一个由半球形上封头焊接而成的带法兰的顶盖和压力容器筒体两部分组成。压力容器内装有堆芯燃料组件、上部及下部堆内构件、控制棒等功能组件以及其他与堆芯有关的部件。控制棒驱动机构及堆内测温装置的支承件都装在压力容器顶盖上。压力容器底部设有堆芯核测量装置的管座。压力容器冷却剂进出水接管都在法兰下部，且进口管嘴高于出口管嘴。

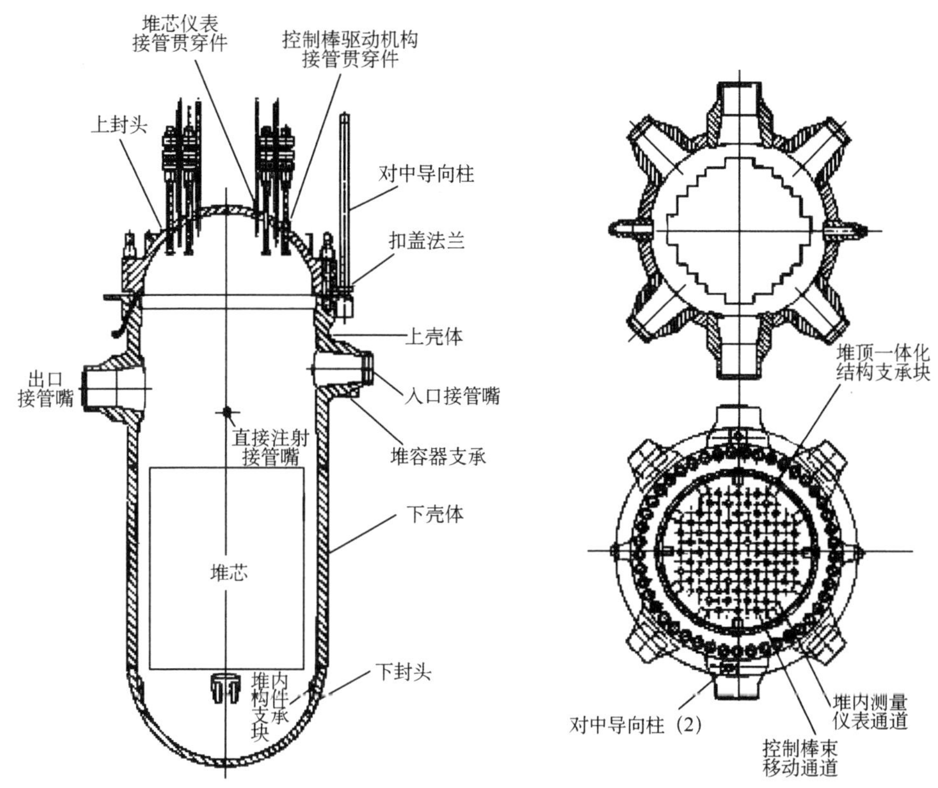

图 5-2-1 压水堆(AP1000)堆容器

反应堆压力容器的主要作用是：

(1) 包容反应堆堆芯燃料组件，固定、支承堆内构件，确保燃料组件按规定位置在堆芯内支撑和定位；确保冷却剂按规定流道畅通无阻，将热量带出反应堆。

(2) 作为一回路的一部分，压力容器是冷却剂与外界的压力边界。它需要承受堆芯核裂变强 γ 放射性、中子的辐照及冷却剂的高温、高压载荷，还需要承受控制棒可能发生的撞击和一回路管道传递的力。压力容器的承压密封可以避免放射物质外逸。

(3) 与堆内构件一起，作为生物屏蔽对工作人员起防护作用。

压力容器长期承受高温、高压和强辐照，且它的尺寸大、质量也大、加工制造精度要求也很高。它采用高强度低碳铁素体低合金钢材料(材料为 A508-3(Mn-Mo-Ni 高强合金钢)锻造并焊接而成。(材料成分为碳(C)≤0.25 %、锰(Mn)1.15 %~1.5 %、钼(Mo)约 0.6 %、镍(Ni)0.4 %~1.0 %、其余为铁(Fe))。为防止高温含硼水对压力容器材料的腐蚀,压力容器内表面所有与冷却剂接触的部位都堆焊一层厚度不小于 5 mm 的不锈钢衬里。以电功率 900~1 000 MW 核电站压水堆为例,压力容器高约 13.2 m,内径约 4 m,壁厚约 200 mm(接管段约 230 mm),筒体部分重约 260 t,顶盖重约 54 t。利用顶盖和筒体上的法兰、螺栓及上下法兰间的两道"O"形环实现密封。整个压力容器依靠接管和钢垫支承在混凝土的基础上。

在进行压力容器设计时,要首先确定已知条件:设计压力、设计温度、设计载荷及使用载荷、试验载荷、材料性能数据等。根据已知条件,绘制容器结构草图,进行载荷分析,选定强度准则,算出设计应力强度值,然后将容器分割为环、筒、球封头等元件,分别进行应力分析和应力计算,再在各种壳体连接边界的分割截面处代以未知内力和力矩,按平衡条件、变形连续条件及有关理论求得各内力分量,进而解出变形量及应力,最后进行全面的强度校核。关于应力分析和计算的内容,可参考相关资料。

5.2.2.2 压力容器应力分类

分析设计法要求对容器进行详细应力分析的基础上对应力进行科学分类。区分应力类别的界线是所考虑的应力是否具有"自限性",即引起这种应力的原因是否属于为平衡外载所必需。目前把压力容器所受的应力分为:一次应力、二次应力和峰值应力三类。

(1) 一次应力

一次应力是平衡压力与其他机械载荷所必需的应力,是维持结构各部分平衡直接需要的。一次应力的基本特征是非"自限性",即所引起的塑性流动是不可限制的,不能靠本身的屈服变形来限制其大小。当一次应力超过材料的屈服极限时,会引起过度变形甚至破坏。一次应力按其沿壁厚方向分布的均匀程度可分为总体一次薄膜应力 P_m、一次弯曲应力 P_b 及局部一次薄膜应力 P_L。

① 总体一次薄膜应力是沿压力容器壁厚方向均匀分布的应力。内压圆筒器壁中的环向应力即为一次薄膜应力。它不包括结构材料和载荷的不连续性以及应力集中效应。机械载荷引起的总体一次薄膜应力是确定压力容器壁厚的依据。

② 一次弯曲应力是扣除一次薄膜应力后,沿厚度方向成线性分布的一次应力。平封头或顶盖中央部分在内压作用下产生的应力即为一次弯曲应力。它也不包括不连续部分的应力和应力集中。

③ 局部一次薄膜应力是指由内压和其他机械载荷引起的薄膜应力与边界效应中应力的薄膜部分的统称。只在局部发生。

由机械外载引起的为保持平衡所需的一次应力,一般由材料力学方法确定,可通过静力平衡条件计算得到。在反应堆压力容器的设计中可通过薄膜应力理论直接求得。

(2) 二次应力

二次应力 Q 是由于压力容器各部位的相邻材料的约束或者由结构本身的约束而引起的法向应力或剪应力。它不是为了满足与外力的平衡,而是为了满足相邻元件间的约束条件或自身变形连续要求所需的应力。二次应力的基本特征是"自限性"和"局限性"。由二次应力引起的屈服是局部地区的屈服,会产生应力重新分布的效应,而大部分区域仍处于弹性状态,所以,容器仍能继续工作。二次应力包括总体热应力和总体结构不连续处的弯曲应力。

(3) 峰值应力

扣除了薄膜应力和弯曲应力后，沿容器壁厚方向呈非线性分布的这部分应力叫峰值应力(F)。或者说峰值应力是附加于一次应力及二次应力之和上的应力增量。此增量是由于切口、开孔边缘或外形突变处局部不连续或局部热应力，包括应力集中的影响所产生的应力。它的基本特征是：应力分布区域很小(其区域范围与$\sqrt{RS}$为同一量级)，不会引起整体结构的任何明显的变化，它只是导致容器产生疲劳破裂和脆性破坏的可能来源之一。因此，在一般设计中不予考虑，只是在疲劳设计时才加以限制。

由于峰值应力是扣除一次应力、二次应力以外的应力非线性分量，所以本质上也属于二次应力，只是其导致容器失效的机理与二次应力不同。

(4) 热应力

热应力与温度载荷相对应，是由于传热和辐照产生的温度不均匀分布或材料线胀系数不同，结构膨胀受到约束而引起的自平衡应力。热应力取决于温度的分布，陡峭的温度梯度引起高应力。热应力也叫温差应力，它是自限的，属于二次应力。热应力分总体热应力和局部热应力。总体热应力和结构变形有关，局部热应力不产生显著变形但应作疲劳分析。

(5) 热膨胀应力

膨胀应力是指管道系统的自由端位移受到约束而产生的应力，用 P_e 表示。

六种应力强度符号规定如下：

P_m——总体一次薄膜应力，MPa；

P_b——一次弯曲应力，MPa；

P_L——局部一次薄膜应力，MPa；

Q——二次应力，MPa；

F——峰值应力，MPa；

P_e——热膨胀应力，MPa。

5.2.2.3 使用限制及应力限值

为保证反应堆冷却剂压力边界的完整性而对各种运行工况规定的不同限制，称为使用限制。这种限制主要是根据系统和设备安全及失效的形式不同而规定了不同的应力限值。对设计状态及运行状态规定的限值如表 5-2-4 所示。

S_m——为材料的许用应力强度，在国标 GB/T 16702—1996《压水堆核电厂核岛机械设备设计规范》附录 Z_1 中给出。

不同安全等级的压力容器使用不同的规范等级，其应力限值可参考国标 GB/T 16702—1996《压水堆核电厂核岛机械设备设计规范》中相应内容。

表 5-2-4　设计工况及应力限值

状态		限制	反应堆压力容器应力分类及限值					螺栓应力分类及限值		
			P_m	P_L	$P_L(P_m)+P_b$	$P_L(P_m)+P_b+Q$	$PL(P_m)+P_b+Q+F$	沿横截面的平均值(P_m)	平均值+周边弯曲	$P_1(P_m)+P_b+Q+F$
设计工况		设计限制	$\leqslant S_m$	$\leqslant 1.5\ S_m$	$\leqslant 1.5S_m$	—	—	$\leqslant S_{mb}$	—	—
运行状态	工况Ⅰ 正常工况	A级使用限制	—	—	—	$\leqslant 3S_m$	$\leqslant 1.0(\leqslant S_a)$	$\leqslant 2S_{mb}$	$\leqslant 3S_{mb}$	$\leqslant 1.0$ ($\leqslant S_{ab}$)
	工况Ⅱ 异常工况	B级使用限制	$\leqslant 1.1S_m$	$\leqslant 1.65S_m$	$\leqslant 1.65S_m$	$\leqslant 3S_m$	$\leqslant 1.0(\leqslant S_a)$	$\leqslant 2S_{mb}$	$\leqslant 3S_{mb}$	$\leqslant 1.0$ ($\leqslant S_{ab}$)
	工况Ⅲ 紧急工况	C级使用限制	$\min(S_y, 2/3S_u)$ $\leqslant 1.2S_m$	$\min(1.5S_y, S_u)$ $\leqslant 1.8S_m$	$\min(1.5S_y, S_u)$ $\leqslant 1.8S_m$	—	—	$\leqslant 2S_{mb}$	$\leqslant 3S_{mb}$	—
	工况Ⅳ 事故工况	D级使用限制	$\leqslant 0.7S_u$ $\min(2.4S_y, 2.3S_u)$	$\leqslant S_u$ $\min(3.6S_m, S_u)$	$\leqslant S_u$ $\min(3.6S_m, S_u)$	—	—	$0.7S_u$ $\min(2.4S_{mb}, 2/3S_{tb})$	$\leqslant S_u$ $\min(3.6S_{mb}S_v)$	—
试验工况		试验限制	$\leqslant 0.9S_y$	$\leqslant 1.35S_y$	$\leqslant 1.35S_y$	—	—	$\leqslant 2S_{mb}$	$\leqslant 3S_{mb}$	—

注：1. P_m, P_L, P_b, Q, F 等的定义同前；

2. 当超过 $3S_m$ 时，应对载荷循环进行弹性分析，S_m 设计应力强度值，脚码 b 表示螺栓；

3. S_a, S_{ab} 分别为容器材料和螺栓材料疲劳分析中交变应力强度；

4. S_y, S_u 为屈服强度和抗拉强度，脚码 b 表示螺栓；

5. 上面限值适用于合金钢材料，下面限值适用于奥氏体钢和镍基合金；

6. 当超过 10 次时，工况Ⅰ和工况Ⅱ疲劳分析应取超过 10 次以上的载荷循环次数，试验工况只考虑高于设计压力以上的压力试验。

5.3　压力容器的法兰连接

5.3.1　法兰连接件的组成和密封原理

法兰连接是作为筒体与封头、筒体与筒体、管道之间、管道与阀门间的可拆性连接。它是由一对法兰，数个螺栓、螺母和密封垫片组成，如图 5-3-1 所示。法兰连接由于有较好的强度和密封性能，故得到广泛的应用。缺点是不能快速拆卸，制造成本也较高。

法兰连接密封的原理是：借助螺栓的预紧力，压紧法兰间的密封垫片，并使其填满法兰密封面的凹陷沟槽，实现密封，如图 5-3-2 所示。

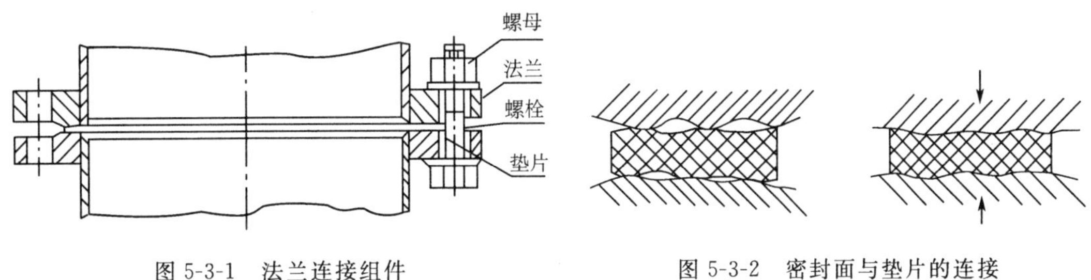

图 5-3-1　法兰连接组件　　图 5-3-2　密封面与垫片的连接

5.3.2　法兰的结构与类型

从设备或管道的连接方式看，法兰连接可分为三类。

(1) 整体法兰

法兰与设备或管道不可拆卸地固定在一起时叫整体法兰。整体法兰的结构，根据筒体或管道与其连接的方式，又分为平焊法兰和对焊法兰两种，如图 5-3-3 所示。平焊法兰如图 5-3-3 中的(a)、(b)，制造容易，应用广泛，但它的缺点是刚性差，受力后容易产生变形，如图 5-3-4 所示，这样造成密封失效，所以平焊法兰应用的压力范围较低($p \leqslant 4$ MPa)。

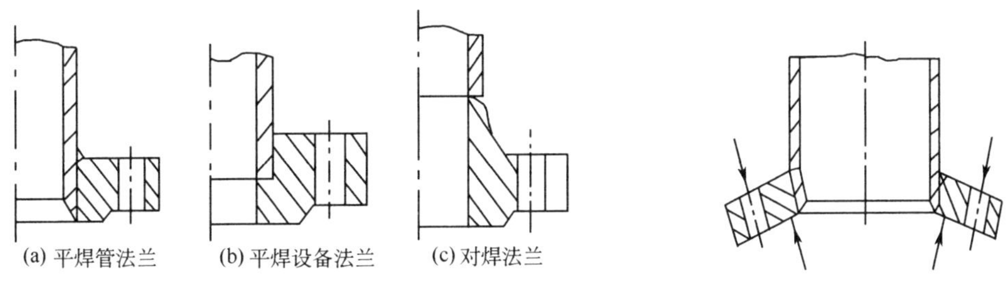

图 5-3-3　整体法兰　　图 5-3-4　法兰受力后的变形

长颈对焊法兰如图 5-3-3 中的(c)，法兰颈的存在，提高了刚性，颈的根部较筒壁厚，又降低了此处的附加弯曲应力，同时采用对焊比平焊的填角焊缝强度也高。所以对焊法兰宜用于温度、压力较高和设备直径较大的场合。

(2) 活套法兰

把被连接的筒体、封头、管道的端部作成翻边、焊上焊环或切槽后镶上圆环，将法兰盘活套上去，这样的法兰称为活套法兰，如图 5-3-5 所示。

活套法兰可以采用与设备、管道不同的材料制造。它多用于有色金属、陶瓷、石墨及其他非金属材料制造的设备或管道上。一般用于压力较低的场合。

(3) 螺纹法兰

法兰与接管采用螺纹连接，如图 5-3-6 所示。二者之间既有连接又不形成刚性整体。

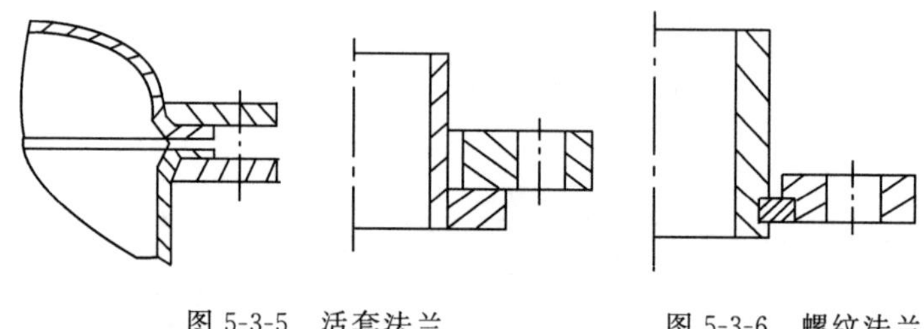

图 5-3-5　活套法兰　　图 5-3-6　螺纹法兰

5.3.3 法兰连接的密封

(1) 密封面结构型式

常用的密封面结构型式有三种。

1) 凸平面(raised seal face)：是由相对突起的一对平面组成的密封面，如图 5-3-7(a)所示。有时在平面上加工成 2～3 条沟槽，俗称水线。这种密封面结构简单，制造方便。但在螺栓把紧后，垫片材料容易滑移，且不易对中压紧，所以密封性差。故适用于压力不高、介质无毒的场合。

2) 凹凸面(male-female seal face)：它是由两个互相匹配的凹凸面所组成，如图 5-3-7(b)所示。垫片在凹面，压紧时凹面外侧的档台档住垫片不会压出，安装时也容易对中，故密封性能优于凸平面，适用于压力较高或有毒介质的设备。

3) 榫槽面(tongue-groove seal face)：密封面是由互相配对的榫和槽组成，如图 5-3-7(c)所示。因垫片较窄，易被压紧，密封性好。适用于压力较高，介质易燃、易爆、有毒的场合。

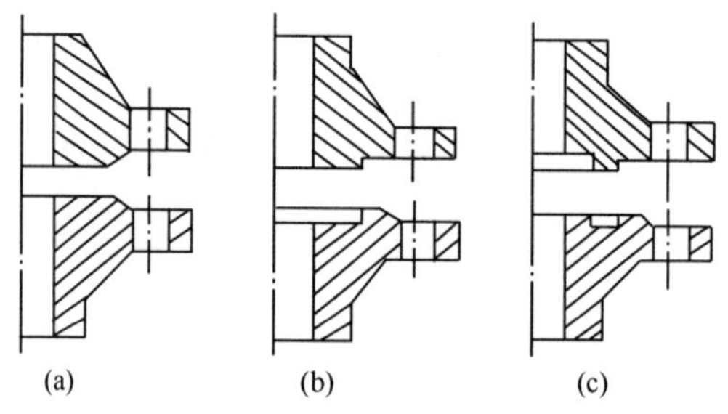

图 5-3-7　常用密封面结构型式

a—平面型；b—凹凸型；c—榫槽型

它的缺点是：制造较复杂，检修时更换垫片较费事，凸榫容易损坏，因此拆装时要小心。

4）环面(ring joint)：是由一对相配合的环面组成的密封面。这种密封面适配金属环垫片。金属环可有八角环椭圆垫片等。这种密封面工作时，槽的锥面和垫片成线接触或窄面接触，因此，密封可靠，适用于温度、压力较高或有波动，介质渗透性较强的场合。

(2) 密封垫片的种类

常用密封垫片有非金属垫片、金属包垫、缠绕式垫片及金属垫片等多种。垫片类型的选择，主要依据工作温度和压力来确定。高温、高压工况多采用金属垫片，中温(<450 ℃)、中压可采用组合型或非金属垫片，一般中、低压工况多采用非金属垫片。对垫片材料的要求，主要是耐腐蚀，不污染被密封介质并要有一定的弹性和机械强度(不随温度而变)。

① 非金属垫片

常用的非金属密封垫片有橡胶垫、石棉橡胶垫、聚四氟乙烯垫和膨胀(或柔性)石墨垫等。

普通橡胶垫片：适用于压力低于0.6 MPa，温度小于70 ℃的水、蒸汽、非矿物油类等无腐蚀性介质。丁腈橡胶、氯丁橡胶、硅橡胶、氟橡胶各有特点。当使用温度在−180 ℃～260 ℃，使用压力不超过2.0 MPa，纯或填充聚四氟乙烯(PTEE)垫是较理想的选择。

膨胀(或柔性)石墨垫已逐步替代石棉橡胶垫片，它具有耐高温、耐腐蚀、低密度、优良的压缩回弹和密封性能，可用于温度小于650 ℃的蒸汽，温度小于450 ℃的氧化性介质场合。

② 金属包垫片(double jacketed gaskets)

是柔性石墨、陶瓷纤维板为芯材，外包覆镀锌铁皮、铝、铜或不锈钢板，其特点是填料不与介质接触，提高了耐热性和垫片强度，且不易发生渗漏。常用于中、低压和较高的温度。

③ 缠绕式垫片(spiral-wound gaskets)

金属缠绕垫片是由金属薄钢带(08F、0Cr19Ni9、蒙乃尔合金等)与填充带(柔性石墨、聚四氟乙烯)相间缠绕而成。这种垫片具有多道密封的作用，且回弹性好，常温松弛小，不易渗漏，对压紧面质量和尺寸精度要求不高。适用较高的温度和压力范围。

④ 金属密封垫片(metal gaskets)

金属密封垫片，主要用在高温、高压的场合。常用的金属材料有铜、铝、软钢(08、10号钢)、及不锈钢(0Cr19Ni9、00Cr17Ni14Mo2)等。其断面形状有平面形、波纹形、齿形、椭圆形和八角形等。目前，在压水堆核电厂压力容器上采用的为空心金属O形环密封结构的垫片，材料为表面镀银的不锈钢，如图5-3-8所示。根据使用条件的不同，O形环金属密封垫片有三种结构。

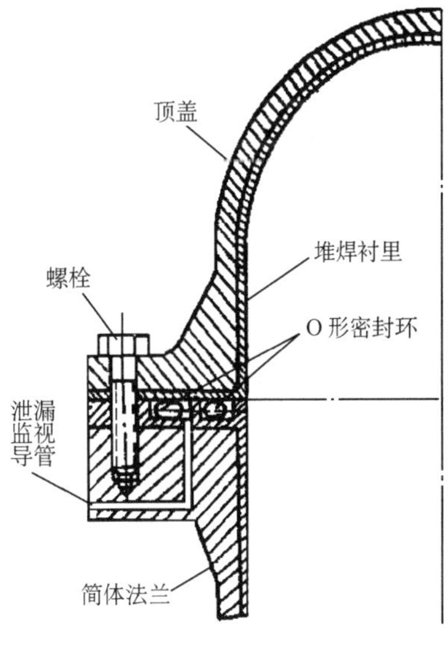

图5-3-8　O形环金属密封

a) 普通空心O形环金属密封垫片：这种垫片的密封为线接触密封，在较小的螺栓预紧力作用下即可达到密封要求。结构比较紧凑。一般用于中、低压压力容器上。

b) 自紧式空心O形环金属密封垫片：这种结构是在环的内侧钻透若干径向小孔，介质压力通过小孔传至环的内腔，从而形成自紧，以保持良好的密封性能。自紧式空心O形环金属密封垫片可用于压力 $p=280$ MPa的高压容器上。

c) 充气式空心O形环金属密封垫片：这种垫片是在环的内腔充入一定压力的惰性气体，充气压力为3.5～10.5 MPa，以便O形环在高温下保持良好的回弹性和密封比压，达到高温密封的要求。对于不锈钢制的空心O形环金属密封结构，最高使用温度为400 ℃，用因科镍合金制的充气式空心O形环金属密封垫片，使用的温度可更高。

5.4 容器支座

5.4.1 卧式容器支座

卧式容器支座有三种型式，即鞍座、圈座和支腿，如图5-4-1所示。

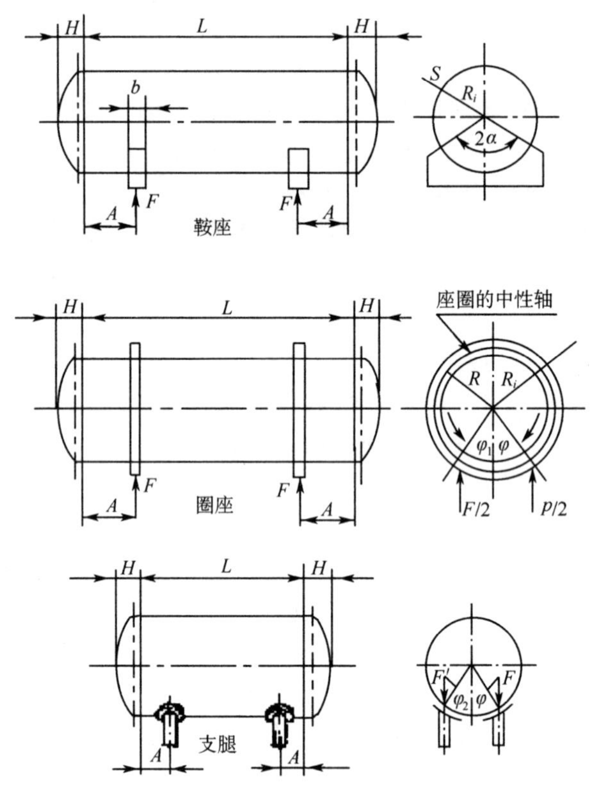

图5-4-1 卧式容器典型支座型式

小型设备可选用支腿结构支承；因自身重量可能造成严重弯曲的大直径薄壁容器可采用圈座；鞍座应用最广，故本节只介绍鞍座。

鞍座的结构如图5-4-2所示。它是由护板、横向腹板（又称横向直立筋板）、轴向腹板（轴向直立筋板）和底版组成。鞍座可按JB1167标准选用。它有A型-轻型和B型-重型两种，而每种又分为Ⅰ型-固定支座，Ⅱ型-活动支座。

卧式容器应优先考虑双鞍式支座。采用双鞍式支座时，固定鞍式支座通常设在接管较多的一侧。采用三个支座时，中间鞍式支座可为Ⅰ型，两侧鞍式支座可为Ⅱ型。

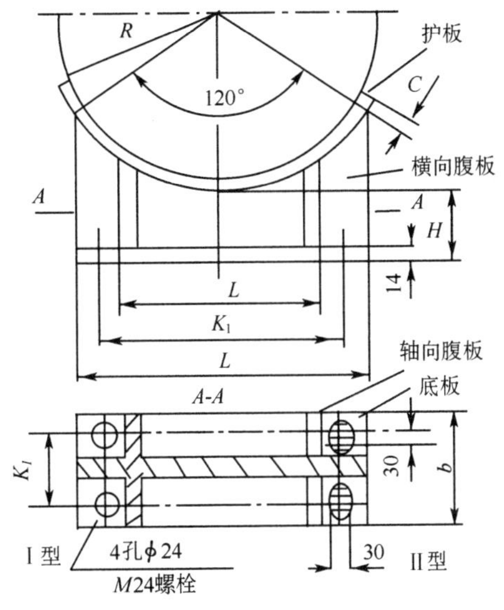

图 5-4-2 鞍式支座结构

5.4.2 立式容器支座

立式容器的支座有三种：悬挂式、支承式和裙座式（简称裙座）。小型立式容器采用前两种，高大的塔式设备则广泛采用裙式支座。

（1）悬挂式支座

悬挂式支座如图 5-4-3 所示，它由筋板和支脚板组成。广泛用于立式储罐和热交换器上。它的优点是：结构简单、轻便，但对器壁产生较大的局部应力。因此，当设备较大或器壁较薄时，应在器壁与支撑座之间加一块垫板。悬挂式支座可按 JB1165 标准选用。它有 A 型和 B 型两组尺寸。设备外部无保温层并搁置于钢架上的立式容器选 A 型；设备需保温或直接支承在楼板上时，选 B 型悬挂式支座。

（2）支承式支座

支承式支座用于安装在距地面较近的具有椭圆形或碟形封头的立式容器。如图 5-4-4 所示。支承式支座一般采用 3～4 个，且均布。该支座也已标准化，可按 JB1166 标准选用。

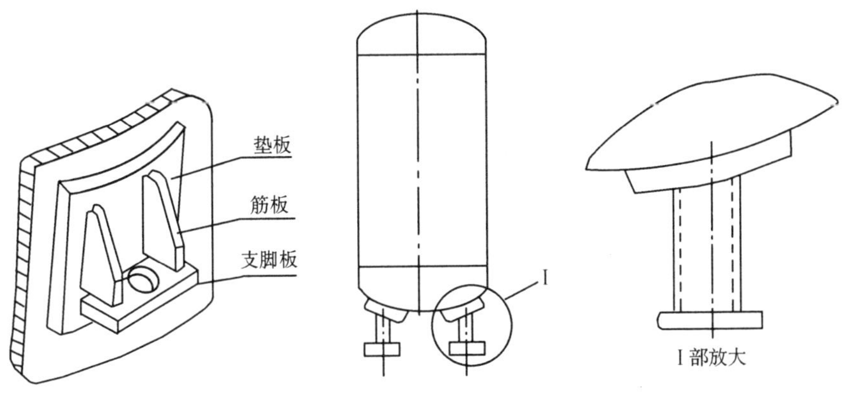

图 5-4-3 悬挂式支座　　图 5-4-4 支承式支座

（3）裙式支座

裙式支座适用于大型及重型立式容器的支承。裙式支座与容器的连接一般应使支座内径和容器封头内径相等（对接）。并采用连续的圆滑过渡焊接结构。如图 5-4-5 所示。

（4）压水堆堆容器利用其冷却剂进出口接管作为压力容器的支承，整个压力容器的重量依靠进出口接管和下部钢垫结构支承在混凝土的基础上。支承钢垫结构采用强迫通风冷却方法，使支撑处混凝土表面温度控制在允许值以下。如图 5-4-6 所示。

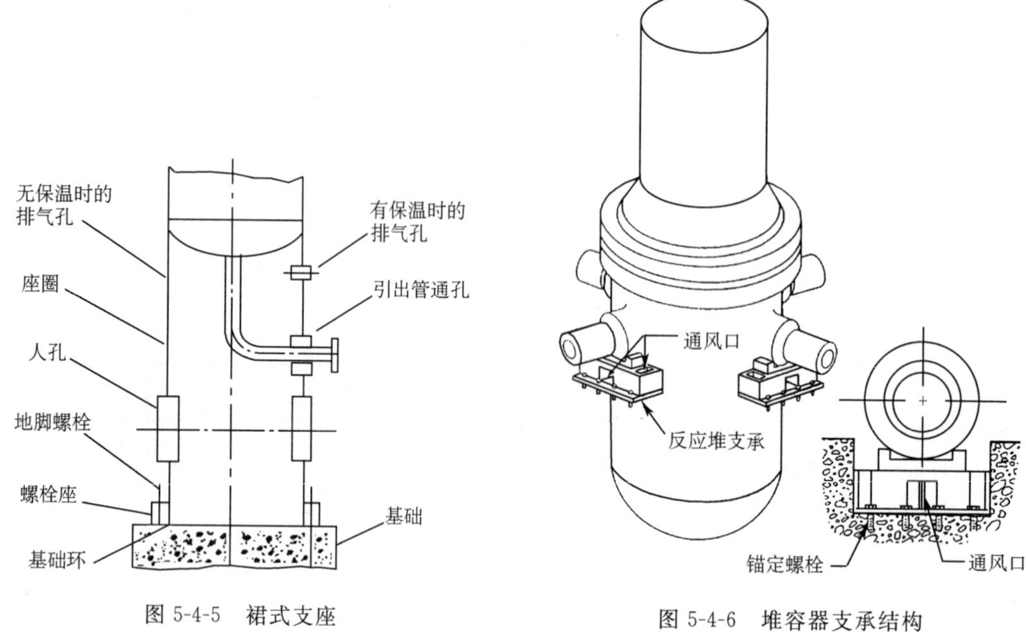

图 5-4-5 裙式支座

图 5-4-6 堆容器支承结构

5.5 压力容器材料

5.5.1 常规压力容器材料

按国标 GB150 设计制造的压力容器，应根据容器的使用条件（如设计温度、设计压力、介质特性和操作特点）材料的焊接性能、容器的制造工艺及经济性来选择受压元件用钢材。国标 GB150 范围内的容器用钢有碳素钢类（Q235-B，Q235-C，20R）；低合金高强钢（16MnR，15MnNbR，13MnNiMoNbR，07MnCrMoVR）中温抗氢钢（15CrMoR，14Cr1MoR，12Cr2Mo1R）；低温钢（16MnDR（－40℃），09MnNiDR（－70℃），07MnNiMoVDR）；高性能压力容器用钢（低温钢 09MnNiDR（－45℃～－70℃）；中温抗氢钢 2.25Cr1Mo 及其改进型：2.25Cr-1Mo-0.3V；3Cr-1Mo-0.25V-Ti-B；3Cr-1Mo-0.25V-Cd-Nb 等。它们的使用范围及特性参数请参阅 GB150 第四节及相关附录的规定。

5.5.2 压水堆压力容器材料

对堆容器材料的要求是：(1) 强度高，塑、韧性好，抗辐照，与冷却剂相容性好，耐腐蚀；(2) 材料纯净度高、偏析和夹杂物少、晶粒细、组织稳定；(3) 易于冷热加工，焊接性能好，淬透性大；(4) 成本较低，有高温、高压下使用的经验。

第一代容器用焊接性、强度较好的锅炉钢 A212B，因钢的淬透性和高温性能较差，第二代改用 Mn-Mo 钢 A302B；20 世纪 60 年代，为改进钢的淬透性和韧性在上述钢的基础上添加了 Ni，成为第三代 Mn-Mo-Ni 钢 A533B（A508-Ⅱ）；20 世纪 70 年代后，发现该钢堆焊层下有再热裂纹，因此，通过调整元素的含量（减少 C、Cr、Mo 含量，提高 Mn 含量，降低 S、P 含量）发展了第四代钢 A508-Ⅲ。A508-Ⅲ钢一直沿用至今，被当今压水堆电站广泛采用。中国也研制成自己的 A508-Ⅲ钢。上述各钢成分及各国 A508-Ⅲ钢对应牌号和成分列于表（表 5-5-1）。

表 5-5-1　压水堆堆容器用钢化学成分

钢材名称	化学成分（质量分数/%）									
	C	Si	Mn	Ni	Cr	Mo	P	S	Cu	V
A302B	≤0.26	0.13～0.32	1.10～1.55			0.41～0.64	0.035	0.040		
A533B	≤0.25	0.15～0.30	1.15～1.50	0.4～0.70		0.45～0.60	<0.035	<0.04	0.12	
A508-Ⅱ	≤0.27	0.15～0.35	0.5～0.90	0.5～0.90	0.25～0.45	0.55～0.70	<0.025	<0.025	0.10	0.05
A508-Ⅲ（美国）	≤0.26	0.15～0.40	1.20～1.50	0.4～1.00	<0.25	0.45～0.55	<0.025	<0.025	<0.10	0.01～0.05
20MnMoNi55（德国）A508-Ⅲ	0.17～0.23	0.15～0.30	1.20～1.50	0.50～1.00	<0.20	0.40～0.55	<0.012	<0.015	<0.12	≤0.02
16MND5 A508-Ⅲ（法国）	≤0.20	0.10～0.30	1.15～1.55	0.5～0.80	<0.25	0.45～0.55	≤0.008	≤0.008	≤0.08	≤0.01
SFVV3 A508-Ⅲ（日本）	0.16～0.22	0.15～0.35	1.40～1.50	0.7～1.00	0.06～0.20	0.46～0.64	<0.003	<0.003	0.02	0.007
A508-Ⅲ（中国）	≈0.19	0.19～0.27	1.20～1.43	0.73～0.79	0.06～0.12	0.48～0.51	<0.009	<0.006	0.034～0.070	0.005～0.05
15Cr2MoVA 15Cr2NiMoVA-A（俄罗斯）	0.13～0.18	0.17～0.37	0.5～0.70	0.4 1.0～1.5	2.5～3.0 1.8～2.3	0.5～0.7	≤0.025 ≤0.02	≤0.025 ≤0.02	<0.15 0.05	0.03 0.1～0.12

上述各压力容器钢用做筒体时，其拉伸性能要求如表 5-5-2。

表 5-5-2 压水堆堆容器钢拉伸性能

材料	标准	室温				高温(350 ℃)		
		$\sigma_{0.2}$(MPa)	σ_b(MPa)	δ_5(%)	Ψ(%)	$\sigma_{0.2}$	σ_b	δ_5
A533B A508-Ⅲ	ASME	≥345 ≥345	551/690 551/724	≥18 ≥18	≥38 ≥38	≥285 ≥285	≥526 —	≥16 ≥16
20MnMoNi55	TUV (德国)	≥392	≥559	≥19	≥45	≥314	≥490	≥14
16MND5	RCCM	≥400	550/670	≥20	—	≥300	—	≥20
SFVV3	JIS(日本)	≥345	≥549	≥18	≥38	—	—	—
15Cr2NiMoVA-A	ГОСТ	≥500	≥620	≥15	≥55	≥450	≥550	≥14
A508-Ⅲ (中国)	GB/ T15443	≥400	552/670	≥20	≥45	≥300	552	—

为防止高温含硼水对压力容器材料的腐蚀，压力容器内表面所有与冷却剂接触的部位都堆焊一层厚度不小于 5 mm 的不锈钢衬里。

压水堆压力容器材料对冲击性能的基本要求是：参考零塑性温度 $RT_{NDT}\leqslant -12$ ℃，寿命末期修正参考零塑性温度 ART≤93 ℃。

对堆容器运行安全威胁最大的是容器的脆性断裂。即在某一温度下，材料未发生屈服过程而产生的断裂。必须在下列三个条件同时存在的情况下才会产生脆性断裂。

① 必须有裂纹或缺口存在；

② 必须有足够大的拉伸应力存在；

③ 金属必须处在足够低的温度下。

为防止压力容器在役期间发生脆性断裂，标准和规范要求压水堆堆容器中必须安放材料辐照脆化随堆监督试样管，定期检验其修正参考零塑性温度 ART 的变化，并以此不断修定开停堆的运行限制曲线。

压水堆一回路系统的其他压力容器如蒸汽发生器筒体及封头、管板都选用 A508-Ⅲ类低合金钢；其管板与一回路冷却剂接触表面还堆焊有三层因科镍合金覆层。稳压器也由 A508-Ⅲ类低合金钢制造，为防止高温含硼水对压力容器材料的腐蚀，容器内壁也和堆容器一样堆焊约 5 mm 厚奥氏体不锈钢衬里。

压水堆压力容器的选材应遵照国标 GB/T15443—95《压水堆压力容器选材原则与基本要求》进行。

5.6 压力容器的超压泄放装置

5.6.1 超压泄放装置功能和基本要求

(1) 功能

压力容器在运行过程中有可能出现超压时,都应考虑配备超压泄放装置。(以下简称泄放装置)。它的功能是:当压力容器运行压力达到或超过容器最大设计承载能力时,泄放装置会立即动作并自动泄放压力介质,使容器始终运行在安全压力限值以内,从而防止压力容器过度超压,保证压力容器的运行安全。

(2) 超压泄放装置的基本要求

① 当容器内介质压力达到最大设计承载能力时,能立即动作并泄放压力介质,其动作压力在设定值及其允差范围以内。

② 具有足够的泄放能力,动作后能达到额定的排放量。

③ 设置后不影响容器的正常运行。

④ 在规定的使用期内能可靠的工作。

(3) 类型

压力容器超压泄放装置有:安全阀,爆破片装置,安全阀与爆破片装置的组合装置三大类。

(4) 术语定义

① 动作压力:系指安全阀的开启压力或爆破片的爆破压力。

② 设计爆破压力:系指爆破片在指定温度下的爆破压力。

③ 标定爆破压力:系指在爆破片铭牌上标志的爆破压力。

④ 最低标定爆破压力:系指在爆破片制造时的允许压力范围为零时的设计爆破压力。有表可查。

5.6.2 安全阀

安全阀有直接作用弹簧式安全阀和先导式安全阀两类。具体可参见第一章。属于下列情况之一的容器必须设置安全阀:

1) 在生产过程中可能因物料的化学反应使其内压增加的容器;

2) 盛装液化气体的容器;

3) 应力来源处没有安全阀和压力表的容器;

4) 最高工作压力小于压力来源处压力的容器。

压力容器装有安全阀时,其设计压力 p 应等于或稍大于安全阀的开启压力 p_z,即 $p \geqslant p_z$。安全阀的开启压力 p_z 取:$p_z \leqslant (1.1 \sim 1.05) p_W$($p_W$ 为容器工作压力)。

使用安全阀作泄放装置的优点是:只泄放超压部分的介质,泄放后容器能很快恢复正常运行。主要缺点是密封性较差;阀瓣的开启有滞后现象,难以满足快速泄压的要求。

5.6.3 爆破片装置

爆破片装置(bursting disc devices)主要由爆破片和夹持器组成。如图 5-6-1 所示。它是利用进出口介质压力差作用驱使膜片破裂而自动泄压的装置，属于非重闭式泄压装置。

该装置的主要优点是：动作迅速，密封可靠，结构简单。其最大缺点是破裂后不能复原，需停车更换膜片后才能继续运行，且动作后介质泄放损失大。

容器可选用上述任一种泄放装置，但符合下列条件之一者，必须采用爆破片装置。

1）压力快速增长。如容器的内压由于化学反应或其他原因会迅速上升，安全阀难以及时排出所产生的大量气体，即无法及时降压。

2）对密封有更高的要求。如容器内的介质为剧毒或极为昂贵的气体，使用安全阀难以达到防漏要求者。

3）容器内物料会导致安全阀失效。如器内介质易于结晶或聚合，或带有较多的黏性物质，容易堵塞安全阀。

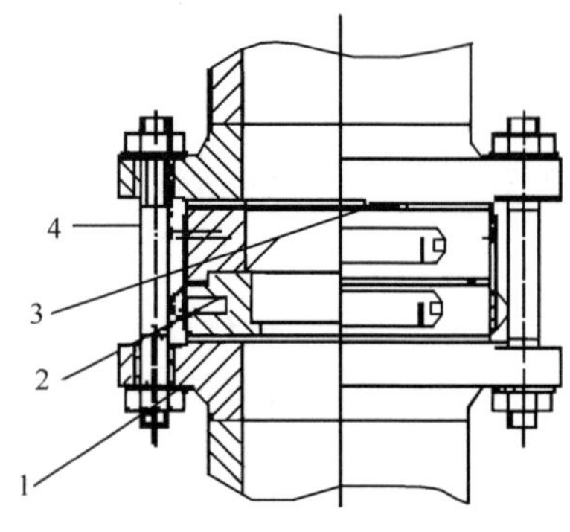

图 5-6-1 爆破片装置结构图

1—法兰；2—下夹持器；3—爆破片；4—上夹持器

4）安全阀不能适用的其他情况。爆破片常用材料有：铝、银、铜、镍、奥氏体不锈钢、蒙乃尔钢、因科镍等。不同材料的最高使用温度也不相同：常用材料爆破片的最高使用温度列于表 5-6-1，供选用时参考。

表 5-6-1 爆破片最高使用温度

膜片材料	铝	银	铜	镍	不锈钢	蒙乃尔钢	因科镍
最高使用温度/℃	100	120	200	400	400	430	480

夹持器常用材料有碳钢、奥氏体不锈钢、蒙乃尔钢及因科镍等。

5.6.4 爆破片装置与安全阀组合使用装置

安全阀与爆破片装置串联组合时，泄放装置的动作压力应不大于设计压力且该空间的超压限度应不大于设计压力的 10%或 20 kPa 中的较大值。

安全阀与爆破片装置并联组合时，其中一个泄放装置的动作压力应不大于设计压力，其他泄放装置的动作压力可提高，但不得超过设计压力的 4%。该空间的超压限度应不大于设计压力的 12%或 30 kPa 中的较大值。

5.6.5 超压泄放装置的设置规定

(1) 超压泄放装置应设置在压力容器本体或其附属管线易检查、修理的部位。安全阀的阀体应处于垂直方位。

(2) 全启式安全阀和反拱型爆破片装置必须装在气相空间。用于液体的安全阀出口管公称直径至少 15 mm。

(3) 容器与泄放装置之间一般不得设中间截止阀。对需连续操作的容器，可设置截止阀专供检修用。但该截止阀应具有锁住机构，容器正常工作期间，截止阀必须处于全开位置并被锁住。

5.7　压力容器的试验

容器制成以后或经检修投入生产之前，应进行压力试验和气密性试验。

5.7.1　压力试验

压力试验亦称耐压试验或强度试验，是容器竣工后出厂前或安装后进行的最终综合性检验。压力试验的主要目的在于全面综合检验产品的整体强度，是对容器选材、设计计算、结构及制造质量的综合性检查。另外，通过短时超压试验，有可能减缓容器某些局部区域的峰值应力，在一定程度上起到应力分布均匀的作用；短时超压还可使裂纹产生闭合效应（即钝化裂纹尖端），使容器在正常工作压力下运行更为安全。

压力试验根据试验介质的不同分为液压试验和气压试验两大类。条件允许时应优先选择液压试验，只有在无法进行液压试验时，方允许采用气压试验。

1. 液压试验

液压试验常用试验介质是水，故又称为水压试验。

（1）试验用水的水质应是洁净的。对奥氏体不锈钢制容器用水应控制水中的氯离子含量不超过 25 ppm；进行液压试验后，应将水渍去除干净并吹干。

（2）液压试验压力 p_T：（GB150—1998）

液压试验压力的最低值按下述规定执行，试验压力的上限应满足应力校核式的要求。

内压容器液压试验压力：

$$p_T = 1.25p\frac{[\sigma]}{[\sigma]^t} \tag{5-7-1}$$

式中：p——设计压力，当容器铭牌上标定有最大允许工作压力时，以最大允许工作压力代替设计压力。

$[\sigma]$——试验温度下材料的许用应力，MPa；

$[\sigma]^t$——设计温度下材料的许用应力，MPa。

外压容器和真空容器液压试验压力：

$$p_T = 1.25\ p \tag{5-7-2}$$

立式容器卧置进行液压试验时，试验压力应取立置试验压力加设备液柱静压力之和。

压力试验前应按下式校核圆筒应力，并满足下列条件：

$$\sigma_T = \frac{p_T[D_i + \delta_e]}{2\delta_e} \leqslant 0.9\ \sigma_s\phi \tag{5-7-3}$$

式中：D_i——圆筒内直径，mm；

δ_e——圆筒有效厚度，mm；

σ_s——圆筒材料在试验温度下的屈服限，MPa；

ϕ——圆筒的焊接接头系数。

（3）试验温度：碳素钢 16MnR 钢制压力容器，液压试验时液体温度不得低于 5 ℃。其他低合金钢制压力容器（不包括低温容器）液压试验时，液体温度不得低于 1 5℃。如果由于板厚等因素造成材料脆性* 转变温度升高，则需相应提高试验液体温度，如反应堆压力容器，考虑到冷脆的因素，压力试验的液体温度需提高到脆性转变的最高温度+30 ℃。

(4) 试验用压力表：要用两个量程相同且经校验合格的压力表；压力表的量程以试验压力的 2 倍为宜；压力表的精度不得低于 1.5 级。

(5) 液压试验时压力应缓慢上升，达到规定试验压力后，保压时间一般不少于 30 min。然后将压力降至试验压力的 80%，并在保持这一压力的条件下对所有焊缝和连接部位进行检查。

(6) 液压试验合格标准

容器液压试验后，符合下列情况者为合格：

① 容器和各处焊缝均无渗漏；

② 容器没有可见异常变形；试验过程中无异常响声。

2. 气压试验

在下列情况下才允许采用气压试验：

(1) 直径大，压力低且充装气态介质的容器；

(2) 因结构原因液压试验后难以排尽残液，而使用时容器内又不允许残存任何液体。

容器气压试验时的气体应为干燥、洁净的空气、氮气或其他惰性气体。对在运输、储存和安装过程中要求内部充惰性气体保护的容器，用惰性气体做气压试验可免于试验后气体置换。

气压试验压力：

内压容器：$p_T = 1.15\, p \dfrac{[\sigma]}{[\sigma]^t}$ (5-7-4)

外压容器和真空容器：$p_T = 1.15p$ (5-7-5)

气压试验的最大压力按式(5-7-6)进行校核。

$$\sigma_T \leqslant 0.8\sigma_s\phi \tag{5-7-6}$$

气压试验时，压力要慢慢上升至规定试验压力的 10%，且不超过 0.05 MPa，保压 5 min。然后对容器的所有焊缝和连接部位进行初次渗漏检查，如有渗漏，修补后重新试验。初次渗漏检查合格后，再继续缓慢升压到规定试验压力的 50%，其后按规定试验压力 10% 的级差逐级升到规定的试验压力，保压 10 min，然后再降到设计压力至少保持 30 min。进行渗漏检查，如有渗漏，再按上述规定重新试验。

同样对设计温度 $t \geqslant 200$ ℃的容器，作气压试验的压力也要相应提高，试验压力的校核计算方法和液压试验的方法相同。

气压试验的验收合格标准与液压试验相同。

5.7.2 气密性试验

气密性试验又称致密性试验。试验的目的是检查容器是否存在不允许的泄漏，检查的重点是可拆连接部位及焊接接头部位。它并非必做的试验项目。一般来说，下列情况才要求进行气密性试验：

注：* 材料的脆性：指的是材料的氢脆、碱脆、冷脆等。液压试验温度应为脆性转变的最高温度+30 ℃。

(1) 容器内介质具有高度的毒性或极度危害时,如发生微量泄漏将危及人的生命安全,造成环境污染;

(2) 因生产工艺条件或介质价格昂贵等原因,设计要求不允许微量泄漏的容器。

气密性试验的方法

(1) 用空气做气密性试验

试验压力为设计压力的1.05倍;保压10 min。待检部位涂肥皂水或其他鼓泡剂定性判断;或沉浸于水中以有无气泡来判断是否泄漏。

(2) 用氨做气密性试验

① 氨-空气法。即空气中充入1%的氨做试验介质,试验压力与上述相同。用试纸是否变色来判断;

② 氨-氮气法。抽真空,充氨一氮混合气体,在不同压力下检查试纸上有无红色斑点来判断;

(3) 用氦作气密性试验

即氦检漏法,该法检测的灵敏度很高,其泄漏的灵敏度阈值可达($10^{-8}\sim10^{-7}$)($m^3\cdot Pa/s$)。对有特殊密封要求的设备才采用这种检漏方法。

如容器气压试验已合格,且试验介质与气密性试验介质相同,则无须进行气密性试验。

5.8 压力容器的在役检验

5.8.1 检验目的和检验项目

1. 目的

压力容器在役检验的目的是为了预防事故的发生,确保压力容器安全经济运行,保证人民生命财产的安全。在役压力容器的检验,不是为了使其“恢复”到现行(或原来的)设计、制造标准,而是检验判断该容器能否安全可靠地使用到下一个检验周期。

在役压力容器检验有下列两大类。

(1) 定期检验

1) 每年至少进行一次外部检验;

2) 每三年至少进行一次内部检验;

3) 每六年至少进行一次全面检验。

但以上检验的期限也不是一成不变的,对于一些使用条件特别恶劣的或运行中发现严重缺陷或压力容器本身条件差等等情况,则检验期限要缩短,反之,则可延长。

(2) 非定期检验

非定期检验的项目和期限,根据运行中发现和可能出现的具体问题而定。

2. 检验项目

(1) 压力容器外部检验项目

1) 压力容器的防腐层、保温层及设备铭牌是否完好;

2) 压力容器外表面有无裂纹、变形、局部过热等不正常现象;

3) 压力容器的接管、焊缝、受压元件等有无泄漏;

4）安全装置是否齐全、灵活、可靠；

5）紧固螺栓是否完好、基础有无下沉、倾斜等异常现象。

（2）压力容器内部检验项目

1）外部检验的全部项目；

2）压力容器内外表面、开孔接管处有无介质腐蚀或冲刷腐蚀等现象；

3）压力容器的所有焊缝、封头过渡区和其他应力集中的部位有无断裂或裂纹。对有怀疑的部位，应采用10倍放大镜检查或采用磁粉着色进行表面探伤。如发现表面裂纹时，还应采取超声波或射线进一步抽查焊缝总长的20%（对煅制或拔制的无缝压力容器抽查面积应不小于总面积的20%）。如没有发现表面裂纹，则对制造时已进行100%无损探伤的压力容器，可不作进一步抽查，但对制造时采用局部无损探伤检验的压力容器，仍应进一步作适当抽查（可以小于20%，但不得小于10%）；

4）有衬里的压力容器，衬里是否有凸起、开裂及其他损坏现象，发现衬里出现上述缺陷有可能影响压力容器的本体时，应将该处衬里全部除掉，并检查压力容器壳体是否有腐蚀或裂纹；

5）筒体、封头等通过上述检验后，发现内表面有腐蚀等现象时，应对有怀疑部位进行多处壁厚测量。测量的壁厚如小于最小壁厚时，应重新进行强度核算，并提出可否继续使用的建议和最高许用工作压力值；

6）压力容器内壁如由于温度、压力、介质腐蚀作用有可能引起金属材料金相组织或连续性破坏时（如脱炭、应力腐蚀、晶间腐蚀、疲劳裂纹等），在必要时还应进行金相检验和表面硬度测定并作出检验报告；

7）高压、超高压容器的主要紧固螺栓，应逐个进行外形宏观检查（螺纹、圆角过度部位、长度等），并用磁粉或着色检查有无裂纹。

（3）压力容器全面检验项目

1）外部检验和内部检验的全部项目；

2）对主要焊缝（或壳体）进行无损探伤抽查，抽查长度为压力容器焊缝总长（或壳体面积）的20%，对高压、超高压的压力容器，应进行100%超声波探伤，必要时还应作表面探伤；

3）设计压力≤0.3 MPa且$P\times V\leqslant 500$ L×MPa，其工作介质为非易燃或无毒的压力容器，如果用10倍以上放大镜检查或表面探伤，没有发现缺陷时，可不作射线或超声波探伤抽查；

4）超声波或射线探伤抽查合格标准，应符合国标GB150－1998《钢制压力容器》有关规定。对核电承压容器还应达到核承压压力容器相关安全级别的专业合格标准；

5）压力容器内、外部检验合格后，按规定进行耐压试验，耐压试验使用的压力为：

$p_T=n\times p$，如压力容器的实际最高工作压力低于设计压力时，p可取压力容器的安全装置开启压力或爆破压力。

5.8.2 压力容器在役检验方法

压力容器在役检验方法主要采用无损检测方法，包括目视、射线、超声、磁粉、渗透、涡流、声发射、泄漏检测等。

（1）射线检测（radiographic testing，RT）

检测原理：利用强度均匀的 X 和 γ 射线照射工件，使照相胶片感光。由于工件内缺陷与无缺陷部位的密度和厚度差异，射线穿过时的衰减程度不同，就可得到不同黑地的图像，从而检测出缺陷的种类、大小和分布状况。

主要特点：根据底片的缺陷图像可精确判别缺陷在垂直于照相方向的二维平面的位置、尺寸和缺陷种类；底片记录直观，易于保存；射线检测可用于碳素钢、低合金钢、奥氏体不锈钢、镍及镍基合金、钛及钛合金和复合材料等的焊接接头和铸件，一般不适用于锻件、管材、板材。

(2) 超声检测(ultrasonic testing，UT)

检测原理：按作用原理有脉冲反射法，穿透法和共振法。目前广泛使用脉冲反射法。其工作原理为：超声波探头在高频电脉冲激发下，发射出持续时间极短的脉冲反射波，通过探头与工件间的耦合剂在工件中传播，当遇到工件内的缺陷即产生反射，返回的超声波被探头接收，并转换成电信号在仪器荧光屏上显示，根据传播时间和回波的波幅高低发现缺陷并确定缺陷的位置和长度。

主要特点：超声检测只能提供波幅和传播时间；检测的灵敏度受缺陷反射面的影响很大；检测没有明确的记录、缺乏直观性；可较好地确定缺陷在被检工件厚度方向的位置和缺陷高度；适用于金属板材、管材、棒材、钢锻件、焊缝等的检测。

(3) 磁粉检测(magnetic particle testing，MT)

检测原理：将钢铁等强磁性材料磁化后，利用位于磁力线上的缺陷部位能吸附磁粉的原理来检测表面和近表面缺陷。

主要特点：对钢铁等强磁性材料表面和近表面缺陷的检出率较高，但难以检测内部缺陷；检测的灵敏度比渗透检测高；但不适用于奥氏体不锈钢等非磁性材料。

(4) 渗透检测(enetrant testing，PT)

检测原理：利用黄绿色的荧光渗透液或红色的着色渗透液对窄缝隙良好的渗透性，经渗透、清洗、显像来显示放大的缺陷图像痕迹，观察工件表面开口缺陷的性质和尺寸并对缺陷作出评价。

主要特点：能确定缺陷的位置和表面指示长度，但无法确定缺陷深度；检测效果受工件表面光洁度影响很大；适用于检测钢铁材料、有色金属材料、陶瓷和塑性材料表面开口缺陷。

(5) 涡流检测(ddy current testing，ET)

检测原理：利用电磁感应原理使导电的容器元件内产生涡流，当涡流碰到裂纹或缺陷时会迂回通过，从而造成涡流分布紊乱，通过测量涡流的变化量进行检测。

主要特点：为非接触检测，检测速度快，适用于对钢铁、有色金属、石墨等导体的表面缺陷的检测，换热设备尤其是蒸汽发生器传热管常用该法检测。但无法判定缺陷的种类，且检测设备较昂贵。

(6) 声发射检测(acoustic emission，AE)

检测原理：利用材料在变形或开裂时，会以弹性波或应力波形式释放其应变能的声发射特点来探测压力容器缺陷发生、发展规律或寻找缺陷位置的一种检测技术。

主要特点：该检测通常在加压过程中进行，适用于检测金属表面和内部缺陷产生的声发射源，可用于检测金属受压部件，确定活动声源位置及划分综合等级。

(7) 泄漏检测(leak testing,LT)

泄漏检测的方法参见5.6节气密性试验方法。

每种方法都有优点和局限性。各种方法对缺陷的检出率不可能是100%,不同方法对同一缺陷的检测结果也会不完全一致。在常规无损检测方法中射线和超声检测主要用于检测内部缺陷,磁粉和涡流检测常用于检测表面和近表面缺陷,渗透检测方法仅用于检测表面开口缺陷。应根据设备的材质、制造方法、工作介质、使用条件和失效模式及预计可能产生的缺陷种类、形状、部位和取向,选择合适的无损检测方法。

压力容器在役无损检测通常委托专门的核电运行研究单位按编制的“在役检测大纲”进行各项在役检测。

复习思考题

1. 压力容器如何分类?
2. 典型压力容器的结构部件有哪些?
3. 简述压力容器的设计准则。
4. 压力容器的常规设计参数有哪些? 如何选择?
5. 压力容器的应力如何分类?
6. 简述球壳、圆筒壳的壁厚计算公式。
7. 简述反应堆压力容器的主要结构部件及其作用。
8. 简述压力容器的法兰连接的结构类型及充气式空心O形环金属密封垫的类型和使用范围。
9. 压力容器常用的支座有哪些型式?
10. 压力容器的超压泄放装置的功能和基本要求是什么? 有哪几种类型?
11. 在哪些条件下的压力容器必须设置安全阀?
12. 在哪些条件下的压力容器必须设置爆破片?
13. 压力容器压力试验的试验压力如何选定? 什么情况下才允许采用气压试验?
14. 何谓气密性试验? 什么情况下才进气密性试验? 气密性试验的常用方法有哪些?
15. 压力容器的在役检测方法有哪些?

第六章 设备安全分级

6.1 引 言

核电站的安全以纵深防御概念为基础。它包括如下三个安全层次：

第一层：电站的设计与建造的质量要保证在正常运行工况下电站不发生故障；

第二层：安全系统的设计要尽可能减少不正常瞬态过程或故障的后果；

第三层：专设安全设施的设计要限制会导致放射性产物释放的假想事故的后果。

显然，这三个安全层次都与核电厂的四类运行工况有关。这四类工况是：工况Ⅰ：反应堆正常运行和正常运行瞬态；工况Ⅱ：中等频率故障；工况Ⅲ：稀有事故；工况Ⅳ：严重假想事故。

纵深防御概念同时引出了制造质量和执行安全功能的系统的分类概念。要求对这些系统的设备和部件根据其运行工况实施特殊的设计准则（多重性，抗震性能，环境条件下的质量鉴定，备用电源等），并要求对这些设备和部件进行分级。也就是说，要保证核电厂的安全，对执行安全功能的机械系统和流体回路系统设备和部件（包括电气设备）要进行安全分级。其目的是根据设备安全等级确定该设备的抗震类别，确定用于该设备设计、制造、检验的相应规范和标准及质保等级。

6.2 设备的安全分级

6.2.1 机械设备的安全分级

6.2.1.1 执行安全功能的机械系统和设备应保证

- 反应堆停堆；
- 堆芯冷却或对执行安全功能的其他系统进行冷却；
- 事故后防止放射性物质扩散。

6.2.1.2 安全等级的划分

构成压力边界并执行安全功能的机械流体系统的设备和部件属于执行上述三个安全层次的范围。这些设备和部件按[RCC-P]分成三个安全等级。（EJ313-88 [压水堆核电厂系统部件安全等级的划分]分为四个安全等级）。其设计、制造、检验的规范或规则，质保等级应与安全等级相对应。

(1) 安全Ⅰ级

安全Ⅰ级适用于其故障会引起工况Ⅲ或工况Ⅳ失水事故的那些设备，构成反应堆冷却剂系统压力边界的设备以及在正常运行过程中由于其故障将妨碍用正常系统实现反应堆停堆的那些设备，属于安全Ⅰ级。这包括：反应堆冷却剂系统及与其连接的内径大于10.6

mm 的冷却水管或内径大于 21.9 mm 的蒸汽管道。还有稳压器卸压管路直至安全阀、卸压阀。

安全Ⅰ级设备选用Ⅰ级设备的设计、制造、检验规范或规则；抗震Ⅰ类；质保Ⅰ级。

(2) 安全Ⅱ级

安全Ⅱ级适用于输送反应堆冷却剂但不属于安全Ⅰ级的设备和部件，或用于在失水事故时为封闭放射性物质所需的系统设备和部件，如：

1) 不属于安全Ⅰ级的堆冷却剂系统的设备和部件

2) 下列系统的主要设备和部件

- 余热排出系统；
- 化学与容积控制系统；
- 堆芯应急冷却系统；
- 安全壳喷淋系统；

3) 构成第三道密封屏障的设备和部件

- 安全壳和有关隔离系统；
- 堆厂房内二回路系统部分，直至并包括厂房外的第一个隔离阀；
- 安全壳氢浓度控制和空气监测系统；

4) 堆芯测量仪表系统的设备和部件，直至并包括手动隔离阀

安全Ⅱ级设备选用Ⅱ级设备的设计、制造、检验规范或规则；抗震Ⅰ类；质保Ⅰ级。

(3) 安全Ⅲ级

安全Ⅲ级适用于对安全有重要作用的设备和部件，但这类部件的故障不会有直接的放射性后果；也适用于其故障会导致正常存放衰变的放射性气体释放的那些设备和部件。即：

1) 化学和容积控制系统中用于净化冷却剂的设备和部件，以及硼补给系统的设备和部件；

2) 位于堆厂房外、蒸汽发生器辅助给水系统的设备和部件；

3) 设备冷却水系统和重要厂用水系统的设备和部件；

4) 换料和贮存水池的水处理和水冷却系统的设备和部件；

5) 放射性废物处理系统的设备和部件(如果它们的故障会导致正常存放衰变的放射性气体释放的话)。

安全Ⅲ级设备选用Ⅲ级设备的设计、制造、检验规范或规则；抗震Ⅰ类；质保Ⅰ级。

6.2.1.3 其他机械设备的安全分级

执行 5.2.1 的安全功能的非承压机械设备定为安全相关级(Ls 级)，安全相关设备有：

- 堆内构件；
- 乏燃料装卸和贮存系统设备；
- 安全相关承压设备的支承装置；
- 某些通风系统。

6.2.2 电气设备的安全分级

电气设备和部件的安全分级是一种功能性分级。这种分级包括对冗余、丧失厂外电源时的运行以及环境条件或地震情况下的质量鉴定等方面规定了要求。

电气设备的安全分级应以上述第二、第三安全层次的要求为依据。

凡在事故工况后参与保护公众的电气系统和部件均应定为安全级(1E 级)。

6.2.2.1　1E 级的定义

执行下述功能的电气系统的设备和部件的安全等级定为 1E 级：

1）反应堆紧急停堆；

2）安全壳隔离；

3）堆芯应急冷却；

4）反应堆余热排出；

5）反应堆厂房热量排出；

6）防止放射性物质向环境大量释放。

6.2.2.2　1E 级的应用范围

凡执行上述安全功能并在事故工况后参与公众保护的那些系统的电气设备均属1E 级：

1）反应堆保护系统

2）应急供电系统(柴油发电机组、蓄电池组、充电整流器及有关的配电装置)

3）紧急停堆系统

4）专设安全设施

- 安全注入系统；
- 安全壳喷淋系统；
- 安全壳氢浓度控制和空气监测系统；
- 蒸汽发生器辅助给水系统，包括主给水系统的隔离装置；
- 安全壳隔离系统；

5）专设安全设施的支持系统：

- 设备冷却水系统；
- 重要厂用水系统；
- 通风系统。

RCC-E 设计、建造和质量鉴定规则适用于 1E 级的电气系统和设备。当测量通道为 1E 级时，只有初始安全功能为 1E 级的那些部件才为 1E 级(如由隔离装置隔离的指示设备和报警设备就不属于 1E 级)。电缆可认为是它们所连接的设备的一部分，因此，它们的安全级别应与其相关设备的安全级别相同。

6.2.3　设备的抗震分类

设备和部件的抗震分类是确定哪些设备和部件要进行抗震设计或抗震鉴定。

保证下述功能所必需的设备为抗震 Ⅰ 类设备：

1）反应堆冷却剂系统承压边界的完整性；

2）可使反应堆停堆并将其保持在安全停堆状态；

3）能防止和减少会导致向环境释放大量放射性的事故后果。

安全 1、2、3 级机械设备和部件以及 1E 级电气系统的设备和部件均属抗震 Ⅰ 类设备。它包括下列两类：

(1) 在安全停堆地震载荷下应保证其完整性(即不丧失密封性)的那些设备和部件。

(2) 在地震后仍要求执行其功能的那些设备和部件。

6.2.4 设备设计、制造、检验质量等级

6.2.4.1 机械设备设计、制造、检验等级

有下列可供选择的设计、制造规范:

(一) 美国《锅炉及压力容器规范》第三卷(简称《ASME》Ⅲ卷)

NB 分卷	一级设备	NB
NC 分卷	二级设备	NC
ND 分卷	三级设备	ND
NE 分卷	MC 级设备	NE
NF 分卷	设备支承结构	NF
NG 分卷	堆芯支承结构	NG

(二) 法国《压水堆核岛机械设备设计、建造规则》(简称《RCC-M》)

第二册	B 篇:	一级设备	RCC-M,1
	C 篇:	二级设备	RCC-M,2
	D 篇:	三级设备	RCC-M,3
第三册	E 篇:	小型设备	
	G 篇:	堆内构件	
	H 篇:	支承件	

(三) 中华人民共和国国家标准

《GB/T16702—1996》——《压水堆核电厂核岛机械设备设计规范》

B 篇:	一级设备
C 篇:	二级设备
D 篇:	三级设备
E 篇:	小型设备
G 篇:	堆内构件
H 篇:	设备支承件

6.2.4.2 电气设备的 RCC-E 质量分级

RCC-E 规定了四种质量鉴定规程:

1) 标准质量鉴定规程:用来证明该设备能在正常工况下执行其规定的功能;

2) K3 质量鉴定规程:用来证明安装在安全壳外的设备在正常工况和地震载荷下能执行其规定的功能;

3) K2 质量鉴定规程:用来证明安装在安全壳内的设备在正常工况和地震载荷下能执行其规定的功能;

4) K1 质量鉴定规程:用来证明安装在安全壳内的设备在地震载荷、正常工况、事故工况和事故后能执行其规定的功能;

6.2.5　质保分级

属于核岛供货范围的产品和服务分成了不同的质保等级，明确规定了相应的质保要求。质量保证分级分三级：QA1；QA2；QA3。对执行某一安全功能的承压设备，一般其质保等级为 QA1。如：

安全 1 级　　　质保等级 QA1
安全 2 级　　　质保等级 QA1
安全 3 级　　　质保等级 QA1 或 QA2

所有 1E 级电气设备一般均为 QA1 级。

6.3　压水堆核岛机械设备和电气设备分级简表(供学习参考)

系统、设备、部件名称	安全等级	规范等级	抗震分类	质保等级
反应堆冷却剂系统				
反应堆容器	1	RCC-M，Ⅰ(Ⅲ-NB)	Ⅰ	QA1
堆内构件	Ls	RCC-M G	Ⅰ	QA1
控制棒驱动机构(CRDM)				
承压壳	1	RCC-M，Ⅰ(Ⅲ-NB)	Ⅰ	QA1
驱动机构	Ls	RCC-M	Ⅰ	QA1
蒸汽发生器				
管侧	1	RCC-M，Ⅰ(Ⅲ-NB)	Ⅰ	QA1
壳侧	2	RCC-M，Ⅱ(Ⅲ-NC)	Ⅰ	QA1
主循环泵	1	RCC-M，Ⅰ	Ⅰ	QA1
稳压器和卸压系统				
稳压器	1	RCC-M，Ⅰ(Ⅲ-NB)	Ⅰ	QA1
先导安全阀	1	RCC-M，Ⅰ(Ⅲ-NB)	Ⅰ	QA1
通断加热器	1E	RCC-E	Ⅰ	QA1
一回路冷却剂管道				
内径 $ID>10.4$ mm 管道	1	RCC-M，Ⅰ(Ⅲ-NB)	Ⅰ	QA1
内径 $ID\leqslant 10.4$ mm 管道	2	RCC-M，Ⅱ(Ⅲ-NC)	Ⅰ	QA1
安全注射系统(RIS)				
安注箱	2	RCC-M，Ⅱ(Ⅲ-NC)	Ⅰ	QA1
注硼箱	2	RCC-M，Ⅱ(Ⅲ-NC)	Ⅰ	QA1
低压安全注射泵	2	RCC-M，Ⅱ(Ⅲ-NC)	Ⅰ	QA1
硼酸再循环泵(压力边界)	3	RCC-M　Ⅲ(Ⅲ-ND)	Ⅰ	QA1
一回路压力边界管道阀门	1	RCC-M Ⅰ　(Ⅲ-NB)	Ⅰ	QA1
电动主阀	2	RCC-M，Ⅱ(Ⅲ-NC)	Ⅰ	QA1

续表

系统、设备、部件名称	安全等级	规范等级	抗震分类	质保等级
安全壳喷淋系统(EAS)				
喷淋添加剂水箱	3	RCC-M,Ⅲ(Ⅲ-ND)	Ⅰ	QA2
热交换器管侧	2	RCC-M,Ⅱ(Ⅲ-NC)	Ⅰ	QA1
壳侧	3	RCC-M,Ⅲ(Ⅲ-ND)	Ⅰ	QA2
安全壳喷淋泵	2	RCC-M,Ⅱ(Ⅲ-NC)	Ⅰ	QA1
主阀	2	RCC-M,Ⅱ(Ⅲ-NC)	Ⅰ	QA1
辅助给水系统(ASG)				
安全壳贯穿管道	2	RCC-M,Ⅱ(Ⅲ-NC)	Ⅰ	QA1
逆止阀	2	RCC-M,Ⅱ(Ⅲ-NC)	Ⅰ	QA1
辅助给水泵	3	RCC-M,Ⅱ(Ⅲ-NC)	Ⅰ	QA1
蒸汽阀	3	RCC-M,Ⅱ(Ⅲ-NC)	Ⅰ	QA1
气动阀	3	RCC-M,Ⅱ(Ⅲ-NC)	Ⅰ	QA1
化学和容积控制系统(RCV)				
容积控制箱	2	RCC-M,Ⅱ(Ⅲ-NC)	Ⅰ	QA1
再生热交换器	2	RCC-M,Ⅱ(Ⅲ-NC)	Ⅰ	QA1
上充泵	2	RCC-M,Ⅱ(Ⅲ-NC)	Ⅰ	QA1
一回路压力边界阀门	1	RCC-M,Ⅰ(Ⅲ-NB)	Ⅰ	QA1
一回路压力边界管道	1	RCC-M,Ⅰ(Ⅲ-NB)	Ⅰ	QA1
余热排出系统(RRA)				
余热热交换器管侧	2	RCC-M,Ⅱ(Ⅲ-NC)	Ⅰ	QA1
余热热交换器壳侧	3	RCC-M,Ⅲ(Ⅲ-ND)	Ⅰ	QA2
余热排出泵	2	RCC-M,Ⅱ(Ⅲ-NC)	Ⅰ	QA1
一回路压力边界管道阀门	1	RCC-M,Ⅰ(Ⅲ-NB)	Ⅰ	QA1
主蒸汽系统(VVP)				
主蒸汽管道	2	RCC-M,Ⅱ(Ⅲ-NC)	Ⅰ	QA1
主蒸汽隔离阀	2	RCC-M,Ⅱ(Ⅲ-NC)	Ⅰ	QA1
旁路气动阀	2	RCC-M,Ⅱ(Ⅲ-NC)	Ⅰ	QA1
堆芯测量系统:热电偶	1E	RCC-E	Ⅰ	QA1
反应堆保护系统电气设备	1E	RCC-E	Ⅰ	QA1
主控室 1E 级系统的设备	1E	RCC-E	Ⅰ	QA1
交流电源系统				
中压交流应急电源分配	1E	RCC-E	Ⅰ	QA1
低压交流应急电源分配	1E	RCC-E	Ⅰ	QA1
交流 220 V 用电设备	1E	RCC-E	Ⅰ	QA1

续表

系统、设备、部件名称	安全等级	规范等级	抗震分类	质保等级
备用电源				
安全相关直流 125 V 供电	1E	RCC-E	I	QA1
安全相关直流 48 V 供电	1E	RCC-E	I	QA1
核安全级的动力电缆	1E	RCC-E	I	QA1
核安全级的控制测量电缆	1E	RCC-E	I	QA1
汽轮机	NC		I	QA3

复习思考题

1. 核岛机械系统与设备应执行哪几个安全功能？
2. 核岛机械系统和设备如何划分安全等级？
3. 核岛电气设备如何划分等级？
4. 简述设备抗震类别、设计制造规范等级、质保等级与设备安全级的关系。

附录一　阀门型号表示方法

为便于使用者选择、识别各种类型的阀门，必须对各种类型的阀门有一个统一的型号表示方法或编制方法。我国机械工业部于1975年在1962年颁布的《阀门型号编制方法》老部标准的基础上又以JB/T308—1975《阀门型号编制方法》颁布新部颁标准。该标准适用于工业管道的闸阀，截止阀，节流阀，球阀，蝶阀，隔膜阀，旋塞阀，止回阀，安全阀，减压阀，疏水阀等基本类型的阀门。按照JB/T308—2004的规定，阀门型号用七个单元表示：

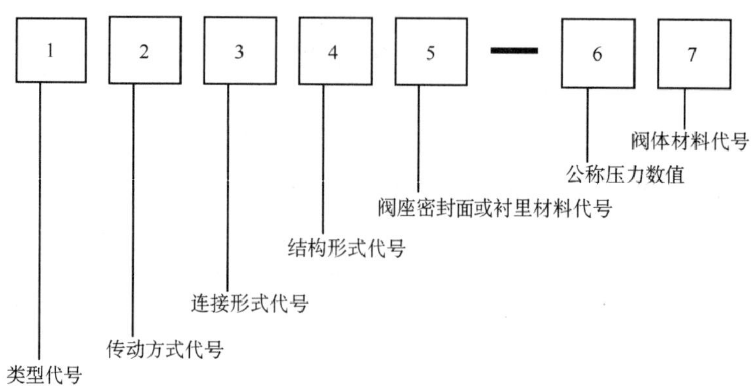

(1) 阀门类型代号：用汉语拼音字母表示，如表F1-1所示。

表 F1-1　阀门的类型代号

阀门类型	闸　阀	截止阀	节流阀	球　阀	蝶　阀
代　号	Z	J	L	Q	D
隔膜阀	旋塞阀	止回阀	安全阀	减压阀	疏水阀
G	X	H	A	Y	S

(2) 传动方式代号：用阿拉伯数字表示，如表F1-2所示。

表 F1-2　阀门的传动方式代号

传动方式	代　号	传动方式	代　号
电磁阀	0	伞齿轮	5
电磁—液动	1	气动	6
电—液动	2	液动	7
涡轮	3	气—液动	8
正齿轮	4	电动	9

对于手轮，手柄或扳手传动的阀门以及所有安全阀，减压阀，疏水阀，此代号省略之。

(3) 连接形式代号：用阿拉伯数字表示，如表 F1-3 所示。

表 F1-3　阀门的连接形式代号

连接形式	代　号	连接形式	代　号
内螺纹	1	焊接	6
外螺纹	2	对夹	7
两不同连接	3	卡箍	8
法兰	4	卡套	9

(4) 结构形式代号：用阿拉伯数字表示：参看如下各表。

表 F1-4　闸阀结构形式代号

<table>
<tr><th colspan="4">闸阀结构形式</th><th>代　号</th></tr>
<tr><td rowspan="5">明杆</td><td rowspan="3">楔式</td><td colspan="2">弹性闸板</td><td>0</td></tr>
<tr><td rowspan="8">刚性</td><td>单闸板</td><td>1</td></tr>
<tr><td>双闸板</td><td>2</td></tr>
<tr><td rowspan="2">平行式</td><td>单闸板</td><td>3</td></tr>
<tr><td>双闸板</td><td>4</td></tr>
<tr><td rowspan="4">暗杆</td><td rowspan="2">楔式</td><td>单闸板</td><td>5</td></tr>
<tr><td>双闸板</td><td>6</td></tr>
<tr><td rowspan="2">平行式</td><td>单闸板</td><td>7</td></tr>
<tr><td>双闸板</td><td>8</td></tr>
</table>

表 F1-5　截止阀，柱塞阀和节流阀结构形式代号

<table>
<tr><th>截止阀和节流阀结构形式</th><th>代　号</th><th colspan="2">截止阀和节流阀结构形式</th><th>代　号</th></tr>
<tr><td>直通式</td><td>1</td><td colspan="2">直流式(Y 型)</td><td>5</td></tr>
<tr><td>Z 形直通式</td><td>2</td><td rowspan="2">平衡</td><td>直通式</td><td>6</td></tr>
<tr><td>三通式</td><td>3</td><td>角式</td><td>7</td></tr>
<tr><td>角式</td><td>4</td><td colspan="2">针形截止阀</td><td>8</td></tr>
</table>

表 F1-6 球阀结构形式代号

球阀结构形式			代　号	球阀结构形式			代　号
浮动	直通式		1	固定球	四通		6
	Y 型	三通式	2		直通式		7
	L 型		4		T 形	三通	8
	T 型		5		L 形	三通	9
					半球直通		0

表 F1-7 蝶阀、隔膜阀结构形式代号

阀类型	结构形式		代　号	结构形式		代　号
蝶阀	密封型	中线式	1	非密封型	中线式	6
		单偏心	2		单偏心	7
		双偏心	3		双偏心	8
		连杆偏心	4		连杆偏心	9
隔膜阀	屋脊式		1	闸板式		7
	截止式		3	角式 Y 形		8
	直流板式		5	角式 T 形		9
	直通式		6			

表 F1-8 旋塞阀结构形式代号

阀　名	结构形式		代　号	阀　名	结构形式		代　号
旋塞阀	填料密封	L 形	2	止回阀	升降式	直通式	1
		直通形	3			立式	2
		T 形三通	4			角式	3
		四通	5		旋启式	单瓣式	4
	油封密封	L 形	6			多瓣式	5
		直通形	7			双瓣式	6
		T 形三通	8		回转蝶形止回阀		7

表 F1-9 安全阀结构形式代号

<table>
<tr><td colspan="4">安全阀结构形式</td><td>代 号</td></tr>
<tr><td rowspan="8">弹簧</td><td rowspan="5">封闭</td><td>带散热片</td><td>全启式</td><td>0</td></tr>
<tr><td colspan="2">微启式</td><td>1</td></tr>
<tr><td colspan="2">全启式</td><td>2</td></tr>
<tr><td rowspan="4">带扳手</td><td>全启式</td><td>4</td></tr>
<tr><td>双弹簧微启式</td><td>3</td></tr>
<tr><td rowspan="3">不封闭</td><td>微启式</td><td>7</td></tr>
<tr><td>全启式</td><td>8</td></tr>
<tr><td>带控制机构</td><td>全启式</td><td>6</td></tr>
<tr><td colspan="4">杠杆式</td><td>5</td></tr>
<tr><td colspan="4">脉冲式</td><td>9</td></tr>
</table>

表 F1-10 减压阀,疏水阀结构形式代号

阀 名	结构形式	代 号	阀 名	结构形式	代 号
减压阀	直接作用波纹管式	1	疏水阀	浮球式	1
	直接作用薄膜式	2		迷宫或孔板式	2
	先导活塞式	3		脉动式	8
	先导波纹管式	4		热动力式	9
	先导薄膜式	5		钟形浮子式	5

(5) 阀座密封面或衬里材料代号:用汉语拼音字母表示:如表 F1-11 所示。

表 F1-11 阀座密封面或衬里材料代号

阀座密封面材料	代 号	阀座密封面材料	代 号
18-8 系不锈钢	E	铜合金	T
Cr13 系不锈钢	H	氟塑料	F
Mo2Ti 系不锈钢	R	塑料	S
蒙乃尔合金	M	橡胶	X
渗氮钢	D	尼龙塑料	N
渗硼钢	P	衬胶	J

(6) 公称压力代号:用阿拉伯数字表示,其值为以 MPa 为单位的公称压力值的 10 倍。

(7) 阀体材料代号;用汉语拼音字母表示,如表 F1-12 所示。

表 F1-12 阀体材料代号

阀体材料	代 号	阀体材料	代 号
钛及钛合金	A	球墨铸铁	Q
碳钢	C	Mo_2Ti 系不锈钢	R
Cr13 系不锈钢	H	塑料	S
铬钼钢	I	铜及铜合金	T
可锻铸铁	K	铬钼钒钢	V
铝合金	L	灰铸铁	Z
18-8 系不锈钢	P		

阀门型号和名称编制方法示例：

① 电动，法兰连接，明杆楔式双闸板，阀座密封面材料由阀体直接加工，公称压力 PN 为 0.1 MPa，阀体材料为灰铸铁的闸阀：

Z942W-1 电动楔式双闸板闸阀

② 电动，焊接，直通式，阀座密封面材料为堆焊硬质合金，公称压力为 16 MPa，阀体材料为 12Cr1MoV 钢的截止阀：

J961Y-160 V 电动焊接截止阀

核工业系统也为核电厂使用的核级阀门制订了《压水堆核电厂阀门型号编制方法》标准(EJ/T1022.10—96)。阀门型号由两部分组成，第一部分表示该阀门在核电厂中的安全等级和特殊使用要求；第二部分表示该阀门本身的特征。由以下 10 个方框组成。

阀门型号按以下框图所示：

[1] [2] [3] [4] [5] [6] [7] [8]—[9] [0]

[1]：阀门核安全级别：核安全一级：N1

核安全二级：N2

核安全三级：N3

非核安全级：NC

[2]： 阀门相对安全壳的安装位置： 装在安全壳内： 代号 C

安全壳外的不加注明；

[3]： 阀门抗震要求： 运行安全地震动(SL1)代号： 0

极限安全地震动(SL2)代号： S

[4]： 阀门类型；

[5]： 阀门传动方式； [6]： 阀门与管道的连接方式； [7]： 阀门结构形式；

[8]： 阀门密封面材料； [9]： 压力级； [0]： 阀体材料。

4～0 框内容可参查前述各表。

附录二　阀门密封副的结构

1. 密封副的结构

(1) 闸阀密封副常用结构形式见表 F2-1；

(2) 截止阀密封副常用结构见表 F2-2；

(3) 球阀密封副常用结构形式见表 F2-3；

(4) 蝶阀密封副常用结构见表 F2-4。

2. 阀杆的密封结构

阀杆的常用密封结构见表 F2-5。

表 F2-1　闸阀密封副的常用结构形式

简图	密封圈形式	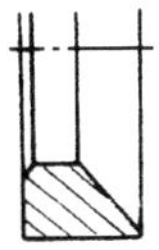	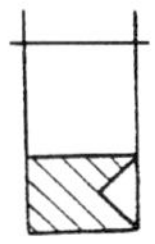	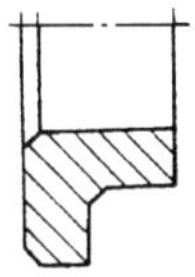	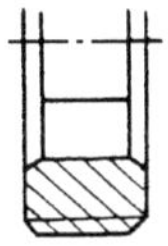	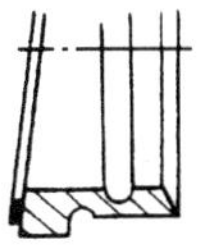	
	装配后形式	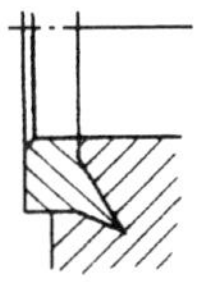	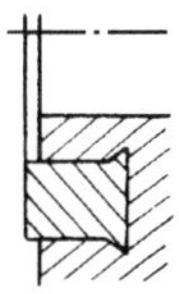	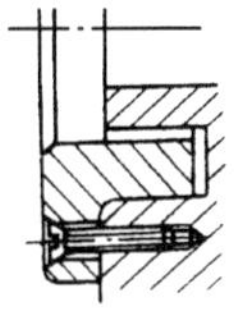	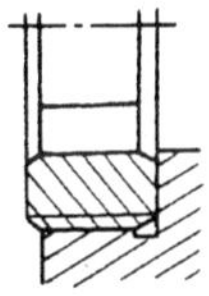	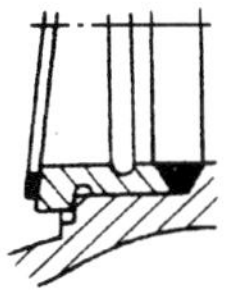	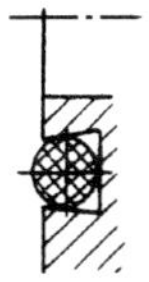
固定方法		压入斜口产生单面塑性变形	压入燕尾槽后产生双面塑性变形	用螺钉固定	用螺纹固定	压入后焊死	密封圈压入燕尾形槽中
材料	密封圈	铜合金	铜合金	铜合金	铬不锈钢	碳钢圈上堆焊铬不锈钢、硬质合金	塑料、橡胶
	基体	铸铁	铸铁	铸铁	钢	钢	铸铁、钢
应用范围		低压中、小口径阀门的阀体、闸板	低压小口径阀门的阀体、闸板	低压大口径阀门的阀体、闸板	高中压阀门的阀体	高中压阀门的阀体	中低压阀门的闸板

表 F2-2 截止阀密封副的常用结构

简图		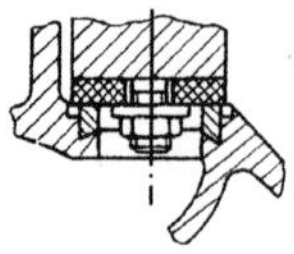	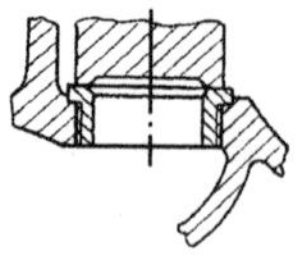	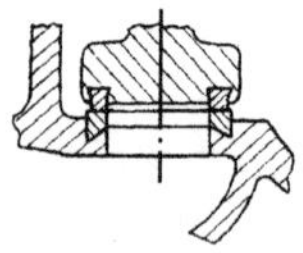	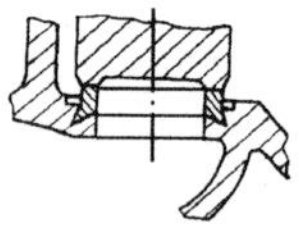
固定方法		阀瓣密封圈用螺钉固定，阀体密封面直接加工制成或压入密封圈	阀瓣密封面直接加工制成，阀体的密封圈用螺纹旋入	阀瓣的密封圈压入燕尾槽中，阀体的密封圈压入斜口	阀瓣密封面直接加工制成，阀体的密封圈压入斜口
材料	密封圈	橡胶、塑料、皮革和铜合金	不锈钢	铜合金	铜合金、不锈钢
	基体	铸铁	铸铁或碳钢	铸铁	铸铁或铸钢
应用范围		低压小口径阀门	中压小口径阀门	低压阀门	小口径阀门
简图		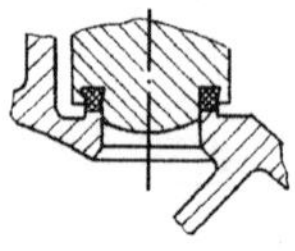	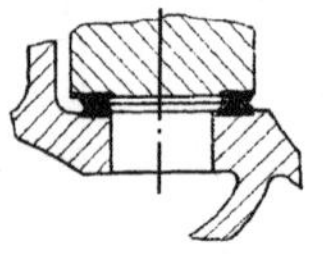	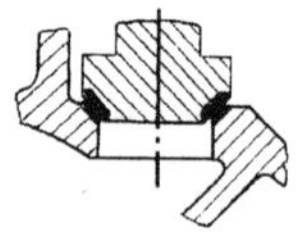	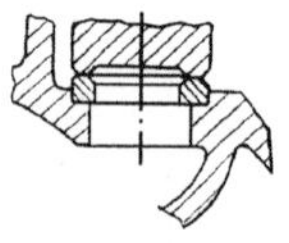
固定方法		阀瓣密封圈压入或浇铸形成，阀体的密封面直接加工制成	阀瓣和阀体的密封面堆焊而成	阀瓣和阀体的密封面堆焊而成	阀瓣密封面直接加工制成，阀体的密封圈用摩擦焊固定
材料	密封圈	氟塑料或巴氏合金	不锈钢	硬质合金	不锈钢
	基体	铸铁	钢	钢、不锈钢	锻钢
应用范围		氨阀	高中压阀门	高温、高压及不锈钢阀门	高中压小口径阀门

表 F2-3 球阀密封副的常用结构形式

类型	浮动球			
简图	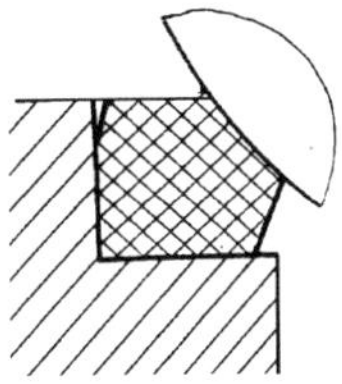	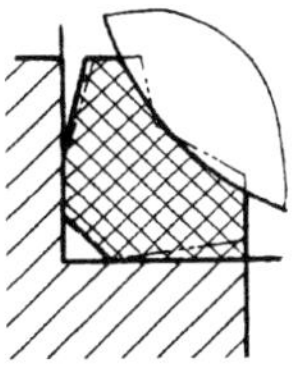	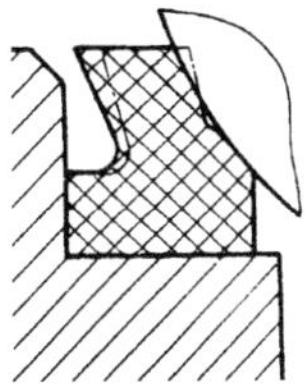	
密封位置	出口端密封	出口端密封	进、出口端密封	出口端密封
说明	靠压差在出口端密封。低压时不易密封	靠压差在出口端密封。密封圈有弹性，密封性好	密封圈弹性好，低压时进口端可以密封，压力增高后，主要以出口端密封	密封圈和球为不锈钢，表面堆焊或喷焊硬质合金，适用于高温
类型	浮动球			
简图		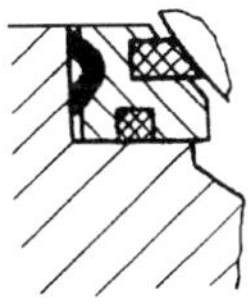	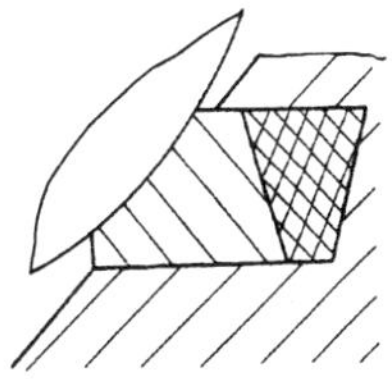	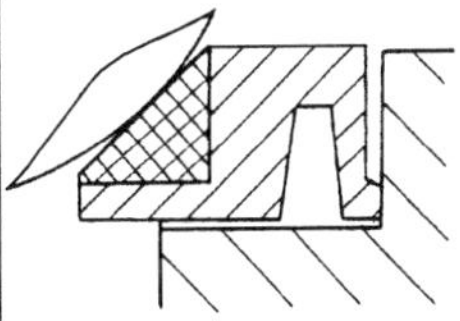
密封位置	出口端密封	进、出口端密封	出口端密封	进、出口端密封
说明	靠压差在出口端密封。低压时不易密封。密封圈压入阀座槽内，防止密封圈产生冷流和冲蚀	V形弹簧能保证阀门的密封力，低压时进口端可以密封，压力增高后，主要出口端密封	密封圈材料全部是金属，阀座和阀体之间的密封是采用柔性石墨，可用于较高的温度	采用有弹性的金属阀座嵌入石墨密封圈，可用于较高的温度
类型	浮动球			固定球
简图	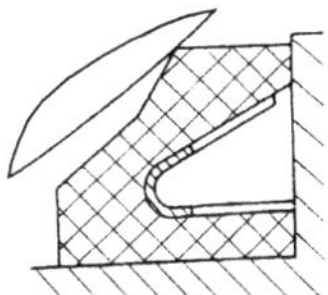	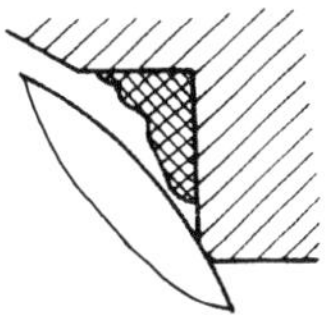	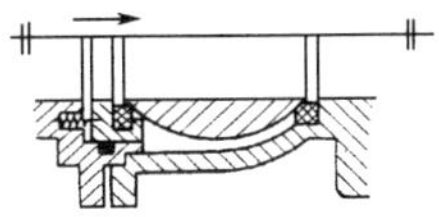	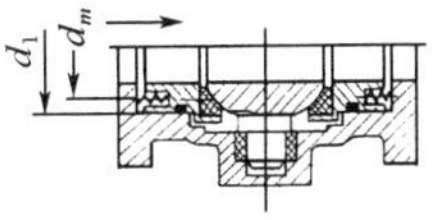
密封位置	进、出口端密封	出口端密封	进、出口端密封	进口端密封
说明	在唇式聚四氟乙烯密封圈内嵌入金属弹性胀圈，增加阀座的弹性，在低压下密封良好	用于要求耐火的球阀，在塑料密封圈被烧后，可以依靠介质压力使球与金属阀座接触达到密封	靠弹簧力预紧，压力增高后，进、出口端都密封，适用于密封要求高的场合	由于 $d_1 > d_m$，靠介质压力作用在 d_1 和 d_m 之间，环面上的力使进口端密封。关闭时，体腔内不会形成高压，轴承受力较大

续表

类型	浮动球		
简图	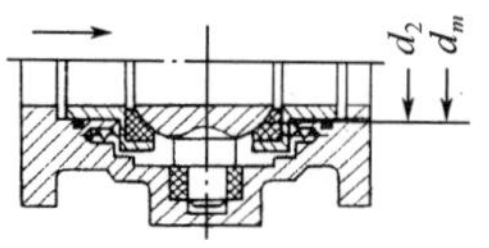 d_2 d_m	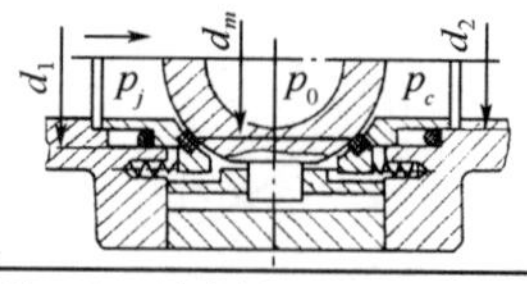 d_1 p_j d_m p_0 p_c d_2	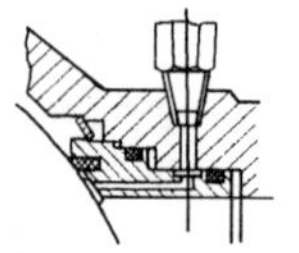
密封位置	出口端密封	进、出口端密封	密封位置由结构决定
说明	由于 $d_2 < d_m$，进口端不能密封，介质进入体腔内靠作用在出口端d_m和d_2之间环面上的力，使出口端密封。关闭时，体腔内有压力，轴承受力较小，适用于高压	由于$d_1>d_m$、$d_m>d_2$、$p_j>p_0>p_c$，不管压力高低，都能保证进、出口端密封。适用于密封要求较高的场合	油脂起辅助密封作用，多用于气体介质

表 F2-4　蝶阀密封副的常用结构形式

简图		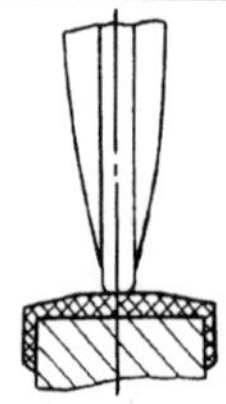	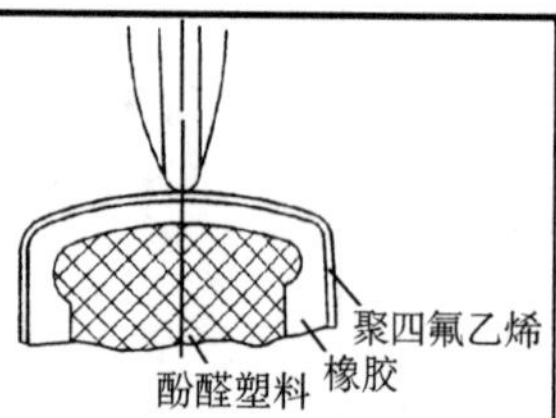 聚四氟乙烯 橡胶 酚醛塑料	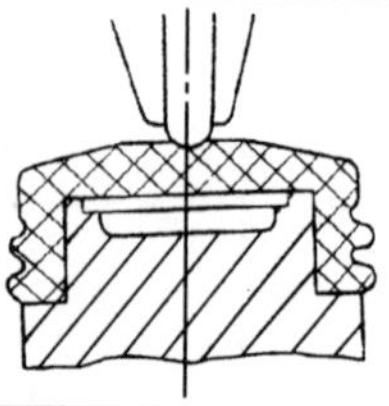
结构	阀座和蝶板密封面直接加工制成，也可以堆焊耐磨、耐蚀材料	阀体采用非金属衬里，蝶板亦可衬非金属材料	在阀体的橡胶衬圈背面加衬增强酚醛树脂或硬塑料以增加刚性，密封面可覆0.2~0.3 mm的聚四氟乙烯薄膜圈	在阀体的橡胶衬圈背面加钢板或钢圈以增加刚性
应用范围	多用于调节	腐蚀性介质的截断和调节	腐蚀性介质的截断和调节	腐蚀性介质的截断和调节
简图	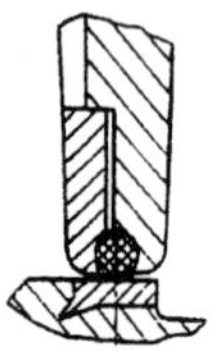	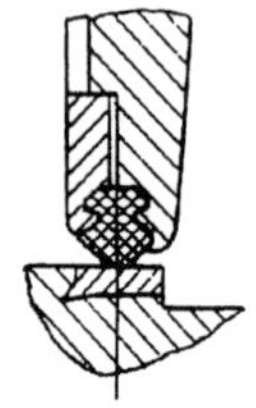	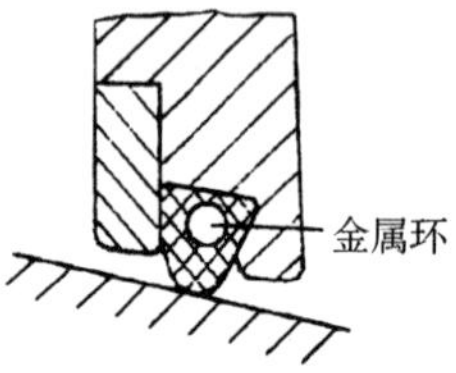 金属环	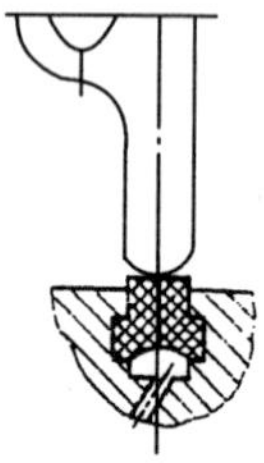
结构	阀体密封圈压入斜口，蝶板用O形圈密封，压缩量可以通过压板调节	用橡胶等弹性材料做成各种形状的密封圈，并固定在阀体或蝶板上	在橡胶等弹性材料做成的各种形状的密封圈内镶金属环等来改善密封圈的性能	阀体用T形密封圈，带有充气结构（也可以设在蝶板上），蝶板直接加工制成
应用范围	一般性介质的截断和调节	一般性介质的截断和调节	一般性介质的截断和调节	大口径蝶阀

表 F2-5　阀杆的密封结构

简图	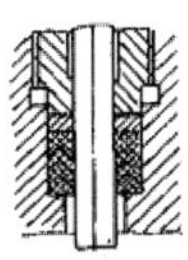	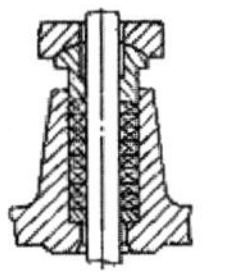	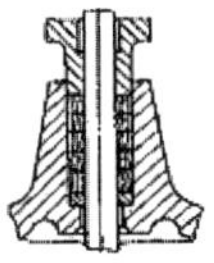	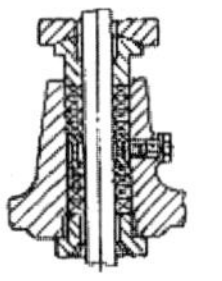	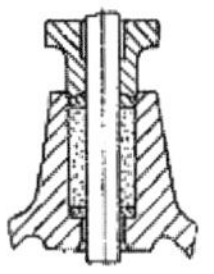
结构特点	塑料成形填料	各种石棉填料	波形填料	在石棉填料中部加衬环并设有排漏孔或注油孔	石墨粉与石棉绒混合
应用范围	各种介质，适用温度由填料材质决定	各种压力、温度和介质	高温、高压的蒸汽、油类等	密封要求较高的场合，如核阀门	高温、高压蒸汽
简图	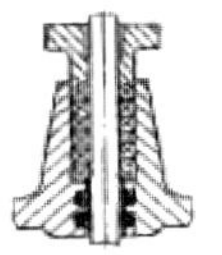	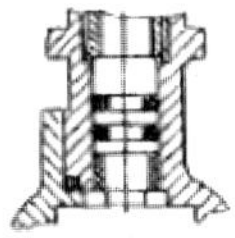	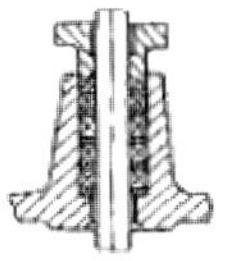	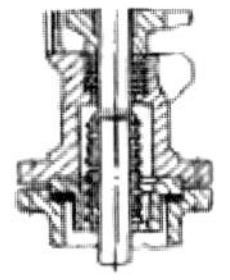	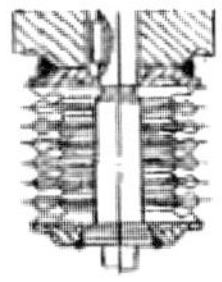
结构特点	在石棉填料箱下部(或上部)装“O”形密封圈	用两个或几个“O”形圈密封	在石棉填料中间隔加铅或氰塑料	波纹管与石棉填料双重密封	波纹管密封
应用范围	毒性介质和密封要求较高的场合	温度不高的球阀、爆阀和截止阀	高中温油类介质	毒性介质和密封要求较高的场合	毒性介质和密封要求较高的场合
简图	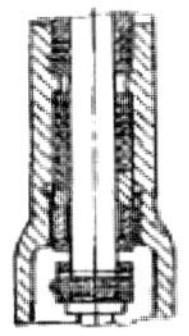	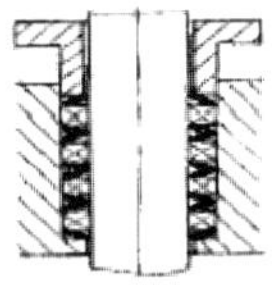	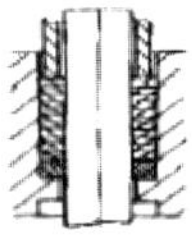	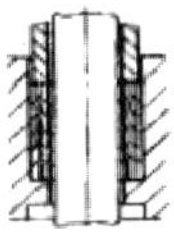	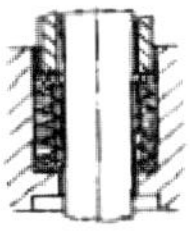
结构特点	两段填料密封，需要时下段填料可以通过阀盖下部的离合器压紧	在各层填料间采用不同刚度的蝶形弹簧，能使填料中的径向比压均衡分布	模压成型蝶形石墨填料，密封性能优于方形填料	模压成型V形石墨填料，密封性能优于方形填料	模压成型模形石墨填料，两端采用纺织填料，密封性能优越，具有自密封性能
应用范围	密封要求较高的场合	密封要求较高的场合	高温高压介质	高温高压介质	密封要求高的场合

简图	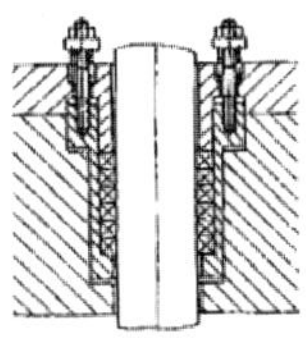	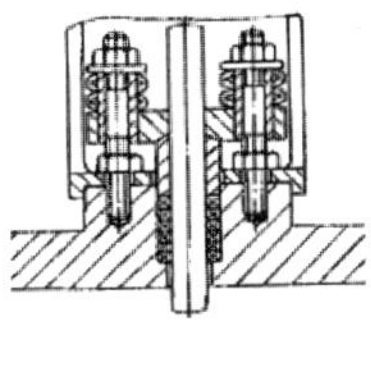	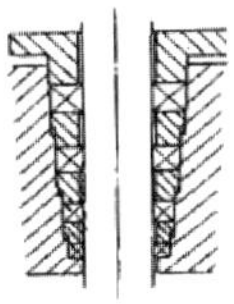
结构特点	内紧式填料结构，从填料下部对填料进行压紧，能明显改善填料中的应力分布，提高密封性	蝶形弹簧加载的填料结构，可有效地补偿填料的应力松弛，省去或减少对填料压盖的调整	填料横截面沿阀杆逐渐减小的填料结构，能使填料中的比压分布趋于理想
应用范围	密封要求较高的场合	重要的密封场合	密封要求较高的场合

附录三 核级阀门

1. 核级阀门的安全分级和抗震分类

我国核安全法规 HAD102/03《用于沸水堆、压水堆和压力管式反应堆安全功能和部件分级》及核工业标准 EJ313—88 规定，核电厂的构筑物、系统和部件分为：安全一级、安全二级、安全三级和安全四级。抗震要求分为抗震一类和抗震二类。核级阀门根据其承担的安全功能也分为安全一级、安全二级、安全三级，抗震要求也分为抗震一类和抗震二类。不同安全等级和抗震类别的阀门其设计、制造、试验验收执行不同的规范等级。具体分类要求请参见第六章。

2. 核级阀门出厂试验要求

(1) 压力试验和密封试验

试验内容

已装配好的阀门，每台均应按表 F3-1 规定的顺序及内容进行压力试验。

表 F3-1 压力试验顺序及内容

试验名称	阀门种类						
	闸 阀	截止阀	调节阀	隔膜阀	止回阀	球阀	蝶阀
壳体耐压力试验(强度试验)	必 须	必 须	必 须	必 须	必 须	必 须	必 须
阀座密封试验	必 须	必 须	按要求	必 须	必 须	必 须	必 须
上密封试验(倒密封试验)	必 须	必 须	必 须	不适用	不适用	不适用	不适用
阀杆填料密封试验	必 须	必 须	必 须	不适用	不适用	必 须	按要求
低压气密试验	按要求	按要求	按要求	按要求	按要求	按要求	按要求

注：1. 无关闭要求的调节阀和节流阀可不做阀座密封试验；
2. 具有上密封(倒密封)要求的阀门都必须进行上密封试验；
3. 对无密封要求的蝶阀必须进行阀杆密封试验；
4. 用于安全壳及压力边界作隔离用的阀门必须进行低压气密试验。

试验介质

1) 水质要求

EJ345—88 中规定了核电厂水压试验的水质要求，见表 F3-2。

表 F3-2 核电站水压试验的水质要求

项 目	A 级	B 级	C 级
氯离子/ppm	≤0.15	≤1.0	≤25
氟离子/ppm	≤0.15	≤0.5	≤2.0
电导率/(μs/cm)	≤2.0	≤20	≤400
总悬浮颗粒物/ppm	≤0.5	—	—

续表

项　目	A级	B级	C级
pH值	6.0～8.0	6.0～8.0	—
目视透明度	无混浊、无油、无沉淀		

注：1. 除盐水（去离子水）一般能满足A级水的要求；
2. 电厂凝结水和蒸馏水一般能满足B级水的要求；
3. 清洁自来水能满足C级水的要求。

2）气体介质要求

气压试验用的气体应采用纯度在99.9%以上的氮气(N_2)。

试验温度

核极阀门压力试验的介质温度为5～65 ℃。

具体使用时，还需要满足EJ345—88中的下列规定：

1）除敏化奥氏体不锈钢外，其他材料在65 ℃以下进行试验时，当零部件上有缝隙时采用A级水质。当零部件不存在缝隙时可以使用B级或C级水质，当水压试验一结束，排水后立即用A级水冲洗零部件表面并漂洗干净。

2）除敏化奥氏体不锈钢外，其他材料在65 ℃以上进行水压试验或性能试验时应采用A级水质，整个试验期间水的纯度至少应维持在B级水质。

3）对敏化奥氏体不锈钢制成的零部件，试验用水应为A级水质，在试验升压之前，水中加氢氧化氨将pH值调节至10.0～10.5。如果水压试验温度超过65 ℃或预计会超过65 ℃时，则应在水中加联氨50～300 ppm用以除氧。含有铜合金或铝合金的零部件不宜采用联氨溶液进行水压试验。对于试验用水至少每天化学分析一次。

试验压力、保压时间及合格要求

1）阀体耐压试验

阀体耐压试验可作为相同等级的压力容器考虑。试验压力一般为相应阀门系列室温最大许用压力的1.5倍。试验时阀瓣（阀堵）应开启但不与背阀座接触。持续保压时间一般不少于10 min；我国EJ405—89中规定的保压时间如表F3-3。阀体无泄漏或渗漏为合格。

表F3-3　壳体耐压试验持续保压时间

公称通经/mm	持续保压时间（分）	
	安全一级、安全二级	安全三级
≤200	不少于10分	不少于10分
＞200	不少于30分	不少于20分

2）阀座密封试验

阀座密封试验采用室温水，试验压力至少等于该阀对应室温下的最大许用压力。试验时阀瓣（阀堵）应完全关闭并上紧到正常扭矩。持续保压时间一般不少于10 min，EJ405—89中规定的时间如表F3-4所示。

表 F3-4 阀座密封试验保压时间及允许泄漏率

公称通径/mm	持续保压时间(分)		允许泄漏率（每毫米通径）
	安全一级、安全二级	安全三级	
$DN \leqslant 50$	不少于 10 分	不少于 10 分	0.00
$200 \geqslant DN > 50$	不少于 15 分	不少于 10 分	≤0.05 cm^3/h
$DN > 200$	不少于 30 分	不少于 15 分	≤0.10 cm^3/h

注：1. 对于软密封阀门允许泄漏率为零；
2. 如果设计者认为表内的要求不能满足设计要求时，可在技术规格书中另行规定（例如：安全壳隔离阀、低压差止回阀等）；
3. 对于调节阀、节流阀由技术规格书另行规定。

3）上密封试验（倒密封试验）

试验压力与阀座密封试验压力相同。试验时阀门处于完全开启状态，松开填料压盖螺栓。持续保压时间不少于 10 min。

合格要求：泄漏率不超过每毫米阀杆直径 0.04 cm^3/h，则认为试验合格。

4）阀杆填料密封试验

采用室温水以至少等于设计压力的试验压力进行试验。试验时阀瓣（阀堵）处于半开启状态，填料按规定的力矩拧紧。持续保压时间分别为：

$DN \leqslant 100$ mm 时不少于 5 min；$DN > 100$ mm 时为 15 min。

合格要求：对于无中间引漏装置的阀门，填料函上部无任何泄漏；引漏装置的泄漏率不超过每毫米阀杆直径 0.04 cm^3/h；对于其他的阀杆密封型式，其允许泄漏率均为零。

5）低压气密试验

试验压力一般为 0.6 MPa，对于安全壳隔离用的止回阀要求为 0.02 MPa。试验时阀瓣处于关闭状态，持续保压时间不少于 10 min。

合格要求：允许泄漏率与阀座密封试验的要求相同。

（2）动作性能试验

核级阀门的出厂试验除以上各项应力试验外，每台阀门还应做动作性能试验，下面仅介绍电动阀门的动作性能试验及止回阀最低开启压差和最低密封压差试验：

1）电动阀门动作试验

用于核极阀门的电动装置必须符合 EJ395—89 的要求，电动阀门的动作试验按 EJ396—89 的要求应进行下列试验：

① 电动装置的绝缘电阻检查。试验前应先检查电动装置的绝缘电阻，其值应大于或等于 50MΩ。

② 空载动作试验。阀腔内不充压，从全开到全闭，再从全闭到全开动作三次，记录启动时的最大电流、运行电流及全行程的启闭动作时间。

③ 负载动作试验。阀腔内充公称压力，阀门分别处于半开启和全关闭状态下进行手动到电动切换动作各三次。分别在最高电压（105%额定电压）及最低电压（90%额定电压）下进行电动阀门操作从全开到全闭，再从全闭到全开各动作三次。记录启动时的最大电流、运

行电流及全行程的启闭动作时间。

合格要求:最大电流应小于或等于电动机的启动电流,运行电流应小于或等于电动机的额定电流,启闭时间应小于或等于技术规格书规定的要求。

④ 开启压差试验。从阀门入口端(截止阀从出口端)施加最大工作压力,出口端(截止阀为入口端)压力为零,即阀瓣(阀堵)前后承受最大压差,以最低电压(90%额定电压)电动开启阀门,记录启动时的最大电流,此电流应小于或等于电动机的启动电流。

2) 止回阀最低开启压差和最低密封压差试验

止回阀应进行最低开启压差和最低密封压差试验。测出的最低开启压差和最低密封压差应小于或等于技术规格书中规定的最低开启压差和最低密封压差值。

参 考 文 献

[1] 陈济东．大亚湾核电站系统及运行(上册)，北京：原子能出版社，1994.

[2] 何川，郭立君．泵与风机(第四版)，北京：中国电力出版社，2008.

[3] 朱齐荣．核电厂机械设备及其设计．北京：原子能出版社，2000.

[4] 电机工程手册编辑委员会．机械工程手册(第二版)通用设备卷．1997.

[5] 陆培文等．阀门选用手册．北京：机械工业出版社，2001.

[6] 吴国熙．调节阀使用与维修．北京：化学工业出版社，1999.

[7] 国家核安全局．核安全法规译文．RCC—P 法国 900MWe 压水堆核电站系统设计和建造规则(第四版).1988.

[8] 美国机械工程师协会．锅炉及压力容器规范．核动力装置设备建造准则【ASME】-Ⅲ，1995.

[9] 核工业标准．压水堆核电厂系统部件安全等级的划分．EJ 313—88.

[10] 全国压力容器标准化技术委员会．钢制压力容器．GB150—1998.

中文索引

（本索引按汉语拼音排序，每个词条后面的数字是它在本书中首次出现的页码）